坝下冲刷

乐培九　张华庆　李一兵　著

人民交通出版社

内 容 提 要

本书较系统地介绍了坝下冲刷有关的泥沙问题、河床变形问题及相关研究的成果，书中第1篇用理论和实际相结合的方法阐述了坝下冲刷河床的演变规律和特点；第2篇介绍了坝下冲刷悬移质、推移质和河床质调整规律的理论和数学表述模式；第3篇介绍了河床变形预报方式、方法及其新改进。

本书内容新颖、逻辑缜密、概念清晰、论述简明、实用性强，可供水利、水运部门工程设计、规划等科技人员和相关专业院校师生参考使用。

图书在版编目(CIP)数据

坝下冲刷 / 乐培九，张华庆，李一兵著. — 北京 ：人民交通出版社，2013.6

ISBN 978-7-114-10566-1

Ⅰ. ①坝… Ⅱ. ①乐… ②张… ③李… Ⅲ. ①坝基—冲刷 Ⅳ. ①TV64

中国版本图书馆 CIP 数据核字(2013)第 084720 号

书　　名：坝下冲刷
著 作 者：乐培九　张华庆　李一兵
责任编辑：曲　乐　李　喆
出版发行：人民交通出版社
地　　址：(100011)北京市朝阳区安定门外外馆斜街 3 号
网　　址：http://www.ccpress.com.cn
销售电话：(010)59757973
总 经 销：人民交通出版社发行部
经　　销：各地新华书店
印　　刷：北京市密东印刷有限公司
开　　本：787×1092　1/16
印　　张：14.25
字　　数：357 千
版　　次：2013 年 6 月　第 1 版
印　　次：2013 年 6 月　第 1 次印刷
书　　号：ISBN 978-7-114-10566-1
定　　价：48.00 元

序

泥沙问题前人做过大量研究，有不同命名的专著，但命名《坝下冲刷》的尚未见。坝下冲刷既涉及河床演变问题，又涉及泥沙运动问题，是泥沙问题宏观与微观的结合。本书基于前人经典的和优秀的研究成果，按照笔者的见解进行了梳理、论证、对比、改造、补充、延伸和新创，是吸收与创作的结合。

本人已是风烛残年，熄灭在即。想当年，初出校园豪情满怀；然，而立之年，风雨飘摇，年华虚度；知天命已是夕阳西下。匆匆即逝，无声、无痕，只有几滴汗水，倘能回归这片哺育过我的土地，幸矣！

刘鹏飞、程小兵、王艳华、朱玉德、黄美玲和崔喜凤等参与了本书有关研究、资料搜集和整理、文字打印和绘图工作。本书凝聚了他们的汗水和智慧，是大家共同劳动的结晶，特深致谢意！

交通运输部天津水运工程科学研究院和内河港航研究中心的领导及全体同事在本书的编写和出版工作中给予大力支持、关怀和资助，谨表示衷心感谢！

受作者水平所限，书中观点、方法、立论和演绎错谬难免，敬请赐教！

二〇一二年六月

时年七十又五

前　言

我国幅员辽阔，人口众多，但人们赖以生存的水资源匮乏，且分布不均衡。为了有效调控、兴利除害，新中国建立后，在一些大江大河中相继建成了大中型水利枢纽，如1961年建成的黄河三门峡水利枢纽、1974年建成的汉江丹江口水利枢纽和2003年蓄水运用的长江三峡水利枢纽等。水库建成后，坝上游发生严重淤积，而坝下游则发生严重冲刷。坝下冲刷对工业生产、农业灌溉及民生取水等工程，河防工程，水运工程，生态环境等都产生了重大影响。如何正确评估各种影响，防患于未然，是国计民生中的重大课题。

坝下冲刷与水库淤积是一个问题两个方面。起因是水库蓄水，导致泥沙在水库内淤积；水库下泄泥沙减少，甚至是清水，导致坝下水流输沙失去平衡而发生冲刷。坝下冲刷是河床自动调整重建平衡的结果，在重建平衡过程中，河流要素如比降、河宽、水深、断面形态、床沙级配等都在不断发生变化，直至达到冲刷平衡为止。这些要素的变化相互关联，相互制约，涉及河床演变学和泥沙运动力学中诸多的理论问题，具有极高的理论价值。

新中国建立后，鉴于三门峡水库淤积的严重教训，国家对泥沙问题十分重视，花巨资进行了河流泥沙观测，积累了丰富的实测资料，为水库淤积和坝下冲刷研究打下了坚实的基础。随着三峡工程的兴建，继水库淤积之后广泛地开展了坝下冲刷研究，至今方兴未艾。为了使研究向纵深发展，著者抛砖引玉，在前人研究的基础上，将已有部分研究成果进行了梳理，旨在强化概念，深化机理；对部分常用成果进行了对比分析，旨在提高适用性；对有争议或尚无定论的问题进行了探索和讨论，旨在使问题深化。主线是围绕冲刷预报中有关问题，试图使预报简便、方法有所改进、精度有所提高。

目　录

第1篇　坝下河床演变

第 2 篇　河床演变泥沙问题的数学描述

第3篇 河床演变预报计算与模拟

第 1 篇　坝下河床演变

第1章 水库下游再造床

1.1 概 述

冲积河流具有自动调整的趋向性，其调整就是力求保持一定的相对平衡，形成“平衡河流”。所谓“平衡河流”J. H. Mackin(1948年)定义为[1]、[2]：“一条平衡河流是经过一定的年月以后，坡降经过精致的调整，在特定的流量和断面特征条件下，正好具有使来自流域的泥沙能够输移下泄的流速。平衡河流是一个处于平衡状态的系统，它的主要特点是控制因素中任何一个因素的改变都会带来平衡的位移，其移动的方向能够吸收改变所造成的影响。”钱宁(1989年)认为在Mackin的定义中，除了过分强调坡降调整的作用以外，对于冲积河流的平衡倾向性和调整过程中的反馈特点都作了充分的反映[2]。

在自然状态下由于年内，年际来水来沙条件的变化，河槽不可能总是正好与其相适应，平衡河流免不了要发生一定程度的变化。但是河床自动调整又总是朝着使变形减小或消失的方向发展，即向平衡方向发展。在一个相当长的时间内随着来水来沙的周期性变化，河床也在作周期性的调整。但其调整始终围绕着一个中心作上下位移，该中心就是一种相对平衡，是一种暂时的，或者说是动态平衡。

水库修建后，坝上游来水来沙条件虽未发生改变，但河段出口边界条件发生了重大的变化；坝下游河床边界条件未发生改变，而河段进口来水来沙条件却发生了重大变化，两者均使原先平衡被打破，进入一个再造床的漫长岁月。水库上游重建平衡是以淤积来实现的，最终将实现淤积平衡；而下游重建平衡是以冲刷来实现的，最终将实现冲刷平衡。淤积平衡要求水流条件增强，冲刷平衡要求水流条件减弱，两者截然相反。

淤积平衡既要悬移质淤积达到平衡，也要推移质淤积达到平衡；对于平原河流，由于悬移质输沙量远大于推移质，只要悬移质淤积达到平衡，就可以认为是淤积平衡；冲刷平衡则不然，因为冲刷使床沙粗化而不可悬，只存在唯一的推移质冲刷平衡。

推移质冲刷平衡实际是一种静平衡，即冲刷至极限平衡时床沙不再运动，床沙不动，推移质输沙率为0。在恒定均匀流条件下可表示为：

$$U-U_c \leqslant 0 \tag{1-1}$$

式中，U为断面平均流速(m/s)；U_c为床沙起动流速(m/s)。

以水流连续方程、运动方程(曼宁公式)及沙莫夫公式代入式(1-1)可得：

$$(Q/B)^{\frac{6}{7}} J/n^2 \leqslant KD^{\frac{20}{21}} \tag{1-2}$$

式中，Q为流量(m^3/s)；B为河宽(m)；J为能坡；D为床沙粒径(m)；n为包括沙粒和形态阻力在内的综合糙率；K为系数，水平床面$K=77.4$，逆坡或沙波迎水面$K>77.4$。

若只用水流连续方程代入式(1-1)则可得：

$$Q/Bh^{\frac{7}{6}} \leqslant K'D^{\frac{1}{3}} \tag{1-3}$$

式中，h 为断面平均水深(m)，是 n 和 J 的函数，n 越大、J 越小，h 越大；K' 为与 K 相类似的系数。

坝下冲刷重建平衡河流体系内各种要素都要发生调整，调整的目标是满足式(1-2)或式(1-3)。式中 Q 为流域加诸的外在因素，B、h、D、n、J 都是内在因素，是可调的，各要素既有独立性，又相互依存，调整极其复杂多样，既有个性又有共性，其中 B、h、D 是调整的基本要素，n、J 潜于 h 之中。下面通过坝下冲刷的一些实例加以阐述。

1.2 河床下切

宽浅断面河底的切应力大于两壁[2]，若河床可冲，冲刷便始于河底，导致河床下切，而后才会有河床展宽。

1.2.1 河床下切的实例

(1)丹江口水库下游

丹江口水库建库后的1960～1978年，近坝段黄家港—光化段冲刷最深，平均冲深2.48m，其以下河段冲深递减，宜城以下由于床沙细，覆盖层厚，冲刷厚度转而增大；远离大坝的泽口以下先淤后冲，不仅冲走了前期淤积物，而且净冲刷达1.0m左右，丹江口水库下游各河段冲刷深度见表1-1[3]。

丹江口水库下游各河段冲刷深度 表1-1

地名	距坝里程(km)	不同时段冲淤深度(m)				
		1960～1978年	1968～1978年	1968～1977年	1977～1984年	1968～1984年
黄家港	6					
光化	26	−2.48				
太平店	66	−1.03				
茨河	82	−0.99				
襄阳	109	−0.76				
宜城	159	−0.60				
碾盘山	223	−1.49				
泽口	377		−0.56			
岳口	409			1.10	−2.14	−1.04
仙桃	460			2.61	−2.45	−0.44
汉川	539			1.61	−2.46	−1.01

(2)万安水库下游

赣江万安水库坝下10km处有支流龙泉河入汇，冲刷河段约20km。水库运用后1984～1992年河段以冲为主，只有支流入汇断面略有淤积。1992～1996年近坝段继续冲刷，其余河段以淤为主，见图1-1。近坝段冲刷强烈，至1996年11月坝下1.9km处平均冲深2.01m，其中原深槽平均冲深1.77m，即边滩冲深大于深槽，最大冲深2.3m[4]。

(3)黄河天桥水电站下游

黄河为多沙河流，其中游天桥水电站为蓄清排浑运用，建库前坝下为冲、淤交替以淤为主的河道，床沙为中、细沙。1975 年水库建成后，改变了来水来沙过程，河道汛期淤积，非汛期冲刷，冲刷大于淤积，坝下 6km 的府谷站平均河底高程至 1987 年下降约 2.0m 左右，而其下游 249km 的吴堡站河床高程基本维持不变，见图 1-2[5]。

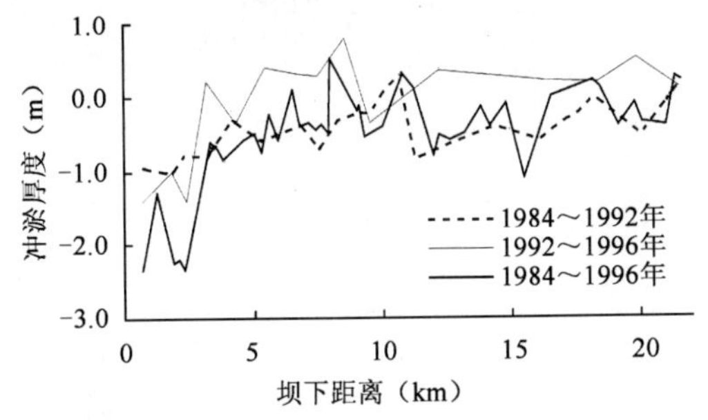

图 1-1　万安水库下游河床沿程冲淤厚度

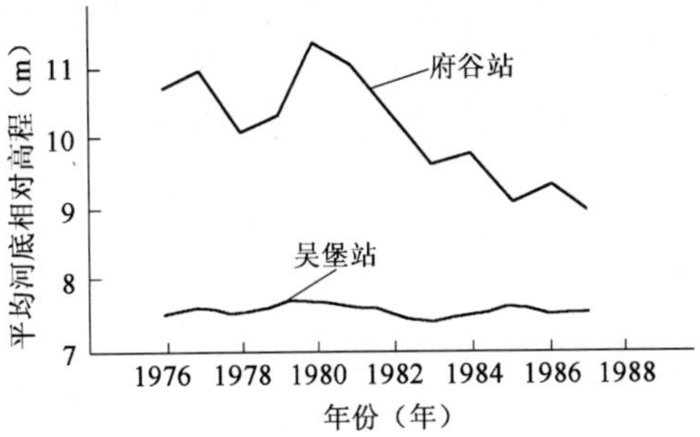

图 1-2　府谷站、吴堡站平均河底相对高程变化

(4)长江葛洲坝下游

长江葛洲坝为低水头枢纽，1981 年蓄水运用，至 1985 年水库基本冲淤平衡，其下游发生冲刷，水位下降，枯水水面线变化如图 1-3 所示。其中 1966～1980 年，下荆江系统裁弯，产生自下而上的溯源冲刷，石首以上水位大幅下降，水面线变陡；1980～1998 年，除溯源冲刷余波影响外，更主要是葛洲坝影响，冲刷自上而下进行，比降变缓，趋于恢复与 1966 年比降一致。芦家河以上为卵石夹沙河床，其下为沙质河床，因而出现了坡陡[6]。

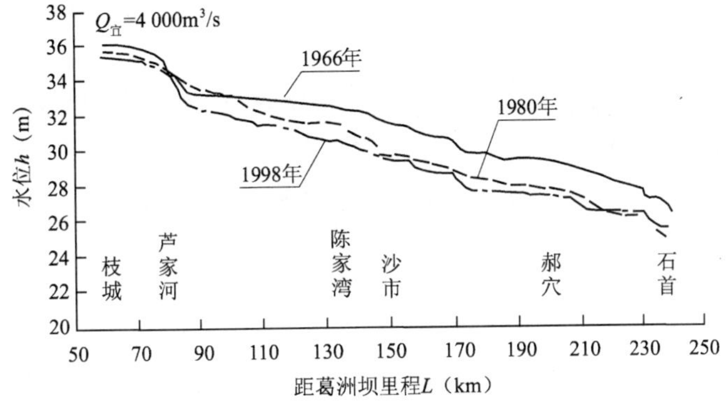

图 1-3　枝城至石首河段枯水水面线

(5)国外水库下游情况[2]

钱宁在他的《河床演变学》一书中，给出了由 Williams 和 Wloman 所统计的美国 21 座水库中 9 座水库坝下冲刷深度随时间的变化情况，见图 1-4，由图可知：

①起冲至稳定一般需要 10～20 年，其中最短的是密苏里河兰德尔坝下游约 5 年，最长的是密苏里河加里森坝下游冲刷 22 年还未见稳定。

②最大冲刷深度一般不超过 3m，其中最小的是雷德河丹尼尔森坝下 27km 处只有约 40cm，最大的科罗拉多河格伦峡谷坝下游 16km 处达 7.0m 之多。

③同一座坝有的下游冲刷深度大于上游，如科罗拉多河格伦峡谷坝下游的 13km 及 16km 处；密苏里河加里森坝下游的 17.5km 及 28km 处。

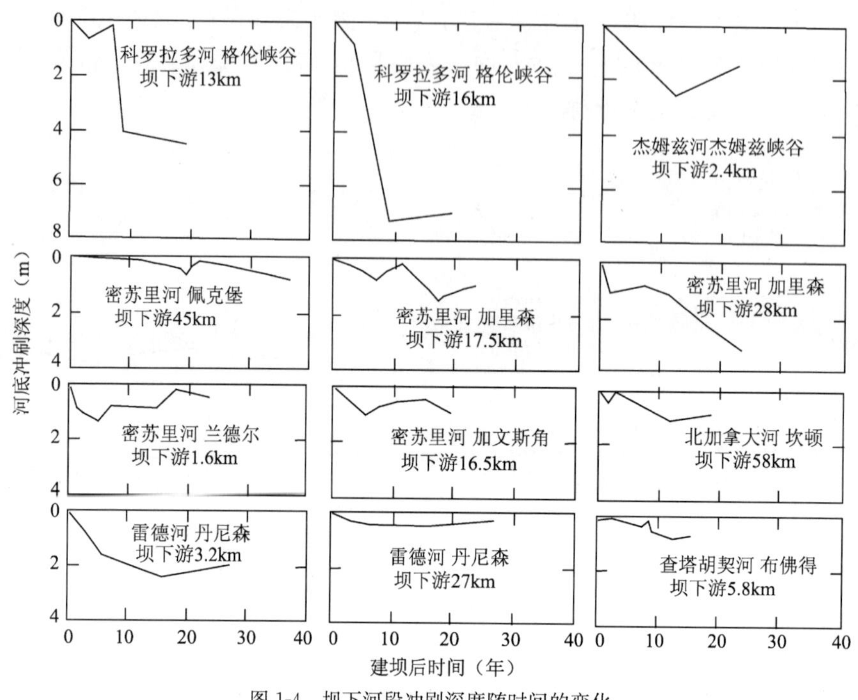

图 1-4　坝下河段冲刷深度随时间的变化

1.2.2　最大冲刷深度

最大冲刷深度是指坝下河床冲刷至稳定时河段最大冲深。统计方法有两种：一是常用的断面平均值；二是深泓最低点的深度。周志德用后者统计了国内外 20 条河流 26 座坝下游最大冲刷深度见表 1-2[7]，由表可知：

(1)最大冲刷深度出现时间是水库蓄水运用后 3～36 年，主要集中在 10～20 年。

(2)最大冲刷深度为 0.55～9.0m，主要集中在 2～3m 范围内。应该指出深泓冲深与断面平均冲深有的断面差别还是相当大的，如汉江深泓最大冲深为 9.0m，而断面平均冲深只有 5m。尼罗河深泓最大冲深 5.67m，而断面平均冲深只有 1m。

(3)最大冲刷深度距坝下里程 0.8～46km，一般在 20km 之内。

国内外部分坝下最大冲刷深度概况　　表 1-2

编号	河流名	坝名	深泓最大冲深(m)	距坝里程(km)	出现时间(蓄水后 x 年)	当地河宽(m)	床沙粒径(mm)		年平均流量(m^3/s)		年平均最大洪峰流量(m^3/s)	
							建库前	蓄水后 x 年	建库前	建库后	建库前 Q_{max}	建库后 Q_{max}
1	黄河	三门峡**	4.13*	160	4	830(主槽)	0.164	0.565(2)	1 471		8 760	4 850
2	汉江	丹江口	9.0	6	15		0.105～0.21	0.115～19.4	1 230		20 507	7 840

续上表

编号	河流名	坝名	深泓最大冲深（m）	距坝里程（km）	出现时间（蓄水后 x 年）	当地河宽（m）	床沙粒径（mm）		年平均流量（m^3/s）		年平均最大洪峰流量（m^3/s）	
							建库前	蓄水后 x 年	建库前	建库后	建库前 Q_{max}	建库后 Q_{max}
3	永定河	官厅**	3.0	140	6	200	0.22	0.26(6)			3 313	1 022
4	尼罗河	阿斯旺	5.67				0.25～0.43		2 664		14 000	2 776
5	南 Saskat-chewan		0.67	13	10		0.24	2.5			1 540	205
6	Jemez	Jemez Canyon	3.0	1.8	12	48.5			1.5	1.5	760	39
7	Arkansas	John Marti	1.95	3.5	24	30.5			7.3	4.8	750	190
8	Missouri	Fort Peck	1.75	16.5	36	274			200	280	770	690
9	Missouri	Garrison	3.25	8.0	23	428			600	660	39 000	1 100
10	Missouri	Fort Randall	2.60	11.0	23	462			880	680	6 300	1 500
11	Missouri	Gavins Point	2.50	2.3	19	374	0.35	0.43(10)	930	740	5 200	1 200
12	Medicine	Medicine Cree	0.55	16.0	3	20.5			2.7	1.9	530	13.5
13	Middle Loup	Milburn	1.20	1.6	16	234			23	22	58	53
14	Smoky Hill	Kanopolis	1.4523	0.8	23	48.0			8.7	9.9	320	135
15	Repulican	Milford	0.85	2.7	7	156			23	24	290	150
16	Wolf Creek	Fort Supply	2.60	1.3	27	28.5			2.5	1.7	240	35
17	North Canadian	Canton	3.00	1.8	28	18.5			7.7	4.7	280	44
18	Canadian	Eufaula	3.20	2.1	14	234			175	120	3 600	740
19	Red	Dension	3.25	15.0	27	152			185	120	3 000	950
20	Neches	Town Bluff	0.90	1.4	14	127			200	130	1 100	800
21	De Monies	Red Rock	1.85	40	9	146			140	200	1 200	800
22	Chatta-hoochee	Buford	2.55	1.9	15	75.5			60	54	660	270

注：* 蓄水运用时间短，冲刷尚未平衡。

** 坝下为峡谷河段。

1.2.3 影响冲刷深度的主要因素

图 1-4 及表 1-2 中最大冲刷深度发生时间、发生地点及冲刷绝对深度相差悬殊，产生差异原因很多，由于缺乏系统性资料，这里仅作些定性分析。

(1)水流条件的影响

水流条件是最基本影响因素，是冲刷的动力条件。流量大小影响冲刷深度的大小和冲刷距离的长短，在其他条件相同的情况下，流量越大，冲刷深度也越大。表 1-3 为水槽清水冲刷试验结果，表中 1～3 组床沙粒径相同，可见流量越大冲刷深度也越大。

清水冲刷水槽试验的最大冲刷深度 表 1-3

序号	Q(m³/s)	h_0(cm)	v_0(cm/s)	床沙初始粒径(mm)			最大冲深(cm)
				d_{90}(mm)	d_{50}(mm)	d_{10}(mm)	
1	0.149	15	65	0.82	0.36	0.13	22.3
2	0.046	14.8	62	0.82	0.36	0.13	15.1
3	0.031	12.9	48	0.82	0.36	0.13	7.5
4	0.038	9.7	78	1.90	0.63	0.24	6.2
5	0.039	13.5	58	0.78	0.32	0.14	17
6	0.036	12.5	58	0.49	0.27	0.10	15.6

注：表中 h_0 为初始水深；v_0 为初始流速。

根据表 1-2 所提供的数据，点绘了最大冲刷深度与水库多年平均最大泄流流量关系见图 1-5。图中点群分布虽然很散乱，但趋势是明显的，即流量越大冲刷深度也越大。点群分布散乱与床沙组成及河床断面形态有关。

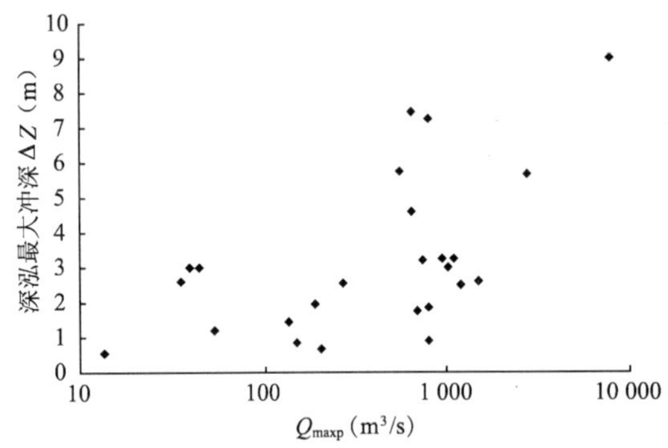

图 1-5 坝下最大冲刷深度与水库多年平均最大泄流流量关系

冲刷过程中床沙要发生粗化，连续冲刷会形成稳定粗化层。稳定粗化层的级配是水流强度的函数，一定的水流强度就有一定的粗化层级配，当水流条件弱于或恰好等于该一定水流强度时河床冲刷便停止，相反，当水流条件强于该一定水流强度，粗化层便遭破坏，出现新的一轮冲刷，直至新的粗化层形成。因此，对于最大冲刷深度的形成洪峰最大流量起决定性作用。水库泄流与天然径流过程密切相关，天然多年最大洪水出现离建库时间越近，水库下游河道最大冲刷深度出现的时间也越短，反之越长。

(2)河床地质条件的影响

上述水流条件是种动力条件，而河床地质条件则是与其相对抗的另一基本条件。不言而喻，石质河床不可冲，卵石及卵石夹沙河床或不冲或冲刷较小；沙质河床可冲性较大。表 1-3 中 4～6 各组，水流条件基本相同，床沙越粗冲刷深度越小。万安水库近坝段为中、粗沙河床，冲刷较深，而其下游为卵石夹沙河床，冲刷较少。丹江口水库下游宜城以下为中、细沙河床，比其上游床沙较细，冲刷深度也比上游大。

表 1-2 中最大冲刷深度距大坝里程差别如此巨大，应该与河床地质条件有关，其中黄河三门峡水库及官厅水库坝下分别有 130km 及 110km 长的峡谷，河床不可冲，因此最大冲刷深度下移至坝下 160km 及 140km 的沙质河床段，扣除峡谷段实际均只有 30km。此外深泓最大冲刷深度受河道河势、断面形态、边界条件等因素影响较大，代表性也较差。

(3)水库运用方式影响

滞洪一类水库(径流式电站、航电枢纽及水库修建的施工期等)，如上述葛洲坝及丹江口水库蓄水前的滞洪期；蓄清排浑运用的水库，如上述天桥水电站和三门峡水库(1973 年以后)。这两类水库坝下冲刷幅度小，冲刷距离短。如三门峡水库 1973 年 11 月以后，冲刷只发生在高村以上。还有一类是滞洪排沙，如闹得海水库及三门峡水库 1964 年 11 月至 1973 年 10 月期间，下游河道不仅不冲刷，反而大幅淤积。

(4)支流入汇影响

水库建成后干流来水来沙受到控制，洪峰流量削减，当支流来水来沙尚没有受到控制时，支流来水来沙对干流会造成下列三方面影响：

①支流发生大洪水与干流洪水遭遇，由于干流洪峰削弱，支流对干流产生顶托加剧，使干流冲刷减少，甚至会出现暂时性的淤积。

②支流来沙在其汇流口的干流上形成三角洲堆积物，特别是溪口卵石滩对干流起着临时的甚至是长期的侵蚀基面作用，削弱其上游干流的冲刷下切。

③汇流口下游由于支流来沙加盟，冲刷减少，甚至发生淤积。

当然上述情况的出现与支流大小即来水来沙大小及泥沙粗细等因素有关。丹江口水库建库前南河、唐河和白河来沙占干流来沙总量的 12.9%，而滞洪期升至 32.5%，其中 1975 年大水年和 1979 年枯水年，三条支流来沙分别占干流来沙总量的 50.4%及 59.2%。1975 年皇庄—仙桃不冲反淤，而其前后各年均为冲刷；万安水库下游 1984～1992 年期间除支流龙泉河入汇的汇流区淤积外，其上、下游均为冲刷，1992～1996 年近坝段仍为冲刷，而汇流区的上、下游转冲为淤(图 1-1)。钱宁在其《河床演变学》一书中对美国新墨西哥州里奥格兰德河上的科契蒂坝下游各支流对干流产生的影响作了更详尽的介绍[2]。

(5)侵蚀基面的影响

侵蚀基面是指河床在此高程以下不再被侵蚀下切的基面。严格地说这种基面并不存在，任何事物都不可能绝对，海平面也有升降，基岩也可风化，但是它们的变化十分缓慢，从工程角度来说，可以近似看成是固定不变的。侵蚀基面大体可分为两类：

一类是长期的也称永久性侵蚀基面，如河流汇入海洋、大型湖泊，支流汇入干流等。我国福建闽江水利枢纽坝下冲刷严重，但止于潮汐河口。美国德克萨斯州内彻斯河的汤布拉夫坝下冲刷也止于墨西哥湾。汉江从汉口汇入长江，丹江口水库下游虽冲刷数百公里仍止于汉口长江干流。

另一类是暂时的，局部的侵蚀基面，如干流上支流入汇处堆积的溪口滩、局部河段的石质河床等。这类侵蚀基面，对其上游有的起到阻碍或终止冲刷作用，如卵石溪口滩和石质河床；有的只是暂时起阻碍或终止冲刷作用，如沙质支流河口三角洲，只能在时间上起缓冲作用。上游冲刷幅度减小，将由下游替补，如三门峡及永定河的峡谷段。

三峡大坝下游的卢家河河段为宜昌以下卵石夹沙河段末端，两岸为阶地或高漫滩，河中心分布着近代堆积的碛坝卵石心滩，卵石层深厚，层顶高程约为 35.0m。枯水期河槽分为左、右两槽，左槽称沙泓，右槽称石泓。将构成局部侵蚀基面。限制其上游冲刷向深度发展，而其下游的沙质河床将发生强烈冲刷，下游河床冲深，纵剖面变陡，形成急流，对航运将产生极不利影响。

1.3 河宽变化

在水库下泄清水河床重建平衡过程中，断面调整有两种倾向性：首先，河床下切，即向深度方向发展，与此同时必然导致纵剖面调整，河床粗化和阻力增大，向满足式(1-2)方向转化；其次，河床下切水深增大，断面变窄深，边壁剪应力增大，冲刷向宽度方向发展，河宽增大，向满足式(1-3)方向转化。这两种倾向性的互为补充，使河床趋向新的平衡。

1.3.1 河宽调整实例

(1)三门峡水库下游

黄河下游组成物质较细，河床、河漫滩的可动性均较大。三门峡水库蓄水运用期(1960～1964 年)下泄清水，出孟津峡谷以后至张肖堂长达 700km 的河段内，河床下切的同时，滩地坍塌，铁谢至花园口主槽平均冲宽为 520m，花园口至高村平均冲宽约 1 900m，高村至艾山平均冲宽约 140m。图 1-6 为铁谢至马砦冲刷前后主槽宽度沿程变化，由图可见，伊洛河口以上以下切为主，河宽基本不变，伊洛河口以下以展宽为主，河宽大幅增加[7]。

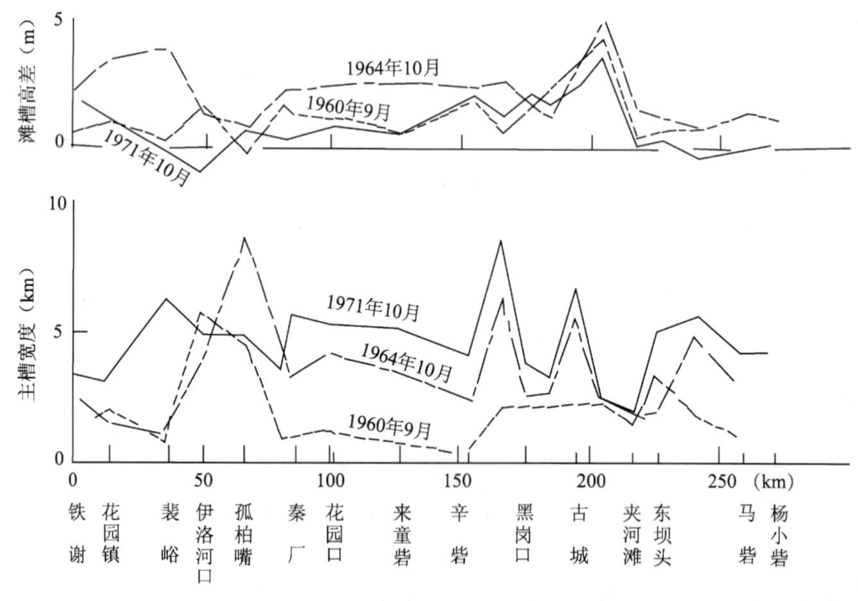

图 1-6　铁谢至马砦冲刷前后主槽宽度沿程变化

(2)官厅水库下游

永定河官厅水库坝下 0～135km 为卵石夹沙河段，建库前游荡易变，建库后清水下泄后主槽很快下切，原先宽浅散乱的河道变得较为窄深。136km 以下为沙质河床，河谷开阔，建库后至1959年主流发生两次(1953年和1956年)大的摆动,导致老滩坍塌,两岸滩坎间距增大,河床展宽,8年时间展宽达56%左右,最大的是石佛寺断面,由200m扩展到1 100m。两岸滩坎平均间距的变化见表1-4[9]。

永定河清水冲刷期两岸滩坎平均间距　表1-4

河　段	河段长(km)	平均坎距(m)	滩坎间距(m)				展宽率(%)
			1950.12	1956.4	1957.9	1958.9	
卢沟桥—金门闸	30	1 770	790	1 060	1 206	1 214	55.6
金门闸—石佛寺	30	1 000	420	610	650	655	56

(3)丹江口水库下游

丹江口水库运行初期,下游中上河段断面形态的变化以变窄深为主,从表1-5可以看出年平均坍岸宽度不大,但水库运行初期的坍岸宽度远大于水库运行后期。皇家港至襄阳河床变形以下切为主,河槽宽深比有所减小;襄阳至宜城河槽宽深比稍有增大[10]。

汉江各河段断面形态的变化　表1-5

河　段	年均冲深(m)			年均坍岸宽度(m)		
	1960～1967	1967～1975	1960～1975	1960～1967	1967～1975	1960～1975
皇家港—光化	0.16	0.10	0.12	12.2	1.0	6.6
光化—太平店	0.07	0.06	0.07	11.6	2.3	6.9
太平店—襄阳	0.03	0.09	0.06	11.4	3.5	7.4
襄阳—宜城	0.011	−0.004	0.007	8.5	2.8	5.6

注:表中负号"−"为淤。

另据报道[11],襄阳以下坍岸仍在继续发展,并有日趋严重的趋势。襄阳至浰河口1968年前坍岸岸线长度为85.44km,占岸线总长的33%;至1978年坍岸长度为95.21km,占岸线总长的37%;至1984年坍岸长度为109.29km,占岸线总长的42%,全段最大坍岸率的平均值为100～200m/年。襄阳至浰河口平均中水河宽,1960年为769m,1968年为1 006m,1978年为1 163m,1984年达到1 412m,20余年河床平均展宽643m,展宽率为83.6%。

(4)万安水库下游

万安水库下游河床宽度不大,除汇流口及弯道断面外,洪水河宽一般在510～580m。水库运用后,近坝5.5km(CS.1～CS.6)范围内的顺直河段强烈冲刷,沙质(中、粗沙)边滩和心滩几乎冲刷殆尽,枯水(设计水位以下)河槽展宽,至1993年CS.2由120m拓宽至350m;强烈冲刷段的下游CS.6～CS.12,长6.7km,为卵石夹沙河床,至1993年平均展宽70%,而后回淤反而缩窄;CS.12～CS.17长11km,河流在此90°转弯,弯顶处洪水河宽约900m,河床为卵石层上覆盖中、粗沙,边滩以冲为主,枯水河槽拓展,其中弯顶断面CS.13由50m拓宽为210m。至1996年近坝段在连续刷深的同时连续展宽外,其以下河段由于回淤大部分断面有所缩窄,见表1-6[4]。

万安水库坝下枯水河宽(m)变化情况　表1-6

断面 年份(年)	CS2	CS4	CS6	CS1～CS6平均	CS8	CS10	CS12	CS6～CS12平均	CS13	CS15	CS17	CS12～CS17平均
1984	120	70	70	103.2	60	73	160	76.8	50	160	50	103.8
1993	350	120	55	160.9	110	230	149	130.8	210	170	180	165.7
1996	330	220	80	255.8	40	55	70	72.7	80	100	190	119.6

(5)闹得海水库下游

柳河闹得海水库与上述水库不大相同，是一座多沙滞洪水库，洪水期滞洪滞沙，下游河道发生冲刷，洪水漫滩机会减少，含沙量也小，滩地难以淤长。洪水过后的小水期水库冲刷排沙，下游河道小水带大沙，主槽发生严重淤积。河槽淤浅后，水流摆动加剧，滩地坍塌几率加大，河槽展宽。表1-7为坝下河段河槽平均宽度变化情况。1963年与1940年相比，近坝段大板—彰武段增宽88%，其下游彰武—高新桥段增宽53%[12]。

柳江下游河槽平均宽度(m)变化情况　表1-7

河　段	1940年	1955年	1963年	1963年
大板—彰武	510	640	890	960
彰武—高新桥	360	370	500	550

(6)国外水库下游情况

据钱宁介绍[2]，Williams和Wolman统计了美国17座水库下游231个断面资料，其中河宽变化不大的占22%，河宽缩小的占26%，河宽增大的占46%，河道展宽率为5%～180%，平均为12%。

G. E. Petts曾统计英国14座水库下游的河宽变化，坝址附近河宽增大的占14.3%，减小的占28.6%，不变的占57.1%；弯曲河段河宽增大的为零，减小的为35.7%，不变的为64.3%；支流汇流口以下河宽增大的为零，减小的为64.3%，不变的为35.7%。

如何理解河宽减小？可能是由于这些河流的河岸或河漫滩植被发育抗冲性能强，一般不易坍塌，而河床下切又使同流量水位下降，加上水库削峰，下泄的洪峰流量比建库前小，故而表现出水面宽减小，并不意味着高水位同高程河宽减少。

1.3.2　影响河宽变化的主要因素

(1)边界条件影响

边界条件是河床能否展宽的决定性条件。不言而喻，河岸抗冲刷性能强于河床，河床展宽的可能性就小于下切的可能性。沉积年代久远，滩地植被良好的高滩抗冲刷性较强，坍塌几率就较小；当代沉积的滩地与河床组成物质基本一致，河床在下切的同时也必展宽；河床在冲刷后期，床沙粗化，抗冲刷性增强，河岸与河床相对稳定性减弱，河槽展宽率反而转大。

(2)河床断面自动调整的倾向性

作用在河床边界上的剪切力与附近的流速梯度成正比，窄深断面等流速线在两壁比河底要集中，那里的剪切力比河底大。宽浅断面则反之，河底的剪切力比两壁大[2]。冲积河流一般比较宽浅,清水下泄后,率先受到冲刷的是河底,随着河床下切,断面变得窄深,边壁剪力转而增大,在主流集中的地方冲刷边壁,河床展宽。因此冲积河流的河床下切与展宽有着相互联系、相互制约、自动调整的内在关系,是重建平衡系统的一个组成部分。

(3)水库运用方式的影响

在正常运用下,如果水库下泄清水时间大于平滩流量持续时间,滩地冲刷严重,河床将大幅增宽;反之,若水库下泄清水漫滩机会少,主槽以下切为主,河床展宽率小。

水库按日调节方式放水,水位频繁地陡涨陡落,滩地冲刷,滩坎坍塌都会很严重,河床迅速展宽。

滞洪排沙运用,滩地冲刷,主槽淤积,滩槽高差变小,河床将大幅展宽。如上述闹得海水库下游和三门峡水库 1965 年由蓄水运用转入滞洪排沙后河宽大幅增加,特别是伊洛河口以上,原先以下切为主,转为大幅增宽,见图 1-6。两库的滞洪排沙都使近坝段河宽大幅增加。

(4)河床断面形态影响

宽浅河道,滩槽高差小,水流分散,主流不集中,易于自由摆动,造成高滩坍失,而低滩又缺少泥沙补给,发育不良;主槽展宽,遇到大洪水易于发生更大规模摆动,对岸滩造成极大的破坏。永定河官厅水库 1953 年开始滞洪运用,至 1959 年下游共发生三次(1953 年、1956 年及 1959 年)大型主流摆动,摆动加剧,至 1958 年 9 月卢沟桥至金山寺 60km 河道内河宽增大 56%。

河槽展宽与滩槽高差大小关系密切,滩槽高差越小断面展宽幅度越大,见图 1-7[13]。

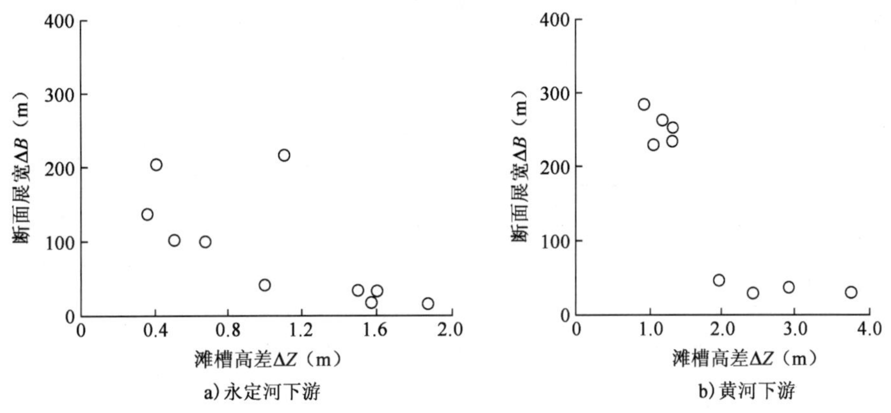

图 1-7　清水冲刷前后断面展宽 ΔB 与滩槽高差 ΔZ 关系图

(5)河段位置

河段冲刷一般是自上而下逐步进行的,上段强烈冲刷段一般是以下切为主,河宽增大不多,如黄河三门峡下游,铁谢至伊洛河口 1960～1964 年几乎没有增宽,而其下游则大幅增宽(图 1-6)。

在冲刷过程中一般出现上冲下淤,淤积的泥沙主要来自上游河床的冲刷物,粒径较粗,少有冲泻质,滩地难以得到泥沙补给,主要淤在主槽,下游河段滩槽高差变小,河床展宽幅度变大。

1.4 断面形态调整

冲积河流清水下泄后，河床一方面冲刷下切，另一方面又展宽，断面形态发生调整，形态的调整可通过河相系数 ζ 的变化来表达。

1.4.1 平滩水位下的河相系数ζ的变化

平滩水位下的河床形态具有相对稳定的意义，与流域因素存在一定的定量关系。用平滩水位下宽深比来表征河相关系具有代表性和合理性。

表 1-8 给出了三门峡水库建库前后黄河下游河南段河槽河相系数 $\zeta(=\frac{\sqrt{B}}{h})$ 的变化[2]，表中 23 个断面，宽深比减小的占 61%，总趋势是向窄深方向发展。其中小浪底峡谷出口段铁谢至裴峪河床以下切为主，滩槽高差增大，宽深比减小；花园口至古城原游荡强烈的河段中 9 个断面有 6 个断面的 ζ 增大，虽然该段滩槽高差也增大，但河槽展宽率更大。应该指出，三门峡蓄水运用时间短暂，至 1964 年该段冲刷并未达到平衡，上述断面形态的变化只是过程中的变化，并没有完结。1965 年开始滞洪排沙运用，主槽大量淤积，宽深比迅速增大，见图 1-8。

三门峡水库建库前后黄河下游河南段河槽 ζ 的变化　　表 1-8

断面名称	平槽水位 (m)	建库前 1958 年汛后	冲刷期		回淤期	
			1962 年汛后	1964 年汛后	1965 年汛后	1966 年汛后
铁谢	120.0		63.5	15.6	20.4	17.5
花园镇	115.5		25.4	20.5	15.5	26.4
裴峪	110.2		37.1	23.7	19.7	22.1
伊洛河口	106.5		130.4	69.5	68.6	77.4
孤柏嘴	102.0		49.0	39.8	83.4	
官庄峪	99.5		21.9	12.9	20.9	24.4
秦厂	97.0	56.2	39.7	34.4	41.8	66.8
花园口	92.7	31.3	16.1	34.0	63.4	78.7
来童砦	89.5		29.4	62.4	66.0	73.9
孙庄	88.0		43.9	50.0	81.0	66.0
三刘砦	87.0		53.9	39.1	53.7	62.4
辛砦	85.5	40.2	36.3	31.8	58.2	64.9
黑石	84.3		43.8	46.2	73.2	68.8
黑岗口	80.0		25.9	26.8	37.4	45.2
柳园口	79.0		25.3	26.5	35.2	37.4
古城	77.0		47.3	72.8	66.5	121.0
曹岗	75.5		20.2	19.5	31.8	35.3
夹河滩	73.7	25.5	17.2	12.5	20.5	20.5
东坝头	71.7		18.1	28.0	51.7	60.2

续上表

断面名称	平槽水位(m)	建库前	冲刷期		回淤期	
		1958年汛后	1962年汛后	1964年汛后	1965年汛后	1966年汛后
油房砦	69.0		66.5	37.4	63.6	63.0
马砦	66.8	36.5	31.5	26.3	32.3	33.2
杨小砦	65.0	33.0	37.6	40.4	38.9	38.9
高村	62.0		14.6	14.7	16.5	17.4
铁谢至高村平均			37.8	33.9	44.5	50.9

汉江是少沙河流，丹江口水库建库前比黄河含沙量小一个数量级。建库后襄阳以上河段河床以下切为主，河槽的 ζ 有所减小，襄阳以下河段河槽的 ζ 反而有所增大，见表 1-9[2]。

汉江各河段断面形态的变化 表 1-9

河段	河段平均宽深比 ζ		
	1960年	1967年	1975年
黄家港—光化	14.6	11.4	9.26
光化—太平店	9.75	9.70	8.16
太平店—襄阳	10.8	10.5	9.48
襄阳—宜城	9.25	9.56	9.87

永定河含沙量很大，官厅水库建库前年平均含沙量比黄河还高，下游河道强烈游荡。建库后清水冲刷，至 1960 年滩地坍失约 45%，河槽展宽近 60%。金门桥以上游荡摆动强度似有减弱，金门桥以下无明显改善。在主流摆动的河段上，新槽冲出之后，旧槽来不及回淤，多槽并存；中、小水持续较久时，河线向弯曲发展，水流逐渐变得集中，但一经大水，中、小水塑造的河槽立即受到破坏，又复出多汊散乱的样子，河线趋于顺直；滩地坍塌是主流摆动、水流顶冲造成的，不仅大水时可以发生，中、小水长时间顶冲也可发生，如果滩地坍塌迅速，河底冲刷较慢，河槽将变得宽浅。

上述三条河流水库下游河床形态的变化规律一致表明，近坝河段由于下切强度大，水流集中，河床展宽率小，趋于向窄深转化；远离大坝的河段河床下切强度小，甚至会出现暂时性的淤积，宽深比无明显变化；游荡强烈河段宽深比增大，游荡加剧。坝下河床形态的变化只与河床特性有关，与前期河流来沙大小无关。

1.4.2 不同水位下河相系数 ζ 的变化

不同水位下的宽深比可以反映河槽几何形态特征。在断面固定不变的条件下，宽深比随水位变化大的断面趋于"U"字形，变化小的趋于"V"字形。图 1-8 为黄河铁谢和辛砦两个断面水库运行前后的 ζ 与 Q 的关系。铁谢断面以下切为主，河槽几何形态向"V"字形转变，冲刷后 ζ 变小。而位于塌滩为主河段的辛砦断面，以展宽为主，河槽断面几何形态向"U"字形转化，冲刷后 ζ 是增大的。汉江丹江口水库下游的太平店至襄阳为沙质河床，两岸卵石夹沙边滩交错分布，抗冲刷性能强，河床以下切为主，同样冲刷后 ζ 变小。

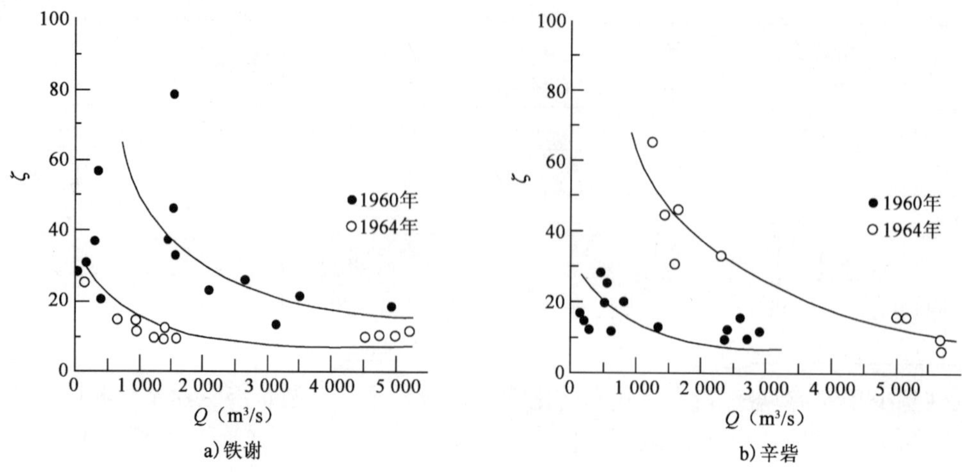

图 1-8　河相系数 ζ 与流量 Q 的关系[13]

1.4.3　河槽容积的变化

与断面形态调整相对应的是河槽容积的变化。清水冲刷使河床下切，河宽增大，同水位下河槽过水面积会增大，过水能力也随之提高。表 1-10 是三门峡水库蓄水期下游各站同水位过水能力提高情况。可见，高村以上原游荡型河段过水能力大幅提高，平滩流量也大幅提高。建库前夹河滩和高村平滩流量分别约为 9 000m^3/s 和 5 100m^3/s[12]，当年(1960 年)1 000m^3/s 的水位至 1964 年就能通过当年的漫滩洪水。可见，因冲刷洪水漫滩几率大为减小。

三门峡水库下游各站 1960 年和 1964 年过水能力对比[13]　　表 1-10

站名		花园口	夹河滩	高村	艾山	洛口
水位(m)		92.30	72.95	60.70	37.15	26.30
流量(m^3/s)	1960 年	1 000	1 000	1 000	1 000	1 000
	1964 年	7 800	9 000	7 285	2 250	2 300

丹江口水库下游黄庄同水位下断面面积也趋于增大，滞洪运用期(1960～1967 年)河床冲刷使碾盘山 44m 高程以下断面面积增大 22.1%；蓄水初期(1968～1972 年)比前期又增大 14.8%；蓄水后期(1980～1994 年)比 1973～1979 年增大 25.9%。沙洋以下由于淤积或者冲淤交替，断面面积有增有减[14]。

据钱宁介绍[2]，美国和英国部分水库坝下河槽容积减小，其原因是河床单纯下切或支流来沙淤积。

1.4.4　滩槽高差变化

滩槽高差变化与河槽容积变化有关，是滩槽高程变化的结果。清水冲刷后滩槽高程都会下降。由于水库削峰，下泄洪水漫滩机遇减小，加上冲刷使主槽泄流能力提高，进一步减小洪水漫滩几率，因此滩面冲蚀下降很少，而主槽下切幅度大。因为无论是以下切为主，或下切与展宽并重滩槽高差都是增大的；只有主槽淤积河段或者河床宽浅，滩槽高差很小，主流摆动频繁的河段才有可能使滩槽高差减小。图 1-6 是三门峡清水冲刷期和滞洪排沙期滩槽高差的沿程变化情况。由图可见，在清水下泄期伊洛河口以上河床以下切为主，滩槽高差增大幅度最大；黑岗口以下滩槽高差增加幅度小，甚至不增反减。滞洪排沙期主槽大量淤积，滩槽高差大大减小，甚至小于建库前。秦厂以上和东坝头以下尤为显著，有的地方还出现悬河中的悬河，主槽高程高于滩唇以外的滩地。

综上所述，冲刷可使河床断面变得窄深，ζ 减小，滩槽高差增大，同水位过水面积增大，过水能力提高，特别是近坝段更是如此。远离坝段这些特征将不同程度地减弱，淤积则使其向相反方向转化。

1.5 纵剖面的调整

水库下泄清水后，下游河道调整的总方向是降低河槽的输沙能力，使之与上游来沙大幅度减少相适应。J. H. Mackin 的“平衡河流”概念认为，比降调平是调整输沙能力最有效的途径。事实则不然，水库下游比降调平在长距离内并不明显，在坝下卵石向沙质河床过渡的地段甚至还出现比降变陡的情况。输沙能力减小主要是通过河床断面调整、床沙粗化、河床阻力(包括沙波阻力)增大、流速减小来实现，当然比降调平也起着一定作用。下面是一些天然水库坝下河床比降调整的实况。

(1)官厅水库下游[15]

永定河官厅水库坝下 0～135km(大宁)为卵石夹沙河段，其下为沙质河床。1950 年建库后卵石夹沙河段，中、细沙很快被冲走，床沙粗化，形成抗冲覆盖层，其下游 136～145km 为沙质河床过渡段，比降有所增大，146km(北天堂)以下比降几乎不变，似略有减小，见表 1-11 及图 1-9。

永定河大宁以下河床比降($\times 10^{-4}$)的变化 表 1-11

河段(km) \ 年份	1950.12	1956.4	1957.4	1958.4	1959.4
136～145	7.8	8.7	8.8	9.6	9.5
146～161	6.2	6.3	6.0	5.8	5.8
161～188	4.3	4.4	4.4	4.0	4.1

(2)丹江口水库下游

汉江丹江口水库坝下茨河以上河床表层为沙层，下层为卵石，建库后沙层被冲，卵石出露，比降变缓，比降变缓与原卵石层坡度有关；茨河至襄阳为卵石与沙卵石河床交接段，在河床粗化的同时，比降有所增大；襄阳至宜城表层中细沙覆盖层较厚，深层卵石一般难以出露，比降变缓；宜城以下河床为中、细沙，虽经 20 多年冲刷，河床粗化不明显，比降有所变缓，但新城至仙桃河段河道蜿蜒，护岸工程较少，建库后河湾段普遍发生切滩撇弯现象，比降略有增大，见表 1-12[16]。

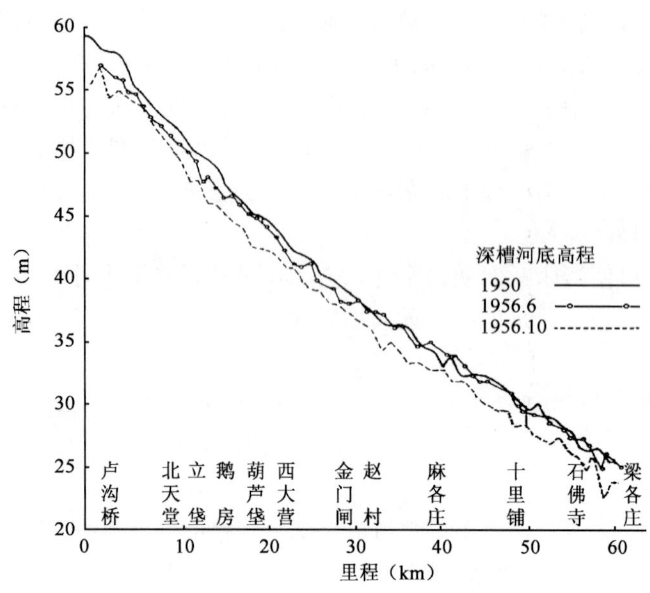

图 1-9　卢沟桥以下永定河深槽纵剖面图

丹江口水库下游河段水面比降(×10⁻⁴)变化　　表 1-12

河　段	统计年份(年)	高水比降	中水比降	低水比降
黄家港—茨河	1956～1959	2.802	2.790	2.775
	1960～1967	2.678	2.663	2.652
	1968～1985	2.625	2.634	2.640
茨河—襄阳	1956～1959	2.190	2.187	2.178
	1960～1967	2.253	2.275	2.286
	1968～1985	2.338	2.362	2.388
襄阳—宜城	1951～1959	1.836	1.838	1.839
	1960～1967	1.828	1.829	1.842
	1968～1985	1.771	1.765	1.759
宜城—碾盘山	1951～1959	1.415	1.445	1.471
	1960～1967	1.386	1.422	1.453
	1968～1985	1.326	1.363	1.396
碾盘山—新城	1951～1959	0.856	0.917	0.963
	1960～1967	0.861	0.895	0.927
	1968～1987	0.832	0.852	0.862
新城—仙桃	1956～1959	0.594	0.625	0.663
	1960～1967	0.605	0.645	0.684
	1968～1987	0.613	0.657	0.691

(3)万安水库下游

万安水库坝下为宽浅型沙质间有卵石河床，1974 年 11 月第一期围堰合拢，1990 年 8 月施工蓄水运用，1993 年初期蓄水运用，至 1996 年近坝段 20km 范围内发生冲刷，坝下冲刷剧烈，前 10km 河床剖面调平，后 10km 变化不大，见图 1-10[4]。

(4)三门峡水库下游

图 1-11 为铁谢至官庄峪河段 1000m^3/s 时水位差变化过程，由图可见该期间比降调整可分 3 个阶段：第 1 阶段，1960 年 9 月至 1962 年初为强烈冲刷期，比降迅速调平；第 2 阶段，1962 年初至 1963 年底比降基本不变，初步完成了调整过程；第 3 阶段，1964 年因长期大水冲刷，比降进一步变小。显然比降的调整与流量大小关系极为密切，但就长河段而言比降变化甚微，见表 1-13[13]。

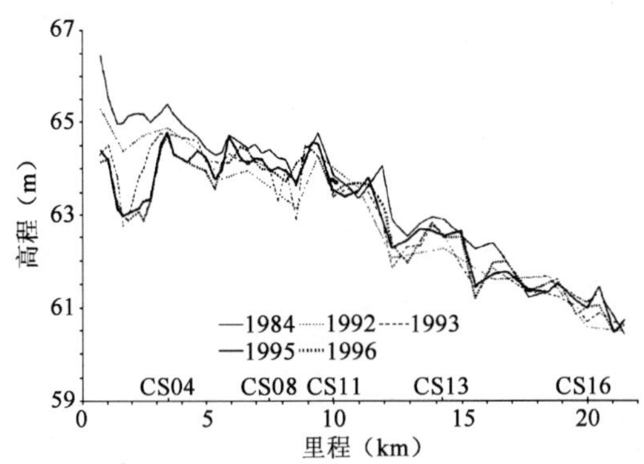

图 1-10 万安坝下河床纵剖面的变化

图 1-11 铁谢至官庄峪河段 1000m^3/s 流量与水位差 Δh 变化过程

三门峡水库拦沙期下游各河段 3000m^3/s 时比降（$\times 10^{-4}$）的变化　　表 1-13

年.月	铁谢—花园口	花园口—高村	高村—艾山	艾山—利津
1960.10	2.55	1.65	1.27	1.045
1964.10	2.40	1.65	1.25	1.001

(5)国外水库下游[2]

钱宁介绍了美国科罗拉多河胡佛坝下游河床纵剖面自上而下的变化，胡佛坝坝址所在区表层为细沙，$d_{50}=0.18$mm，下层有一层卵石层，$d_{50}=42$mm，砂层在坝址附近较薄，越向下游越厚。水库下泄清水后，砂层冲失，卵石层出露，露头自上(游)而下逐渐发展，因而河床坡降逐渐加大。至 1940 年左右，近坝段 20km 的河段卵石层已全部出露，冲刷终止，坡降不再改变，见图 1-12a)；距坝 20.3～42.3km 河段，卵石层出露，1940 年以前该段坡降基本不变，此后坡降逐渐加陡，见图 1-12b)；距坝 42.3～106km 河段坡度看不出什么变化，见图 1-12c)；最下游一个河段距坝 158.4～176km 处为宽谷河段，来自上游的泥沙在那里大量堆积，坡降逐渐调平，见图 1-12e)；图 1-12d)为冲刷段向堆积段过渡，坡降变得更平。坡降变化受河床地质条件影响很大。

以上列举了一些不同河流，不同运用条件，不同河床地质条件的坝下纵剖面调整实例。可以看出纵剖面调整是复杂的，形式是多样的，受多种因素的影响，特别是受河床地质条件沿程变化的影响，其比降有的增大，有的减小(甚至出现倒坡)，有的不变。但就长河段来说变化不大，变化较大的也只是坝下范围很小的局部河段，以及冲刷段下游的淤积段(因上游来沙变粗而淤)与上游冲刷段相衔接的过渡段，抛开首尾这两段，其比降变化应是不大的。

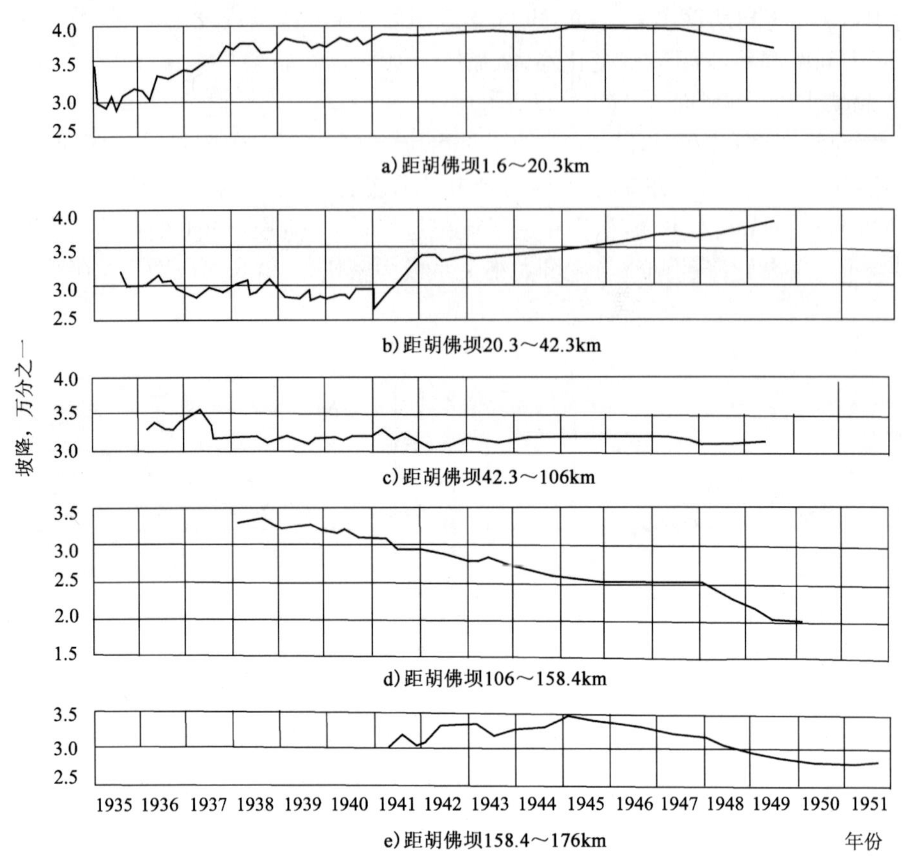

图 1-12　胡佛坝下游各不同河段的坡降历年变化

1.6　床沙级配调整

水库下泄清水后，下游河道持续冲刷，床沙级配不断发生调整，调整的目标是建立冲刷平衡。在建立冲刷平衡中，推移质输沙起决定作用，即要求满足式(1-2)。在式(1-2)中若考虑 n 也是 D 的函数，则 D 是调整三要素(D、J、B)之一，且是唯一的制约性因素，因此床沙级配的调整是河床调整的一个重要方面。

1.6.1　床沙粗化类型

钱宁将床沙粗化分为三类，即卵石层出露型、表层卵石聚集型和沙质河床冲刷分选型[2]，而韩其为则将其分为六类[17]。若按其成因分，实质上只有两类，即分选型和置换型。分选型通常出现在坝下河段，置换型通常出现在远离大坝河段。

(1)分选型

分选型粗化层是当地泥沙冲刷剩余物的聚积，最大粒径是“主(当地)沙”。由于原始床沙的种类和垂向分布的差异，分选粗化有不同的亚类。

①卵石或基岩出露型

床沙级配垂向分布不连续，河床冲刷时，在一定水流作用下，细沙走得快、冲走多，粗沙走得慢、冲走少，更粗的颗粒甚至不动，保留在河床上。这样便使床沙粗化，日久后便形成粗化层。如果水流强度增大，连最粗的颗粒也被冲走，久而久之上层泥沙不论粗细都会被冲走。当其下层为卵石层或基岩，冲刷便停止，这便是钱宁所说的第一类粗化。这种类型只有在上层可冲泥沙厚度较小时才会发生，如果上层可冲泥沙厚度很大，由于在冲深的同时，水深增大，流速减小，冲刷向不冲刷转化，等不到卵石层出露冲刷便停止。下层卵石层出露型粗化通常出现在峡谷河段出口河床突然展宽处。韩其为给出丹江口水库坝下黄家港边滩建库前后级配即为此型，见图 1-13[17]。图中建库前曲线为中细沙如曲线 A；蓄水后沙被冲走，卵石层出露，级配突然变粗，如曲线 B；卵石层进一步粗化，变成曲线 C。

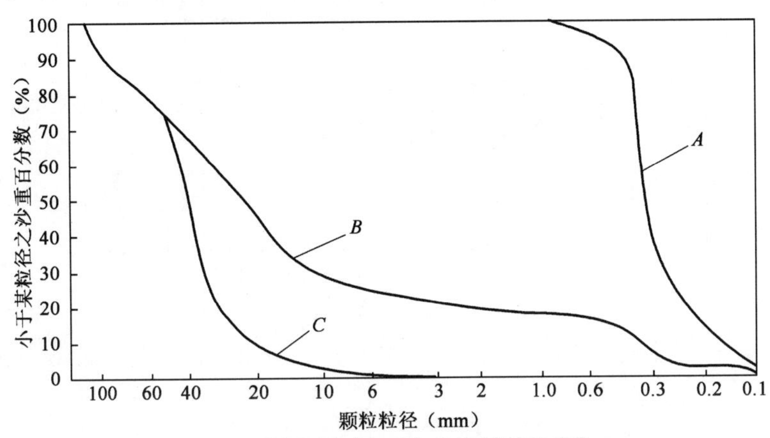

图 1-13　表层泥沙冲起后卵石出露使床沙粗化

②表层卵石聚集型

卵石河床和卵石夹沙河床，冲刷时较小的砾石或较细的砂分别先后被冲走，剩下较大的卵石，聚集在一起，形成抗冲刷粗化层，也称抗冲刷铺盖层。该层厚度 D_A 较薄，介于临界不动粒径 D_0 与最大粒径 D_{max} 之间。尹学良根据对永定河和水槽试验资料分析[18]，认为由于不动颗粒对比其小的颗粒有庇护作用，粗化层中比 D_A 小的颗粒约占 65%，即只要大于 D_A 的颗粒占 35%，抗冲刷粗化层便可形成。

卵石夹沙河床原始级配很宽，级配曲线似“躺椅形”，粗化后变陡，图 1-14 为汉江黄家港至

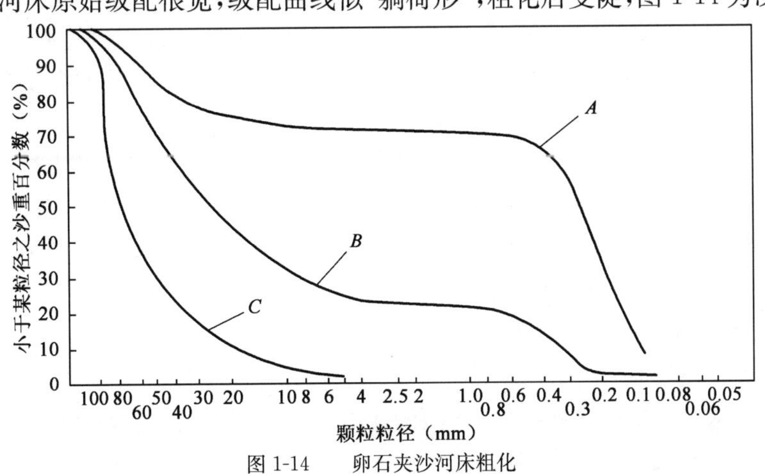

图 1-14　卵石夹沙河床粗化

光化段平均河床质级配曲线[17]，图中 A 为表层原始曲线，C 为粗化后曲线，B 为深层曲线。

③沙波分选型

卵石及卵石夹沙河床粗化易于出现抗冲刷粗化层，沙质河床形成粗化层较难、较复杂，一般并不抗冲。沙质河床粒径较细，一般都可动，只是细沙动得快，冲走多；粗沙动得慢，冲走少。细沙大部分充作悬移质，粗沙以推移质形式运移，通过沙波运动逐渐实现粗化。沙波的迎水面发生冲刷，细沙被悬移或被推移通过波峰越向下游，粗沙运动至波峰后沿背水面沉积下来。迎水面不断冲刷，使得深层泥沙不断被暴露，冲刷分选，背水面不断淤积，不断将河床表面较粗泥沙翻入河床深层，长此以往，随着沙波周期性运动，泥沙大约在一个沙波高度内不断分选、掺混，逐渐形成厚度与沙波高度相当的粗化层。图 1-15 为一组清水冲刷水槽试验的沙波分选型粗化，其最大粒径不变。

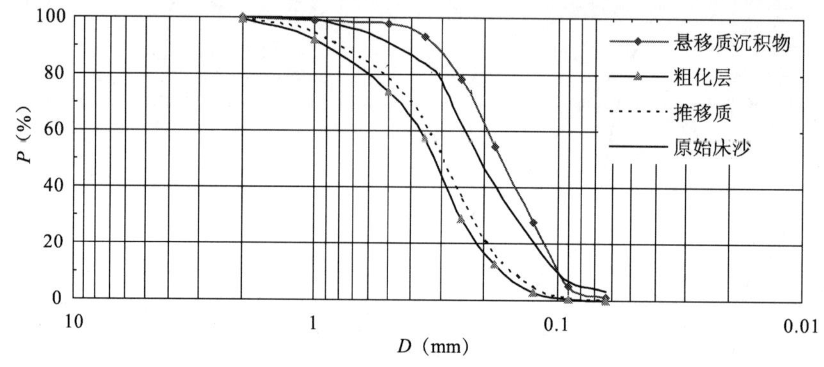

图 1-15　沙波分选型粗化(水槽试验)

(2)置换型

置换型是“客(外来)沙”夺主，粗化层主要来自上游的客沙，最大粒径是客沙。

在平衡输沙时，从整体看，河床不冲不淤，或冲淤相等。但就个别泥沙颗粒而言，始终存在着运动的泥沙和床面静止的泥沙相互交换的情形，不过这种交换理应是等值等量的。在平整床面上即是同一地点上、下交换的泥沙数量相等。就输沙能力而言，数量相等必要求质量(粗、细)也相等；在有沙波床面上即使是沙波迎水面冲刷，背水面淤积，局部不平衡，但在一个波长范围内冲淤数量和质量相等，又是平衡的。因此，从整体看这里不存在泥沙分选，否则输沙就不平衡。当上游来沙与当地床沙发生交换时，若“客沙”粗于当地泥沙就会发生置换型粗化。置换型粗化比分选型粗化粒径更粗，即粗化程度更高。以“置换”为主时，输沙不平衡，当地河床要发生冲刷。

冲积河流，由于泥沙的分选作用，床沙组成是沿程变细。从上游河床上冲起的较粗泥沙，被水流带到下游，与下游河床的床沙发生交换，淤粗冲细，无论是悬移质或推移质，也不论来沙饱和与否，都将一律以运动中的粗沙置换出河床上比它细的细沙，导致下游河床粗化。由于来沙种类不同，置换型粗化也有不同亚类。

①纯推移质置换

卵石夹沙河床与沙质河床相衔接的过渡河段。随着上游冲刷而来的砾石、粗沙不断累集，在下游河段便逐渐形成一定厚度的铺盖层，河床明显粗化。图 1-16 为汉江太平站左汊床沙级配，建库前为沙质，如曲线 A。清水冲刷多年后，由于上游卵石不断下移，在该汊发生堆积，形成床沙级配，如曲线 B[17]。三门峡水库清水下泄期间铁谢也曾发生过类似现象。铁谢原为沙质河床，卵石埋深在 15m 以下，河床冲深仅数米，便出现砾石和卵石，最大粒径达 59.5mm[17]。显然这些砾、卵石是一种"客沙"。

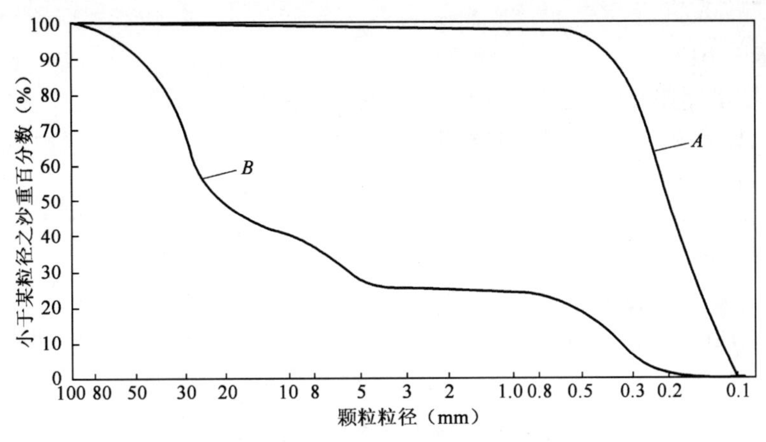

图 1-16　推移质置换型粗化

②以推移质为主的置换

中沙河段。上游来的悬移质与推移质泥沙与其下游床沙都有可能发生交换。由于推移质粒径粗于悬移质，置换的主体应是推移质，即推移质在置换型粗化中起主导作用。图 1-17 为丹江口水库下游黄庄至马良段冲刷过程中的床沙粗化实例[17]。由图可见，粗化前河床最大粒径为 0.6mm，粗化后河床最大粒径为 0.8mm，该粒径在原河床上并没有，显然是"客沙"。由于"客沙"的加盟，使当地粗化过程缩短，冲刷延续距离更远。

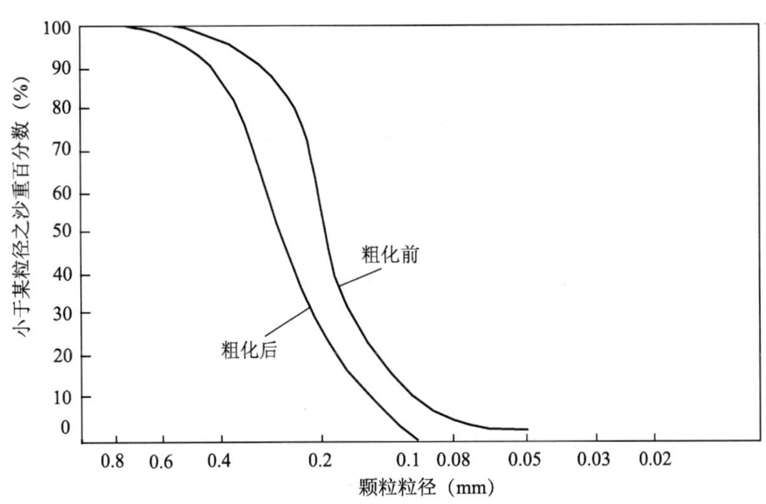

图 1-17　以推移质为主的置换型粗化

③以悬移质交换为主的置换

细沙河段。来自上游河床冲起的泥沙，一般要比当地床沙粗，在与当地泥沙交换过程中不可避免地要发生淤粗冲细，使床沙变粗。黄河下游艾山至利津在三门峡下泄清水期冲刷量不大，但床沙 d_{50} 由 0.057mm 变至 0.08～0.096mm。官厅水库下游细沙河段的粗化不仅发生在冲刷段，在冲淤平衡段和淤积段也发生，显然这是一种置换型粗化，也同样是以悬移为主的粗化。置换型粗化，通常使冲刷距离延长。

1.6.2 床沙粗化实例

(1)官厅水库下游

永定河官厅水库始建于 1953 年，但到 1956 年以后才有河床质资料。图 1-18 为其 1957～1959 年三年变化情况[18]，可见在细沙河段也发生粗化现象。

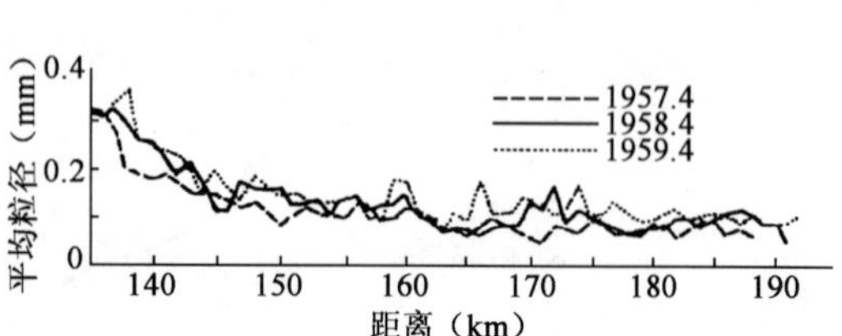

图 1-18　永定河下游河床组成历年变化

(2)丹江口水库下游

汉江丹江口水库下游不同河段粗化的类型不一样，沿程各站建库前后床沙中值粒径变化见表 1-14[14]。

丹江口水库下游沿程各站建库前后床沙 D_{50}(mm)变化　　表 1-14

年份(年)	黄家港	襄阳	皇庄	仙桃	蔡甸
1959	0.21	0.15	0.12	0.11	0.105
1980	19.4	0.82	0.18	0.13	0.115
1985	34.11	0.82	0.24	0.15	0.15
1995			0.194	0.198	

黄家港至太平店长约 60km，其中黄家港至光化原为卵石夹沙河床；光化至太平店表层为沙夹砾石，厚 2～3m，其下为卵石层。至 1989 年该段沙层及其下的粗沙和砾石均被冲走，卵石层出露，形成了抗冲刷层，属于分选型粗化。

太平店滩群段床沙中值粒径变化见表 1-15[19]，可见 1975 年以后粗化十分明显。

建库前后太平店河段床沙 D_{50}(mm)变化　　表 1-15

年份(年)	1959	1963	1975	1987	1997	2005
D_{50}(mm)	0.20	0.26	0.38	9.01	14.00	33.30～42.60

太平店至襄阳原河床覆盖有 2～3m 沙层，夹有少量粗沙和砾石，D_{50} = 0.15～0.21mm，至 1980 年增至 0.3～17.5mm，1985 年后主槽基本为的砾石及卵石。床沙粗化主要是来自上游冲刷输移物的沉积，即置换型粗化。

襄阳至宜城原为中细沙河床，沙层以下的卵石层埋藏较深，经长期冲刷，至 1989 年主槽已基本为砾石及小卵石所覆盖，为置换型粗化。

宜城以下，建库前为中、细沙河床，虽经 20 多年的冲刷，仍为中、细沙河床，略有变粗现象也为置换型粗化。

(3)万安水库下游

万安水库正式运用不久，1991～1996 年床沙粗化已经很明显，表 1-16 给出两个断面在水库初期运用阶段床沙变化情况，其中 CS4-1 位于坝下 3.7km，CS10 位于坝下 9.6km。由表可见，0.5mm以下的泥沙1991年占50%左右，至1996年已冲刷殆尽，床沙粗化，以CS10最为突出。从全河段看，在20km范围内，首尾相差不大，粗化峰值也出现在CS10断面。

万安水库初期运用阶段下游河床粗化情况 表1-16

断面	年份(年)	小于某粒径的沙重百分数(%)								D_{50}(mm)	D_m(mm)	D_{max}(mm)
		0.25	0.50	1.0	2.0	3.0	5.0	8.0	10			
CS4-1	1991	2.5	49.0	76.5	91.0	96.5	99.5			0.5	0.90	10
	1996	1.0	65	24.5	55.0	71.0	83.5	92.5	95.5	1.7	3.0	31
CS10	1991	4.0	55.0	85.0	97.0	99.0	100			0.45	0.70	7.2
	1966	1.0	45	10.5	24.5	35.0	55.0	89.0	90.5	4.5	5.70	62

(4)三门峡水库下游

在细沙河流上，同样存在着粗化现象。表1-17为三门峡水库清水下泄期下游各断面床沙中径的变化情况。粗化后的D_{50}是粗化前的1.5～3.0倍。其中铁谢为分选型粗化，其余均属于置换型粗化。

三门峡水库拦沙期下游各断面床沙D_{50}(mm)变化[13] 表1-17

断　面	建　库　前	1961.09～1961.11	1962.10	1963.5	1964.5
铁谢	0.164	0.379	0.52	0.565	0.366
官庄峪	0.097	0.191	0.251	0.139	0.191
花园口	0.092	0.128	0.168	0.145	0.133
辛砦	0.072	0.113	0.132	0.173	0.154
高村	0.057	0.062	0.096	—	—
杨集	0.059	0.090	0.076	0.077	0.10
艾山	0.057	0.097	0.082	0.074	0.08
洛口	0.057	—	0.091	—	0.096
利津	0.057	—	0.082	—	0.08

图1-19为三门峡水库两个不同运用阶段黄河下游花园口断面床沙中径变化过程[2]。由图可见，三门峡下泄清水阶段，花园口断面床沙有明显的粗化。随着水库运用方式的改变，泥沙下泄，下游河道发生回淤，床沙又变细，回到建库前情况。

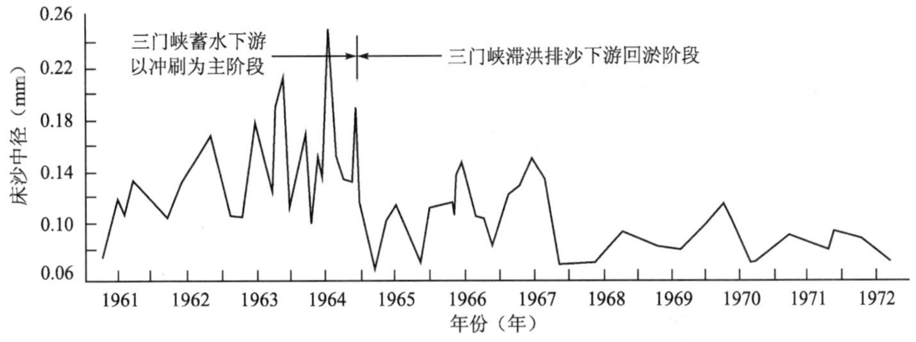

图1-19 三门峡水库两个不同运用阶段黄河下游花园口断面床沙中径的变化过程[1]

(5)三峡水库下游

三峡水库2003年6月1日开始蓄水,6月10日水位达到135m高程,至2006年9月20日水位蓄至156m高程。在此期间水库拦粗沙,下泄清水或极细泥沙的浑水,坝下河段发生冲刷,宜昌卵石夹沙河段率先粗化,而后不断向下游发展。表1-18为长江航道规划设计研究院等《长江三峡工程航道泥沙原型观测2007~2008年度分析报告》提供的数据(以下关于三峡下游的数据均出自该报告)。

三峡水库蓄水运用前期下游各站床沙中值粒径 D_{50} 变化趋势 表1-18

床沙中值粒径	年份(年)	宜昌	枝城	沙市	监利	螺山	汉口
D_{50}(mm)	2001	0.261				0.190	0.160
	2002	0.285			0.179	0.180	0.180
	2003	0.320	0.280	0.215	0.154	0.190	0.190
	2004	0.402			0.171	0.180	0.190
	2005	0.480	0.271	0.212	0.195	0.180	0.190
	2006	0.680	0.300	0.239	0.239	0.190	0.210
	2007	11.7	0.296	0.251	0.198	0.210	0.170

1.6.3 粗化对再造床的影响

在清水冲刷,河床重建平衡的过程中,床沙粗化起着极为重要的作用。如上述丹江口水库下游襄阳以上的卵石夹沙河段及与其邻近的沙质河段,由于抗冲刷铺盖层的形成,不仅悬移质冲刷宣告结束,而且推移质冲刷一般也基本停止。沙质河床的粗化虽不能形成稳定的抗冲刷铺盖层,使河床下切完全受到遏制,但是由于床沙粗化,泥沙粒径变粗,糙率增大,水流速度减小,导致悬移质和推移质输沙能力大为减小,冲刷速率大大降低,最终也会向不冲转化,大量的水槽试验已经证明了这一点。

(1)粗化对糙率的影响

河床的综合糙率 n 是由两部分组成,一部分是沙粒阻力(肤面阻力),另一部分是沙波阻力(形态阻力)。卵石夹沙河床粗化后,粒径大为增大,沙粒阻力增大,粗化程度越高,增大幅度也越大;细沙河床粗化后变成中粗沙,冲刷后又由于断面形态调整,流速降低,常处于低能态,易于形成沙波,糙率大为增加。

①官厅水库下游糙率的变化

表1-19是官厅水库下游卢沟桥断面在抗冲刷覆盖层形成前后水力要素的变化,可见同流量糙率加大,水深加大,流速减小。

永定河卢沟桥建库前后水力要素的变化[2] 表1-19

流量(m^3/s)	年份(年)	流速(m/s)	水深(m)	糙率
50	1952	1.04	0.78	0.0157
	1959	0.76	1.37	0.0290
100	1952	1.21	1.00	0.0152
	1959	1.02	1.72	0.0220

②丹江口水库下游糙率的变化

表 1-20 为丹江口水库下游各河段冲刷前后河段平均水力要素的变化。由表可见，粗化后的糙率是粗化前的 1.5～2.5 倍，其中最大的是光化—太平店。该段原始河床表层为沙夹砾石，下层为卵石，表层的原始糙率较小，表层覆盖物冲光后卵石出露，无疑糙率会大幅增加。高滩无明显粗化，因而 10 000m^3/s 的糙率增大不多。

汉江下游冲刷前后水力因素变化对比[17]

表 1-20

河段名称及长度(km)	年份(年)	Q=400m^3/s				Q=2 000m^3/s			
		流速(m/s)	水深(m)	比降×10^{-4}	糙率	流速(m/s)	水深(m)	比降×10^{-4}	糙率
皇家港—光化 19.9	1960	0.45	1.28	3.29	0.022 7	1.37	1.61	3.15	0.015 6
	1968	0.49	1.55	2.65	0.032 8	1.04	2.20	2.61	0.023 8
	1978	0.49	1.74	2.42	0.018	1.04	2.25	2.54	0.026 3
光化—太平店 40.5	1960	1.06	1.02	3.17	0.011 7	1.97	1.59	3.20	0.011 3
	1968	0.84	1.57	3.43	0.008 6	1.51	1.91	3.21	0.016 8
	1978	0.55	1.55	3.02	0.023 4	0.983	2.36	3.20	0.026 2
太平店—茨河 15.59	1960	0.76	1.04	2.34	0.011 7	1.28	1.85	2.07	0.011 3
	1968	0.89	1.64	1.67	0.008 6	1.30	2.29	2.02	0.016 8
	1978	0.51	1.30	2.33	0.023 4	0.87	2.25	1.95	0.026 2
茨河—襄阳 27.45	1960	0.59	1.16	2.4	0.025 8	1.05	1.74	2.60	0.019 9
	1968	0.62	1.44	2.66	0.024 8	1.09	1.74	2.60	0.020 7
	1978	0.40	1.25	2.56	0.035 9	0.77	2.14	2.48	0.027 7

河段名称及长度(km)	年份(年)	Q=5 000m^3/s				Q=10 000m^3/s			
		流速(m/s)	水深(m)	比降×10^{-4}	糙率	流速(m/s)	水深(m)	比降×10^{-4}	糙率
皇家港—光化 19.9	1960	1.87	2.21	3.5	0.013 9	2.64	2.84	3.51	0.012 2
	1968			2.82	0.020 7				
	1978	1.42	3.31	2.77	0.023 4	1.75	4.08	3.07	0.024 8
光化—太平店 40.5	1960	2.97	2.22	3.27	0.009 0	2.21	2.73	3.34	0.016 1
	1968			3.08	0.017 2				
	1978	1.52	3.27	3.14	0.024 3	2.14	4.28	3.13	0.020 3
太平店—茨河 15.59	1960	1.91	2.63	1.78	0.009 0	2.71	3.25	1.65	0.007 6
	1968			2.33	0.017 2				
	1978	1.29	3.38	2.15	0.024 3	1.88	4.39	2.3	0.020 3
茨河—襄阳 27.45	1960	1.43	2.57	2.55	0.018 4	2.01	3.35	2.53	0.014 8
	1968			2.54	0.016 8				
	1978	1.08	3.17	2.39	0.025 3	1.54	4.00	2.18	0.019 9

③三门峡水库下游糙率的变化

黄河三门峡水库下游铁谢至辛砦为细沙河床，冲刷前糙率很小，粗化后糙率增大，1961～1963年，糙率增大20％～30％，其中铁谢—官庄峪糙率增大幅度大于花园口—辛砦，见图1-20[2]。比较表1-17，不难发现该段糙率增大不仅是粗化所引起的沙粒阻力增大，沙粒所引起的糙率增大，按$D^{1/6}$估算，不到10％，其余的10％～20％应是形态阻力的贡献。

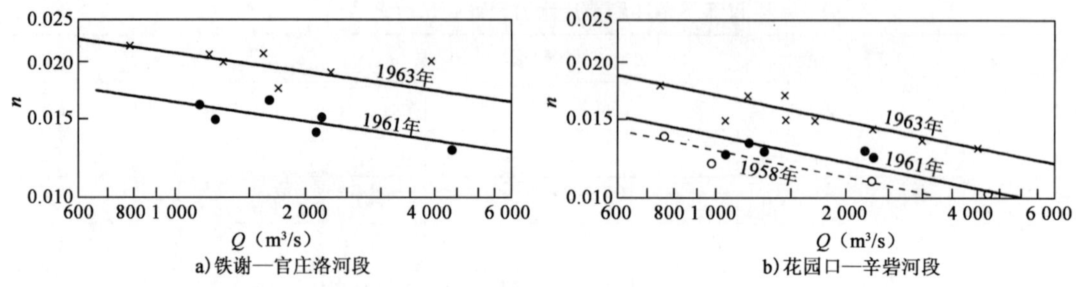

图1-20　黄河下游清水冲刷过程中河床糙率的变化

(2)粗化对悬移质输沙的影响

①悬移质粒径变粗

床沙粗化，由冲刷来补给的悬移质粒径必然变粗，图1-21为三门峡水库下游花园口站1960年及1961年两次测验的床沙及悬沙分组级配对比[13]。可见经过一年冲刷，床沙中粒径0.05～0.10mm部分大幅度减少，粒径大于0.10mm泥沙所占比重提高；而悬移质中主要增加的恰恰是粒径0.05～0.10mm的泥沙，大幅减少的是粒径0.01～0.025mm的泥沙，使悬沙级配也相应变粗。

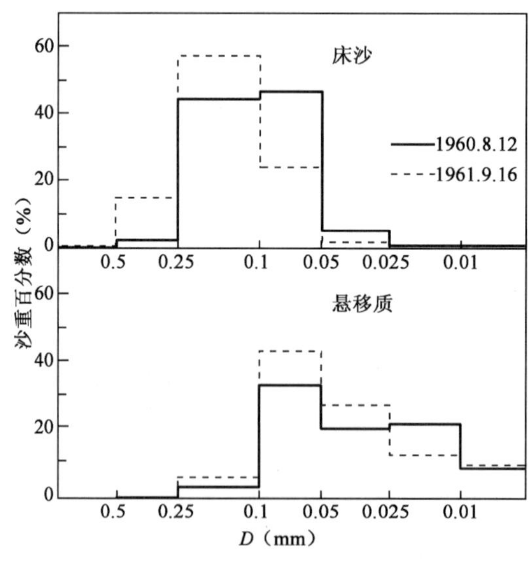

图1-21　花园口站不同粒径组泥沙沙重百分数的变化

表1-21为官厅水库坝下各断面建库前后悬移质平均粒径历年变化情况。130km处因抗冲刷铺盖层形成，悬沙无补给，仍为流域来的细沙。160km以下的悬沙粗化十分明显，因为随着其上游及本河段河床粗化程度日益加剧，补给悬移质的泥沙也日益变粗。

官厅水库坝下各站悬移质平均粒径(mm)历年变化[15] 表1-21

年份(年) \ 距坝里程(km)	130	160	190
1956	0.021	0.023	0.02
1957		0.05	0.046
1958	0.028	0.07	0.062
1959			0.09

表1-22为丹江口水库下游各站建库前后悬移质粒径变化情况,表中同时列出相应的沉速[17]。三个站的悬移质粒径建库后是建库前的2～3.1倍,而沉速则是2.3～4.4倍,沉速的增大越多,意味着挟沙能力减小越大。

悬移质粒径变化 表1-22

站名	建库前			建库后		
	统计时间(年)	d_{50}(mm)	沉速(cm/s)	统计时间(年)	d_{50}(mm)	沉速(cm/s)
襄阳	1956～1959	0.025	0.354	1976～1979	0.077	1.546
皇庄	1956～1959	0.024	0.330	1976～1979	0.049	0.767
仙桃	1956～1960	0.020	0.204	1976～1979	0.039	0.526

表1-23为三峡水库蓄水运用后下游监利站悬沙$d>0.125$mm泥沙质量百分数及中值粒径逐年变化,与表1-18相比较随着床沙变粗,从河床恢复的悬沙也变粗。

监利站悬沙$d>0.125$mm粒径级沙重百分数及中值粒径变化表 表1-23

项目 \ 年份(年)	蓄水前平均	2003	2004	2005	2006	2007	2008
沙重百分数(%)	9.6	19.4	39.7	28.4	57	41.5	46.8
中值粒径(mm)	0.009	0.021	0.061	0.025	0.15	0.056	0.109

②悬移质输沙率变小

清水下泄,河床冲刷,悬移质输沙率变小。图1-22为黄河三门峡水库下游花园口和洛口两站全沙输沙率和流量的关系[13],可见建库后(1961～1964年)同流量输沙率大为减小。输沙率降低的主要原因是由于河床冲刷补给的泥沙粒径较粗,其次是河床调整水力要素变弱,建库前流域来沙,冲泻质多年平均约占57.1%,三门峡蓄水运用期这部分泥沙大部分被拦在库内,下游河床河槽中冲泻质泥沙仅占7%～15%,滩地上也只有14%～35%。河床冲刷这部分泥沙补给量大为减少,特别是河床经冲刷粗化后,这部分泥沙更越来越少。就床沙质而言,钱宁给出黄河花园口河段清水冲刷前后输沙率变化见图1-23[2],由图可见,虽然床沙质粒径变化不大,仅从0.10mm增至0.13mm,即增大30%,但床沙质输沙率却减小了65%。

悬移质输沙率与流量关系是河流的一种输沙属性,在河流上游受流域来沙影响较大,河流下游来沙经上游河段调整,逐渐与水流挟沙能力相适应,关系比较稳定,也就是说图中点群中心线的斜率接近常数。图1-22中花园口建库后的斜率小于建库前是含沙量尚未恢复饱和的

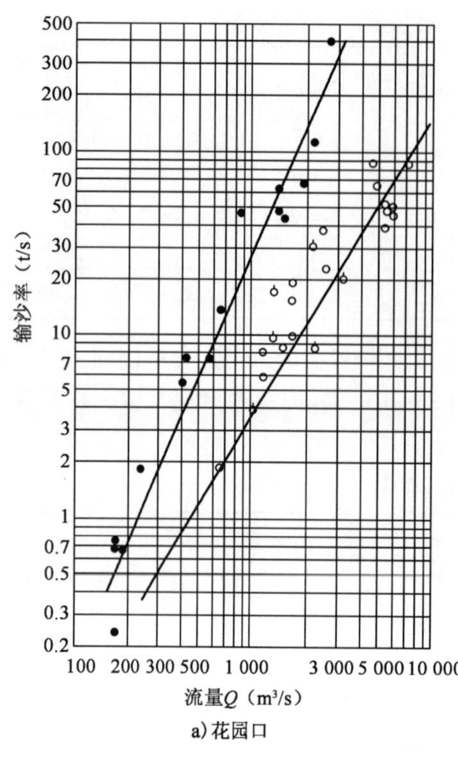

a) 花园口

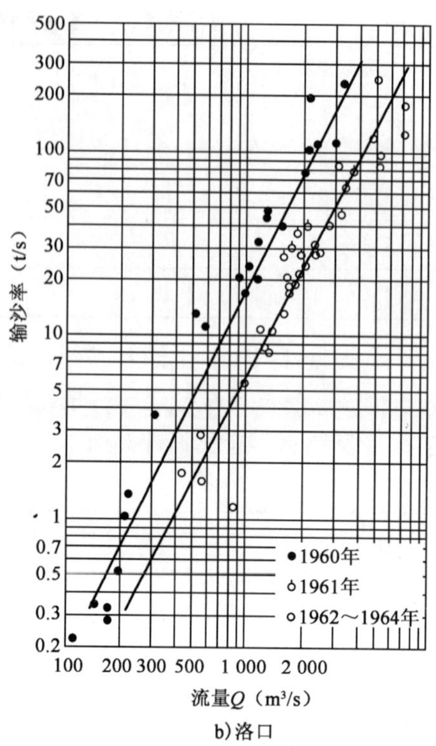

b) 洛口

图 1-22　流量与输沙率关系

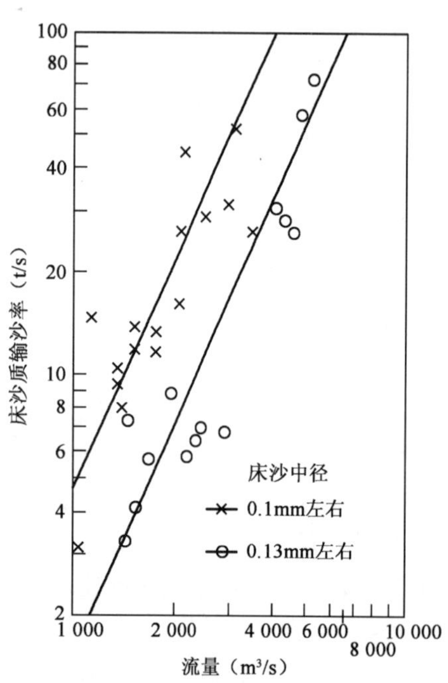

图 1-23　黄河下游花园口河段河床粗化前后床沙质输沙率的变化

缘故，而到洛口含沙量已恢复饱和，建库前后两线基本平行。图中建库后的截距小于建库前，恰恰表明建库后输沙能力减小。

综上所述，在清水冲刷河床重建平衡过程中，河宽 B、过水面积 A、纵剖面 J 及床沙粒径 D 都要发生调整，调整朝着使水流动力条件减弱和河床阻抗条件增强的方向发展。这是一种矛盾的对立和统一，统一就意味平衡，一种静态平衡。作为需调整的动力条件的一方，是河宽 B、过水面积 A 和纵剖面 J。其中 J 的总趋势是变小，但很不灵敏，变化很小；B 的总趋势是变大，但受边界条件影响极大，边界可动性越大，B 的变化越大；$A(=Bh)$变大，当 B 变大时，水深 h 有可能变小或变化不大，断面变宽浅，B 不变或变化很小时，h 必变大，断面变窄深。矛盾的另一方是阻抗条件，集中为泥沙粒径 D 所表征，它既是阻抗作用的主体，即沙粒重力所产生的摩擦阻力，又是削弱水流动力作用的阻力(n)的主导影响因素。因此在建立冲刷平衡过程中 D 的调整起到至关重要甚至是决定性作用。

本章参考文献

[1] Mackin, J. H.. Concept of the Graded River, Geol. soc. Amer. Bull.. vol. 59, 1948. pp. 463-512.

[2] 钱宁,张仁,周志德. 河床演变学[M]. 北京:科学出版社,1989.

[3] 韩其为,李楚南. 从丹江口水库下游冲刷看三峡水库下游河床演变趋势//水利部科技教育司. 长江三峡工程泥沙研究文集[C]. 北京:中国科学技术出版社,1990.

[4] 万建国. 赣江万安水利枢纽下游20km航道原型观测分析研究[R]. 南昌:江西省交通厅航务设计院,1999.

[5] 张云霖,席锡纯. 黄河天桥水电站坝下河床演变分析[J]. 水文,1995,(1):30-35.

[6] 唐从胜,等. 葛洲坝枢纽运行对下游影响的监测研究[J]. 人民长江,2001,32(11):11-13.

[7] 周志德. 水库下游河床冲刷下切问题的探讨[J]. 泥沙研究,2003,(5):2829.

[8] 赵业安,刘月兰,韩少发. 三门峡水库控制运用后黄河下游河床演变的初步分析[R]:郑州:黄河水利委员会水利科学研究所,1981.

[9] 尹学良. 永定河、黄河下游河道摆动与展宽问题//河床演变河道整治论文集[C]. 北京:中国建材工业出版社,1996.

[10] 黎力明. 丹江口水库下游河床演变初步分析//汉江丹江口水库下游河床演变论文集[C]. 武汉:长江流域规划办公室水文局,1982.

[11] 董松年. 汉江丹江口水库坝下河床演变及其对航运的影响[J]. 水运工程,1987,(5):12-19.

[12] 尹学良. 闹得海滞洪水库库区及下游河道的变化//河床演变河道整治论文集[C]. 北京:中国建材工业出版社,1996.

[13] 李保如,等. 三门峡水库拦沙期下游河道的变化//河流泥沙国际学术讨论会论文集(第一卷)[C]. 香港:光华出版社,1980.

[14] 刘东生,等. 丹江口水库下游浑水与清水冲刷特点对比分析[J]. 水利水电快报,1989,(23),25.

[15] 尹学良. 清水冲刷河道重建平衡问题//河床演变河道整治论文集[C]. 北京:中国建材工业出版社,1996.

[16] 潘庆燊,等. 丹江口水利枢纽下游河道整治[J]. 水利水电快报,1998,19(8):1-5.

[17] 韩其为. 水库淤积[M]. 北京:科学出版社,2003.

[18] 尹学良. 清水冲刷河床粗化研究//河床演变河道整治论文集[C]. 北京:中国建材工业出版社,1996.

[19] 程武,等. 近坝径流调节河段河床演变规律[J]. 交通科技,2007,224(5):107.

第2章 坝下河床演变机理及河型转化

2.1 纵向变形特点和机理

2.1.1 悬移质沿程冲刷机理

(1)悬移质冲刷的两种机理

①含沙量沿程恢复

水库下泄清水或次饱和水流，下游河床发生冲刷，含沙量得到补给，沿程增大，由次饱和向饱和转化，这一过程称为含沙量恢复。随着含沙量沿程恢复，河床冲刷也随之递减。由一维恒定流悬沙扩散方程可解得含沙量恢复及恢复距离公式：

$$S = S_* + (S_0 - S_*)\exp\left(-\frac{\alpha\omega}{q}L\right) \tag{2-1}$$

及

$$L = \frac{q}{\alpha\omega}\ln\frac{S_* - S_0}{S_* - S} \tag{2-2}$$

式中，S 为断面平均含沙量(kg/m^3)；S_* 为水流挟沙能力(kg/m^3)；S_0 为进口断面平均含沙量(kg/m^3)；ω 为泥沙沉速(m/s)；q 为单宽流量(m^3/s·m)；L 为离进口断面距离(m)，即含沙量恢复长度；α 为恢复饱和系数。

由上述两式可见，挟沙能力 S_* 越大，沿程恢复的含沙量 S 也越大；离进口断面距离越长，含沙量越接近饱和，即冲刷越少；流量越大，恢复饱和长度越大，即冲刷距离越长；床沙补给的泥沙粒径越粗，恢复饱和长度越小，即冲刷距离越短。这些特点可由坝下冲刷实测资料得到见证。

a. 来水大小的影响

图 2-1 为黄河三门峡水库坝下清水冲刷时含沙量沿程变化情况[1]。由图可见，小水时含沙量在花园口至夹河滩之间就已恢复，而大水需要到艾山以下方可恢复。

表 2-1 为汉江丹江口水库下游不同时期含沙量沿程变化情况[2]。由表可见，枯水年含沙量在皇庄就基本恢复，而丰水年含沙量到仙桃还在增大。

丹江口水库不同时期坝下游含沙量沿程变化表　　表 2-1

泄洪阶段	年份(年)	下泄水量(10^8m^3)	出库输沙量(10^4t)	水量特征	坝下控制站含沙量(kg/m^3)				
					黄家港	襄阳	皇庄	沙洋	仙桃
建库前	1955	430	10 700	中水	2.49	2.58	2.78	2.38	1.92
	1958	548.2	29 600	丰水	5.39	3.92	3.82		2.65
	1959	242.7	3 530	枯水	1.46	1.6	1.16		1.09

续上表

泄洪阶段	年份(年)	下泄水量(10^8m^3)	出库输沙量(10^4t)	水量特征	坝下控制站含沙量(kg/m^3)				
					黄家港	襄阳	皇庄	沙洋	仙桃
滞洪期	1963	533.3	9 880	丰水	1.85		2.3		1.99
	1964	783.1	15 000	大水	1.92		2.51		1.85
	1965	407.6	8 160	中水	2.01		2.4		1.81
	1966	179.1	2 420	枯水	1.35		1.05		0.812
建库后清水下泄期	1969	229	83	枯水	0.036		0.505		
	1972	318	37.6	枯水	0.012		0.624		0.723
	1974	405.7	142	中水	0.035	0.205	0.577		0.74
	1975	490.6	169	丰水	0.034	0.377	0.899		0.888
	1978	223	54.1	枯水	0.024	0.092	0.24		0.33
	1980	414	54	中水	0.013	0.224	0.534	0.58	0.638
	1983	744	328	大水	0.044	0.235	0.57	0.65	0.83
	1984	566	136	丰水	0.024	0.178	0.46	0.54	0.73
	1986	279	0	枯水	0	0.035	0.102	0.176	0.32
	1990	405.1	27	中水	0.007	0.096	0.27	0.13	0.55
	1995	210.4	0	枯水	0	0.023	0.12	0.11	0.33

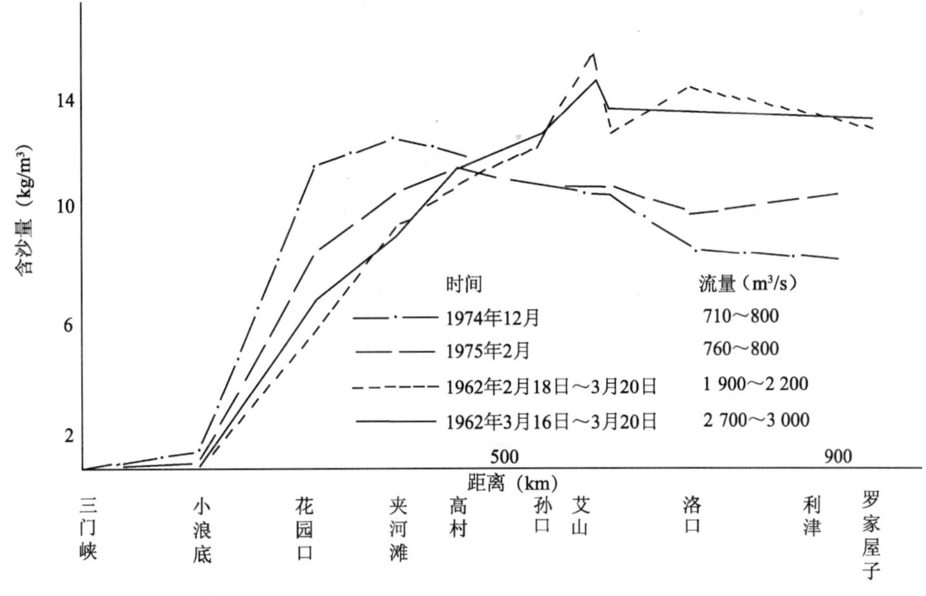

图 2-1　三门峡水库坝下清水冲刷含沙量沿程变化

b. 床沙粗细的影响

图 2-2 为 1961 年 6 月黄河三门峡水库坝下悬移质分组粒径含沙量沿程恢复情况[3]，可见 $D>0.1$mm 至花园口已率先恢复，往下因沿途交换，至艾山以下已不复存在；粒径越细恢复距

离越往下游；$D<0.025$mm 至利津尚未完全恢复，而 $D<0.01$mm 因河床缺少补给，沿程变化不大。

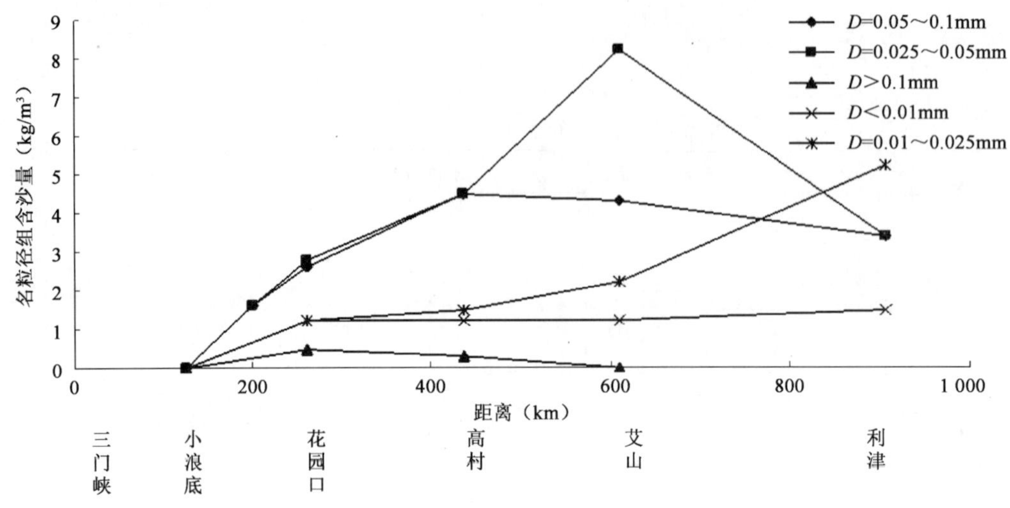

图 2-2 三门峡水库坝下悬沙分组含沙量沿程变化

②悬移质沿程交换(淤粗冲细)

由非均匀沙构成的悬移质，在相同的动力条件下，粗沙沉降几率大于细沙。粗沙下沉若河床无等量的同等粒径泥沙上浮，悬移质中粗沙将减少。为了满足挟沙能力的需要，就必须以细沙来补足。细沙的沉速小，挟沙能力大，必导致河床冲刷。例如一颗 0.1mm 的粗沙下沉就需要等价的约 4 倍体积的 0.05mm 的泥沙补充，或者是约 11 倍体积的 0.03mm 的泥沙补充。天然河道床沙沿程变细，特别是河床冲刷，上游河床粗化，更是如此。来自上游河床补给的悬移质，不论饱和与否，其中粗的部分发生下沉时，不可能从河床中得到等质等量的补给，要保持等价，只能冲起比其细而量大得多的泥沙，因而河床要发生冲刷。这种不等质的交换并不是同时完成的，先淤粗，后冲细，冲细同样有一个恢复过程，我们称其为“二次恢复”。二次恢复潜于一次恢复之中，使恢复距离增长，也就是冲刷距离增长。

图 2-2 中，$D>0.1$mm 的含沙量在花园口达到最大，$D=0.05\sim0.1$mm 在高村达到最大，$D=0.025\sim0.05$mm 在艾山达到最大，它均在达到最大值后就变小，取而代之是比它细的泥沙，因而使得艾山以上 $D=0.025\sim0.05$mm 泥沙的含沙量迅速增大。这正是悬沙交换，二次恢复的极佳说明。由于艾山以下水力条件变弱，总的含沙量变小，河床发生淤积，但是 $D<0.025$mm的泥沙仍是冲刷的。

图 2-3 为三门峡水库下游流量基本相同的不同年份含沙量沿程恢复情况[3]。图中含沙量峰值位置不断下移，表明冲刷随时间推移在不断向下游发展，而其实质是上游前期冲刷，含沙量二次恢复，使冲刷距离增长。1963 年 1 月 2 日～1 月 12 日含沙量峰值变小，主要是因为艾山以下水流强度减弱的缘故(与图 2-2 相同)，当然也有泥沙变粗的原因。

(2)悬移质粒径在时间上和空间上的变化

①悬移质粒径沿程变细

在冲刷过程中含沙量沿程恢复和泥沙交换，使得悬移质粒径沿程变化与床沙粒径沿程变化息息相关。表 2-2 为丹江口水库下游沿程各站建库前后悬移质和床沙中值粒径对比[4]，由表可见，建库前悬沙来自流域，粒径较细，沿程变化不大。虽然沿程有所变细，但与床沙关系并不密切。建库后上游床沙粗化，沿程差别显著增大，相应的悬沙粒径大幅增粗。受沿程交换影响又逐渐变细，与床沙关系密切。建库前襄阳床沙中径为 0.25mm，悬沙中径为 0.025mm，建库后仙桃床沙中径为 0.13mm，而悬沙中径为 0.039mm，这种差异源于沙源，前者悬沙来自流域，含冲泻质较多，后者来自河床补给，含冲泻质较少。

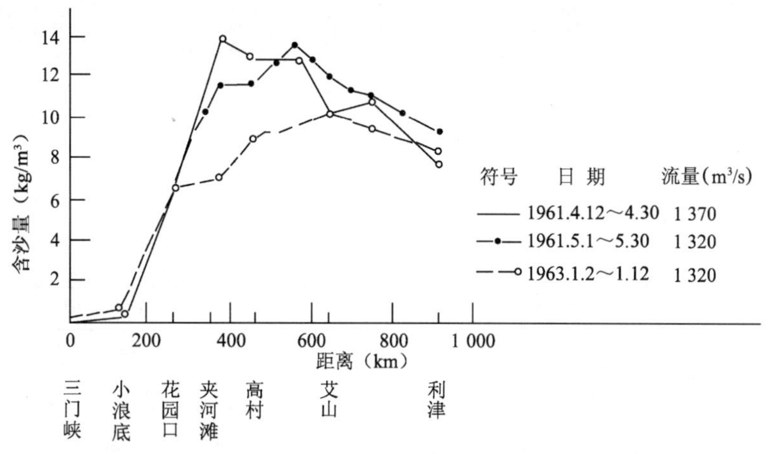

图 2-3 三门峡水库下泄清水时含沙量沿程变化

丹江口水库下游各站建库前后泥沙粒径的变化 表 2-2

站名	建库前				建库后			
	年份(年)	D_{50}(mm)	年份(年)	d_{50}(mm)	年份(年)	D_{50}(mm)	年份(年)	d_{50}(mm)
襄阳	1959	0.25	1956～1959	0.025	1980	0.82	1976～1979	0.077
皇庄	1959	0.12	1956～1959	0.024	1980	0.18	1976～1979	0.049
仙桃	1959	0.11	1956～1959	0.020	1980	0.13	1976～1979	0.039

注：表中 D_{50} 为床沙中径；d_{50} 为悬沙中径。

表 2-3 为三峡水库蓄水运用前后下游河道沿程各站悬沙级配中值粒径变化情况。建库前悬沙来自流域，粒径细，且沿程变化不大。蓄水后因水库拦截粗沙，出库含沙量小，粒径更细，枝城以下为沙质河床，沿程冲刷恢复，级配变粗，至监利达到最大，监利以下冲淤交替，悬沙与床沙沿程交换，悬沙又转而变细，但仍比建库前粗。

三峡水库蓄水运用前后下游河道悬沙级配及中值粒径 d_{50} 变化情况 表 2-3

年份(年)	悬沙粒径分级		黄陵庙	宜昌	枝城	沙市	监利	螺山	汉口	大通
建库前多年平均	沙重(%)	$d\leqslant 0.031$mm		73.9	74.5	68.8	71.2	67.5	73.9	73.0
		$d>0.125$mm		9.0	6.9	9.8	9.6	13.5	7.8	7.8
	d_{50}(mm)			0.009	0.009	0.012	0.009	0.012	0.010	0.009
2003	沙重(%)	$d\leqslant 0.031$mm	77.9	75.3	63.9	56.9	55.4	60.3	66.8	86.3
		$d>0.125$mm	10.8	14.0	25.8	26.6	19.4	21.0	16.2	0.4
	d_{50}(mm)		0.007	0.007	0.011	0.018	0.021	0.014	0.012	0.010

续上表

年份(年)	悬沙粒径分级		黄陵庙	宜昌	枝城	沙市	监利	螺山	汉口	大通
2004	沙重(%)	$d \leqslant 0.031$mm	85.7	84.0	68.5	54.7	42.9	52.8	56.0	84.3
		$d > 0.125$mm	4.2	8.9	22.5	31.7	39.7	28.0	25.0	4.5
	d_{50}(mm)		0.006	0.005	0.009	0.022	0.061	0.023	0.019	0.006
2005	沙重(%)	$d \leqslant 0.031$mm	92.0	86.7	75.2	63.2	52.9	64.6	65.0	75.7
		$d > 0.125$mm	1.0	5.4	12.6	23.9	28.4	22.9	18.6	7.6
	d_{50}(mm)		0.005	0.005	0.007	0.013	0.025	0.010	0.011	0.008
2006	沙重(%)	$d \leqslant 0.031$mm	92.3	90.0	70.3	41.8	25.5	51.2	61.1	74.3
		$d > 0.125$mm	0.3	2.2	16.8	45.7	57.0	36.2	25.6	8.8
	d_{50}(mm)		0.003	0.003	0.006	0.099	0.150	0.026	0.011	0.008
2007	沙重(%)	$d \leqslant 0.031$mm	91.5	91.5	67.8	56.5	41.3	55.5	60.2	68.9
		$d > 0.125$mm	1.4	2.5	19.0	32.2	41.5	29.1	24.3	10.4
	d_{50}(mm)		0.003	0.003	0.009	0.017	0.056	0.018	0.012	0.013

②悬移质粒径逐年变粗

悬移质粒径变化因河床地质条件和距大坝距离不同而有所不同。如表 2-3 所示，枝城以上以卵石夹沙河床为主，经冲刷河床不断粗化，河床补给的泥沙越来越少，来沙主要是水库下泄的极细沙浑水，含沙量小，组成细，且因床沙补给减少而越来越细。沙市以下为沙质河床，随着冲刷粗化，补给悬沙的粒径逐年增粗。远离大坝的汉口以下目前变化尚不明显，但随着上游冲刷下移，悬沙及床沙也必将变粗。

表 2-4 为永定河官厅水库下游沿程各断面悬移质平均粒径历年变化情况[5]。表中 1956 年为建库前，1957 年及其以后为建库后，130km 为出峡谷断面。由表可见，建库后悬沙粒径显著增大，沿程略有减小，而随着冲刷历时增长却大幅增大。

官厅水库下游各断面悬沙平均粒径(mm)历年变化 表 2-4

年份(年)	130	160	190
1956	0.021	0.023	0.020
1957		0.050	0.046
1958		0.070	0.062
1959			0.090

(3)含沙量沿程增大幅度逐年减小

由于床沙粗化，悬移质粒径逐年变粗，以及河床调整同流量水力条件不断减弱，水流挟沙能力也必然不断减小，导致悬移质含沙量逐年减小。表 2-1 中丹江口水库建库后 1990 年与 1974 年下泄流量相同，但含沙量却减小 26%～80%。呈现上游减少大，下游减少小；小水减少大，大水减少小；前期减少小，后期减少大的特点。

尹学良根据官厅水库下游 160km 和 190km 两个断面的实测资料，将各年含沙量与流量进行相关分析，获得[5]：

$$S = kQ \tag{2-3}$$

系数 k 见表 2-5。

官厅水库下游典型断面各年系数 k 的变化　　表 2-5

断　面	浑水期	1956 年汛前	1957 年	1958 年	1959 年
160km	0.40	0.084	0.040	0.033	0.021
190km	0.30	0.080	0.038	0.030	0.022

由式(2-3)及表 2-5 可见：流量越大，含沙量越大；系数 k 逐年减小，即同流量含沙量逐年减小；前期减小幅度大，后期减小幅度小；建库前后含沙量相差悬殊。

从图 2-1 黄河三门峡下泄清水时含沙量沿程恢复情况也可以看出，含沙量沿程恢复有一个峰值，峰值距大坝的距离与流量大小有关，大流量恢复距离长，小流量恢复距离短。由表 2-1 可见同一站含沙量逐年减小，有波动，产生波动的原因是来水条件变化的影响。

表 2-6 为三峡水库建库前后坝下河段多年含沙量沿程变化情况。由表可见：蓄水运用前多年平均含沙量在监利以上基本不变，监利以下由于洞庭湖、鄱阳湖及支流入汇含沙量减小。蓄水运用后，含沙量大幅减小，第一年减小幅度最大，而后逐年递减。同一年份含沙量沿程增大，第一年在沙市达最大。此后峰值出现在监利河段，即随着连续冲刷时间增长峰值下移，亦即含沙量恢复(包括二次恢复)距离增长。原因是近坝段床沙粗化，补给悬沙的粒径粗、数量少，沿程不断与床沙交换(淤粗冲细)，需要更长的空间才能调整完成。而之所以出现峰值，是其下游水流条件减弱的缘故。就表中数据看，监利站含沙量已基本饱和，但为什么还比建库前远远要小？原因是由河床补给的悬沙粒径较粗(表 2-3)，在相同的水流条件下，水流挟沙能力也要小得多。

三峡水库建库前后坝下河段多年含沙量沿程变化　　表 2-6

年份(年)	宜昌	枝城	沙市	监利	螺山	汉口	大通
建库前多年平均	1.13	1.12	1.10	1.00	0.633	0.560	0.472
2003	0.238	0.267	0.352	0.308	0.229	0.224	0.223
2004	0.155	0.191	0.245	0.284	0.206	0.201	0.186
2005	0.240	0.257	0.314	0.347	0.229	0.234	0.240
2006	0.032	0.041	0.088	0.141	0.125	0.108	0.123
2007	0.132	0.167	0.189	0.257	0.167	0.177	0.179

表中 2006 年来水很小，宜昌站该年平均流量仅为多年平均流量的 65%，水库下泄基本为清水。宜昌站悬沙很细，d_{50}=0.003mm，含沙量仅为 0.032kg/m^3，至监利站达 0.141 kg/m^3。监利站含沙量多主要是枝城至监利河段河床补给，该年区间床沙级配为各年最粗，导致悬沙粒径很粗，粒径大于 0.125mm 的泥沙达 57%，d_{50}=0.15mm，为各年最大值，含沙量为各年最小值。2005 年含沙量有所反弹，主要是来水大，水库下泄的含沙量也大的缘故。

2.1.2　推移质沿程冲刷的特点

(1)冲刷过程中推移质输沙非饱和性

坝下冲刷，既有悬移质冲刷，又有推移质冲刷。在悬移质恢复饱和过程中既可从床沙中直接得到补给，如极细泥沙，又可从推移质中得到补给，如床沙质部分。前者在床沙中含量很少，因此悬移质补给主要来自推移质。推移质本来恢复饱和距离极短，但由于其中部分较细的泥沙不时地转化为悬移质，使其自身失去饱和而处于不平衡状态，直至悬移质恢复饱和为止。也就是说悬移质恢复了饱和，推移质输沙才达到平衡。另一方面，在冲刷过程中悬移质不断与推移质交换，推移质又不断与床沙交换，淤粗冲细，使得推移质冲刷距离也很长。

(2)推移质在冲刷中的贡献

卵石夹沙河床推移质冲刷是主体，起主导作用。沙质河床则不然，既有推移质冲刷，又有悬移质冲刷，究竟谁是主体就要看水流强度和床沙粗细，其综合判数就是床沙可悬百分数 P_k。无疑，$P_k=0$，床沙均不可悬，只能推移，如卵石河床。$P_k=100\%$，床沙全部可悬，主体应是悬移质，推移质所占比重很小，如中、细沙河床。

天然河道床沙沿程变细，不同河段，不同来水，P_k 是不同的。上游河段通常是卵石或卵石夹沙河床，洪水期 P_k 小，枯水期 $P_k=0$。下游河段为中、细沙河床，P_k 大，洪水期 $P_k=100\%$。同是中、细沙河床，冲刷初期 P_k 大，随着河床连续冲刷，河床不断调整，水流强度不断减弱，与此同时床沙又不断粗化，导致 P_k 不断减小，推移质由次要地位逐渐转化为主导地位。图 2-4 为 26 组清水冲刷水槽试验资料[6]，图中 P_{k0} 为床沙初始可悬百分数，Δh_b 和 Δh 分别为至冲刷平衡时全时段推移质及总的(推、悬之和)冲刷深度。由图可见：P_{k0} 越大 Δh 越大，但增大速率逐渐变缓。P_{k0} 越大 $\Delta h_b/\Delta h$ 越小，减小速率也变缓。在 $P_{k0}<40\%$ 时，以推移质冲刷为主，P_{k0} 越小推移质冲刷所占比例越大，但总的冲刷深度越小；当 $P_{k0}=0$ 时，只有推移质冲刷，但量很小。对于中、细沙河段，冲刷初期可能以悬移质冲刷为主，中、后期则逐渐转变为以推移质冲刷为主，决定最终冲刷平衡是推移质。

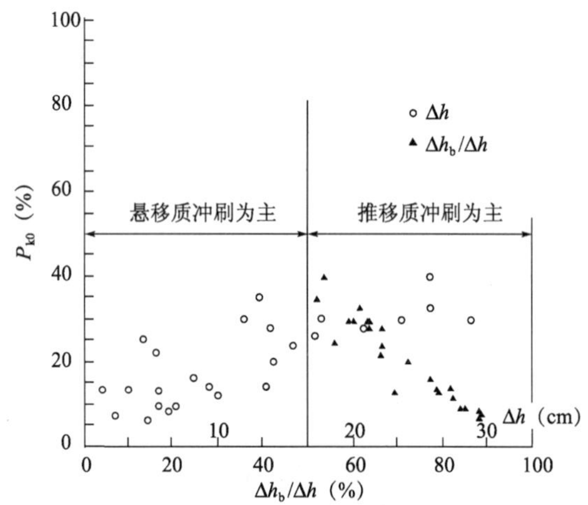

图 2-4　总冲刷深度(Δh)和推移质相对冲刷深度($\Delta h_b/\Delta h$)与床沙初始可悬百分数 P_{k0} 的关系

(3)冲刷过程中推移质级配的调整

沙质河床清水冲刷，水流分选，细沙冲得多，粗沙冲得少，推移质级配理应细于床沙。但由于悬移质次饱和，推移质中可悬泥沙转化为悬移质，导致其级配粗于床沙。卵石或卵石夹沙河床，由于起动泥沙一般不可悬，即使是清水冲刷，推移质泥沙也不可能转化为悬移质，因而其级配细于床沙。可由水槽试验资料予以说明。

水槽试验为 4 种床沙级配、18 个不同水流条件的组次。4 种床沙为细沙、中沙、粗沙和砾石夹沙，其中值粒径分别为 0.27mm、0.36mm、0.63mm 和 0.95mm。试验流速为 43.3～80cm/s，水深为 9.74～20.3cm[6]。

①冲刷过程中推移质级配的变化

图 2-5 为细沙、粗沙和砾石夹沙三种床沙在清水冲刷条件下的推移质级配在冲刷过程中的变化情况，同时给出原始床沙及粗化层级配作为比较，由图可见：

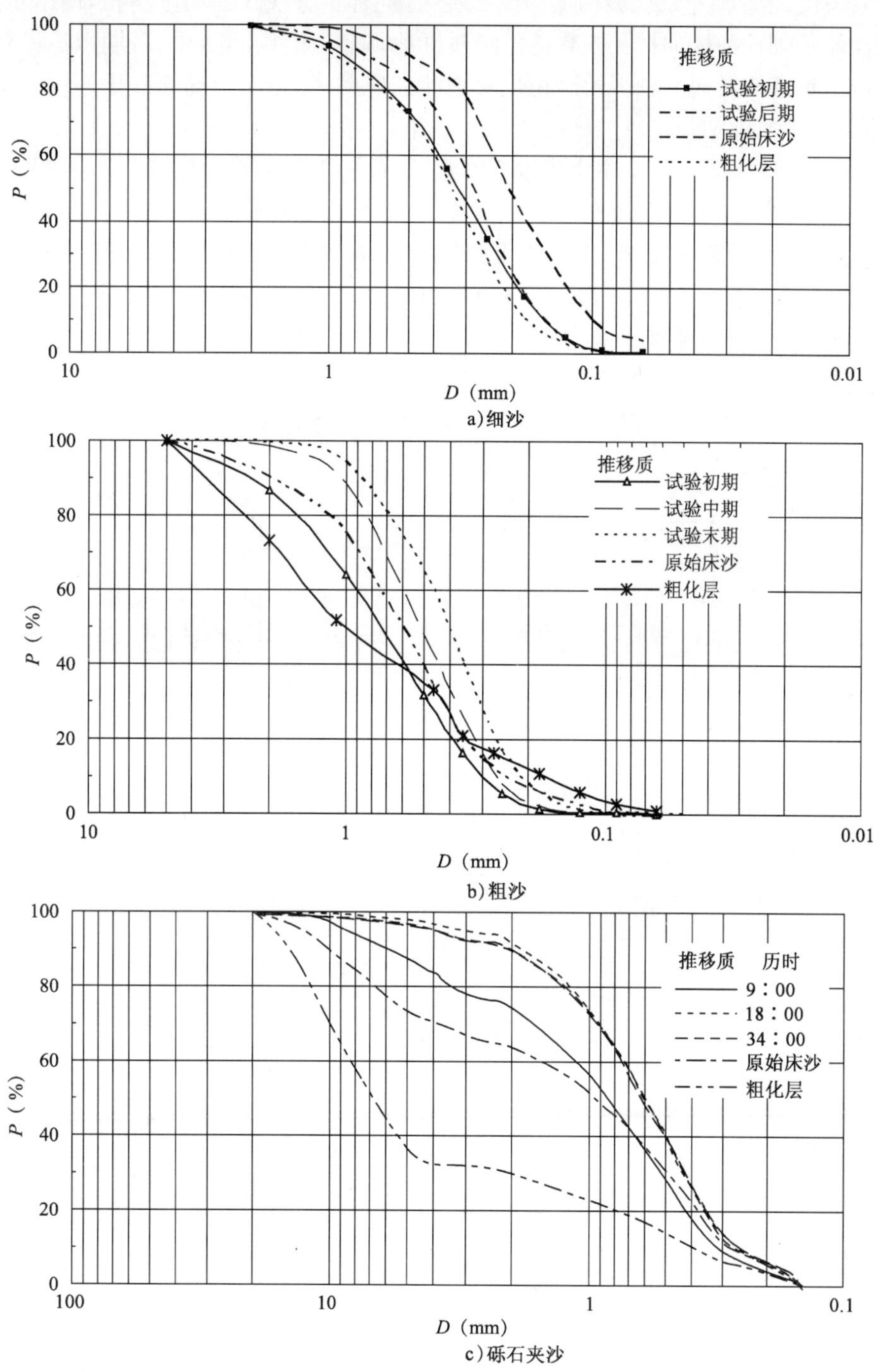

图 2-5　冲刷过程中推移质级配的变化

a. 细沙河床[图 2-5a)]。试验初期，由于水流强度大，可悬粒径粗，不可悬的泥沙使推移质粒径大为增粗。随着不断冲刷，水流条件变弱，可悬粒径也在减小，使推移质级配细于试验初期级配，但仍远粗于初始床沙级配。

b. 粗沙河床[图 2-5b)]。试验初期水流强度大，同样推移质比原始床沙粗，但由于可悬百分数小，因而不像细沙河床那样相差悬殊。经过冲刷调整，床沙粗化，中、后期水流减弱，在分选冲刷条件下，推移质转而变细。由于粗化对细沙的庇护，粗化层中的细沙比例反而增加，推移质级配也就变得更加均匀。

c. 砾石夹沙河床[图 2-5c)]。由于床沙不可悬，且部分粒径不可动，推移质分选冲刷，一开始级配就细于床沙。冲刷初期因床面疏松不平整，粗沙暴露度大，易于起动，推移质级配粗，而后经过冲刷调整，推移质级配转而变细，且长时间维持不变。床沙中细颗粒经长时间淘刷不断减少。

以上三组试验，其中图 2-5a) 和图 2-5b) 在冲刷过程中水深不断增大，流速不断减小；图 2-5c) 冲刷甚微，水深和流速基本不变。

②推移质级配与原始床沙的关系

图 2-6 是推移质某粒径含量与原始床沙含量比 $\Delta p_{bi}/\Delta p_{oi}$ 与原始床沙 D_{50}/D_i 的关系，推移质级配是全时段平均值。

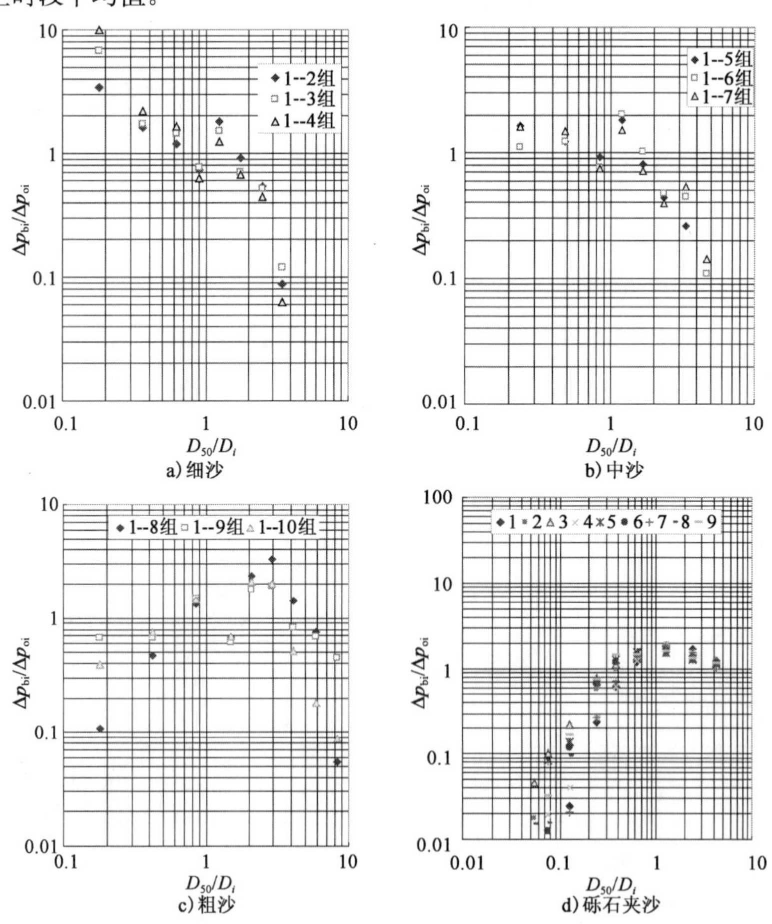

图 2-6　推移质某粒径含量与原始床沙含量比 $\Delta p_{bi}/\Delta p_{oi}$ 与原始床沙 D_{50}/D_i 的关系

图 2-6a)为细沙河床，推移质中因细沙走失(参悬)导致细沙含量少，粗沙含量多，其级配比原始级配粗。图 2-6b)为中沙河床，推移质中细沙含量略少，粗沙含量略多，其级配比原始床沙略粗。图 2-6c)为粗沙河床，中沙部分推移质含量大于床沙，而粗、细沙部分少于床沙，峰值出现在 $D_{50}/D_i=2\sim4$，表明推移质级配细于床沙。图 2-6d)为砾石夹沙河床，推移质中砾石部分含量极少，主要是粗沙，推移质级配明显细于床沙。

可见，推移质级配粗细取决于床沙可悬百分数和可动百分数及可动程度。

③粗化层级配与原始床沙的关系

图 2-7 为粗化层某粒径含量与原始床沙含量比 $\Delta p_i/\Delta p_{oi}$ 与原始床沙 D_{50}/D_i 的关系。

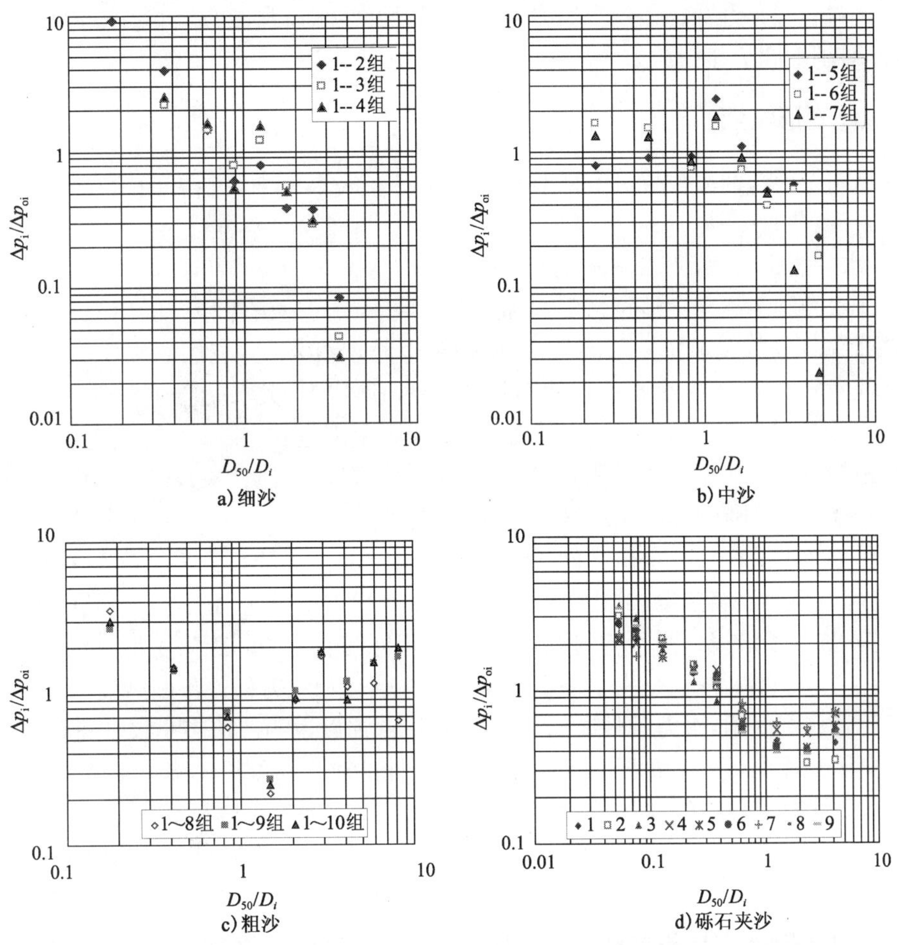

图 2-7　粗化层某粒径含量与原始床沙含量比 $\Delta p_i/\Delta p_{oi}$ 与原始床沙 D_{50}/D_i 的关系

图 2-7a)为细沙河床，粗化层中细沙减少，粗沙增多，级配增粗。图 2-7b)为中沙河床，粗化层中细沙减少，粗沙有所增多，级配有所增粗。图 2-7c)为粗沙河床，粗化层中粗、细沙含量都增多，中沙含量减少，图中有一个低谷，床沙粗化，且变得更不均匀，细沙增多是粗沙对其庇护的结果。图 2-7d)为砾石夹沙河床，粗化层中砾石含量增大，粗沙含量减小，床沙粗化，砾石对最小粒径也略有庇护作用。

比较图 2-7 和图 2-6 可以看出，两图中 a)和 b)即中、细沙河床，点群分布趋势十分一致，表明无论是推移质还是粗化层都是粗颗粒增多，细颗粒减少。前者是因为细颗粒补给悬移质而走失，细颗粒走失也就使得粗颗粒相对含量增大。后者是由于沙波运动，使得细沙不断暴露而被冲走，意味在中、细沙河床中，更细颗粒基本不受大颗粒庇护。

两图中 c)和 d)，即粗沙和砾石夹沙河床，点群分布趋势相背，呈倒置势。其中粗颗粒在推移质中减少，在粗化层中增多。中等颗粒在推移质中增多，在粗化层中减少。粗沙河床中，细颗粒在推移质中减少，而在粗化层中增多。砾石夹沙河床中细沙虽受一定庇护，但因长时间淘刷而不断减少。粗颗粒在推移质中减少是因为其不可动，或可动性弱，因细沙走失而在粗化层中增多。细颗粒在推移质中减少同样是补给悬移质的缘故，而在粗化层中增多则是由于受到粗颗粒庇护，粗沙河床沙波不发育，特别是冲期中、后期，水流强度减弱，粗沙可动性减弱，甚至有的不动，对细沙庇护作用更大。

2.1.3 纵向变形特点

河床纵向变形与河段位置、床沙组成、冲刷历时和来水大小等诸多因素有关，变形主要特点为：

(1)小水冲刷距离短，大水冲刷距离长

一次来水冲刷距离与含沙量恢复饱和距离一致。在其他条件相同的情况下，小水恢复距离短，冲刷距离也短；大水恢复距离长，冲刷距离也长。图 2-1 为三门峡水库下游清水冲刷时含沙量沿程恢复情况，可见小水一般冲刷距离在夹河滩以上，大水就会冲刷到艾山。当然含沙量恢复与床沙粒径关系密切，细沙恢复距离长，冲刷距离也长，粗沙恢复距离短，冲刷距离也短。即在相同条件下前期河床淤积，床沙变细，冲刷距离长，前期冲刷，床沙变粗，冲刷距离短。

(2)坝下河段冲刷在时间上和空间上不断减弱

冲刷在空间上沿程衰减是由含沙量恢复特性决定的。含沙量恢复在起始断面附近快，冲刷多，远离起始断面逐渐减慢，冲刷也就逐渐减少。对于非均匀沙更是如此，其中粗沙恢复快，细沙恢复慢，加剧了沿程冲刷不均匀性，并由于淤粗冲细使得冲刷距离变得更长。

冲刷在时间上不断减弱是由于冲刷使床沙不断粗化和水力条件不断减弱的结果。床沙粗化第一章已经作了介绍，水力条件减弱可以由表 1-20 加以说明。该表是汉江丹江口水库下游皇家港至襄阳建库前(1960 年)后(1968 年)水力条件的对比。可见比降逐年减少，糙率及水深逐年增大，流速逐年减小，导致挟沙能力逐年减小，表 2-1 也确乎表明含沙量在逐年减小。

表 2-7 为丹江口水库下游各河段不同时期的冲淤量和冲淤强度(单位河长年均冲淤量)[7]。由表可见：冲刷初期，如滞洪期和蓄水初期大坝至宜城 159km 范围内冲刷是沿程递减的，该河段随着冲刷历时增长冲刷不断减弱。

丹江口水库下游各河段不同时期冲淤量和冲淤强度 表 2-7

河段名称	河段长(km)	滞洪期		蓄水期				1960～1984 年	
		1960～1968 年		1968～1978 年		1978～1984 年			
		总量(10^8m^3)	强度(10^2m^2/年)	总量(10^8m^3)	强度(10^2m^2/年)	总量(10^8m^3)	强度(10^2m^2/年)	总量(10^8m^3)	强度(10^2m^2/年)
黄家港—庙岗	64.9	−0.437	−0.841	−0.434	−0.669	(0)	(0)	−(0.871)	−(0.559)

续上表

河段名称	河段长(km)	滞洪期		蓄水期				1960~1984年	
		1960~1968年		1968~1978年		1978~1984年			
		总量(10^8m^3)	强度(10^2m^2/年)	总量(10^8m^3)	强度(10^2m^2/年)	总量(10^8m^3)	强度(10^2m^2/年)	总量(10^8m^3)	强度(10^2m^2/年)
庙岗—襄阳	38.1	−0.159	−0.523	−0.214	−0.561	−0.068	−0.295	−0.441	−0.482
襄阳—宜城	49.6	−0.204	−0.524	−0.095	−0.191	−0.382	−0.962	−0.681	−0.572
宜城—碾盘山	63.5	−0.545	−1.07	−0.415	−0.653	−0.362	−0.950	−1.322	−0.867
碾盘山—新城	103	(0)	(0)	−0.409	−0.397	−0.406	−0.657	−0.815	−0.330
新城—泽口	50.5	(0)	(0)	−0.276	−0.546	0.163	0.539	−0.113	−0.093
泽口—岳口	32.6	−0.016	−0.06	0.197	0.605	−0.256	−1.31	−0.074	−0.094
岳口—仙桃	51.1	−0.051	−0.124	0.323	0.612	−0.448	−1.46	−0.084	−0.069
仙桃—汉川	78.3	−0.125	−0.20	0.411	0.525	−0.454	−0.966	−0.168	−0.090
黄家港—汉川	532.6	−1.436		−0.921		−2.211		−4.568	

注:()内的数据因计算时资料不全,仅供参考。

黄河三门峡水库下游也是如此,1960年9月~1964年10月蓄水期,小浪底至河口800km河段冲刷19.23亿m^3,见表2-8[8]。表中自上而下5个河段单位河长(m)冲刷量依次为4 930m^2、4 230m^2、1 210m^2、1 080m^2和300m^2,可见确实是沿程递减。小浪底至高村冲刷量显著偏大,主要是塌滩所致。该期间铁谢至花园口平均冲宽约520m,花园口至高村平均冲宽为1900m,而高村至艾山仅有约140m。铁谢至位山塌滩冲刷约占全断面冲刷的50%。图2-8中Ⅱ是该期2 000m^2/s流量水位下降值[8],表明主槽冲刷直到张肖堂,冲刷强度最大是在孙口以上。

黄河下游河道多时段沿程冲淤量 表2-8

河段	小浪底—花园口	花园口—高村	高村—艾山	艾山—利津	利津—渔洼	小计
河段长*(km)	135	172	190	270	30	797
1952~1959年	5.48	8.23	5.28	−0.16	0.18	19.01
1960~1964年	−6.65	−7.27	−2.30	−2.91	−0.09	−19.23
1965~1973年	5.89	12.98	4.86	4.44	0.59	28.77
1974~1990年	−1.67	4.55	4.96	2.71	0.28	10.83

注:*河段长度从有关图上量得,不够准确,仅供参考。

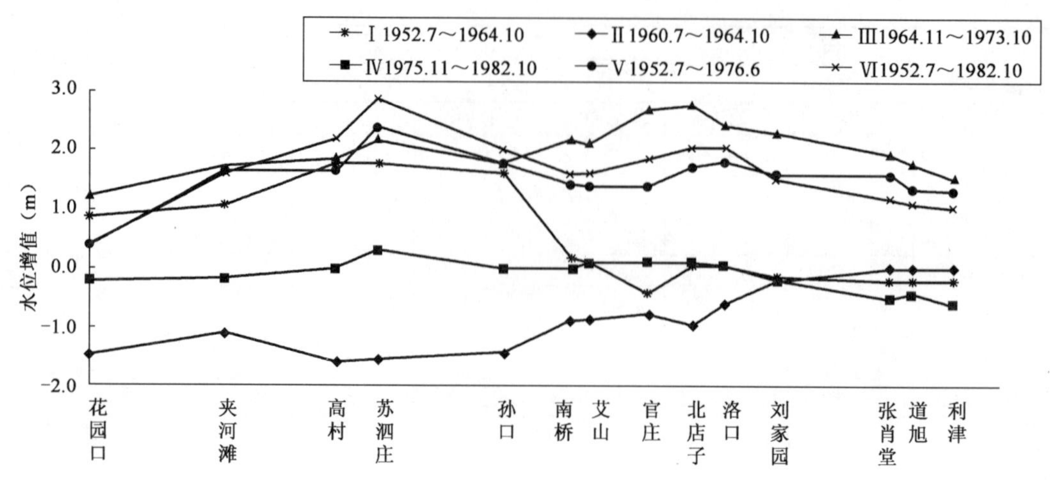

图 2-8　黄河下游各阶段 2 000m³/s 水位增值沿程变化

(3)上冲下淤冲淤交替

由河床补给恢复饱和的泥沙主要是床沙质，粒径较粗，其行至下游河段，当下游河段水力条件减弱便出现过饱和，发生淤积。推移质恢复距离短，对水流条件变化更敏感，其冲刷下行的粗沙在下游更容易发生淤积。而淤积又孕育着冲刷，又使其下游和后期向相反方向发展。常常上段冲刷强度大，下段淤积强度也大；前期淤积大，后期冲刷也大。

由于河段形态等因素的影响，水力条件沿程分布并不均匀。当上游淤积使含沙量变小时下游河段又有可能重拾冲刷，发生冲淤交替。表 2-7 可以明显看出 1968～1978 年上冲下淤；而 1978～1984 年下段冲刷大于上段，冲淤交替。不过冲淤交替仅是冲刷全过程中的一种暂时的局部现象，不能改变冲刷的总趋势。

(4)下游河段前期淤积后期冲刷强度增大

下游河段淤积使河床抬高，水库削峰，主槽淤得更多，河床变得宽浅，水深变小、比降增大、床沙变细，孕育着冲刷的条件。当上游由于粗化或其他因素影响来沙减小时，淤积河段便发生更加强烈的冲刷，这是一种报复，重拾冲刷的总趋势，是河床自动调整的必然规律。表 2-7 中泽口至汉川，1968～1978 年强烈淤积，而 1978～1984 年又以更加强烈的冲刷来回应。

(5)冲刷自上而下，最大冲刷强度不断向下游转移

上游冲刷在先，冲刷使含沙沿程恢复饱和，下游不发生冲刷。上游冲刷河床变粗，水深增大，比降变小，孕育着不冲条件。上游不冲刷或冲刷强度小，来水次饱和或来沙较粗，下游发生冲刷或淤粗冲细，最大冲刷强度不断向下游转移，这是沿程持续冲刷的一种必然趋势。表 2-7 中黄家港—襄阳 1978 年前冲刷强度大，襄阳以下冲刷强度小，甚至不冲或淤积，而 1978 年后襄阳以上冲刷少或不冲，而其下游冲刷强度大增。

(6)累积冲刷量沿程递减

小水库寿命短，很短时间就恢复排沙，坝下冲刷时间短，很快就出现报复性回淤。如三门峡 1965 年以后，即图 2-8 中曲线Ⅲ和表 2-8 中 1965～1973 年情况，长期持续冲刷的规律得不到充分体现。

大型水库寿命长，有可能比较充分地表现出坝下长期冲刷的规律。表 2-7 中丹江口水库下游冲刷 24 年并未达到冲刷平衡，但已表现出全程冲刷，累积冲刷深度总趋势是沿程递减的。为什么冲刷是沿程递减而不是平行下切？这是河流的固有属性决定的。冲积河流纵剖面是下凹形，即比降沿程减小，而出口又受侵蚀基面控制，这就决定着河床下切是沿程减小。上面所列举的前五大变形特点只是冲刷过程中一种暂时的、局部的行为，是由水流泥沙运动规律所决定的，它们的集合才是长期冲刷纵向变形的总规律，即纵向冲刷沿程递减。

(7)支流入汇、河床边界和地质条件对沿程冲刷强度有重要影响

同一条河流影响河床纵向变形的外在条件主要有三个方面，即支流入汇、边界条件和河床地质条件。

丹江口水库下游，太平店至襄阳，原河床为沙质覆盖，夹有少量砾石和粗沙，覆盖层薄。经冲刷粗化，至 1987 年太平店河段床沙粒径达 9.01mm，襄阳河段至 1980 年达 0.82mm。襄阳以下有支流入汇，河床原为中、细沙，沙层厚，经长期冲刷至 1989 年主槽已基本由来自上游的砾石和小卵石所覆盖。宜城以下河床为中、细沙，经 20 余年冲刷粒径基本未变，且宜城至皇庄河床宽浅，河床变形强度大，主、支汊变动频繁。综合上述特点，因此表 2-7 中 1960～1984 年的平均冲刷强度以宜城至碾盘山河段为最大。

同样黄河三门峡水库下游也是如此，见表 2-8，高村以上的游荡型河段塌滩强度大，导致冲刷强度远远大于其下游河段。

2.2　平面变形

平面变形包括河宽的变化和滩槽变迁。河宽变化第 1 章已作了介绍，这里不再赘述。本节只着重介绍滩槽变化，不同河型滩槽变化是不同的，下面分别予以阐述。

水库蓄水运用，下游河道来水来沙发生显著变化，如：洪峰削减，洪水持续时间拉长，峰型由尖瘦变为肥胖。枯水流量增大，中水历时变长。悬移质含沙量大幅减小，粒径变粗。推移质输沙地位变突出，推悬比增大。以丹江口水库为例，1968～2000 年入库流量超过 10 000m^3/s 的达 57 次，出库仅为 5 次；建库前 $Q>10\ 000m^3/s$ 一般持续 3d，特大洪水的 1954 年两次洪峰连在一起也仅 7d，而建库后出库流量 $Q>10\ 000m^3/s$ 一般达 4～5d，其中 1984 年竟达 9d；建库前(1950～1959 年)300～1 500m^3/s 流量的出现几率为 71.6%，蓄水后(1969～1989 年)800～3 000m^3/s 流量的出现几率为 69.2%[9]。一般平原河流推移质与悬移质比为 0.01～0.1，而襄阳河段 1979 年和 1980 年观测资料表明，当 $Q=2\ 000m^3/s$ 时，推悬比约为 0.2～0.3，$Q=1\ 000m^3/s$时约为 0.5～0.7，$Q=700m^3/s$ 时约为 1[4]。这些重要改变无疑会对滩槽变化产生重大影响。

2.2.1　游荡型河段

游荡型河段河道顺直，河床宽浅，沙洲林立，泥沙易冲易淤，主流摆动频繁，河岸可动性强，河势变化剧烈。主流摆动频繁，导致主槽迁徙不定，沙洲变化无常，岸滩坍塌，河床宽浅。主流摆动既是河道游荡之果，又是河道游荡之因，是河道游荡最活跃、最积极的因素。

1)影响主流摆动的主要因素

(1)水流自身属性

水流具有不稳定性,在不受约束的宽浅河道内,其动力轴线难以保持直线,而是随着流量(惯性力)大小呈现出不同的弯曲形态,即所谓小水走弯,大水取直。图 2-9 为黄河花园口河段水流动力轴线的弯曲系数与流量的关系[10],可见在 $Q<2\,000\text{m}^3/\text{s}$ 时,随着流量减小,主流弯曲系数迅速增大,大流量趋于走直。

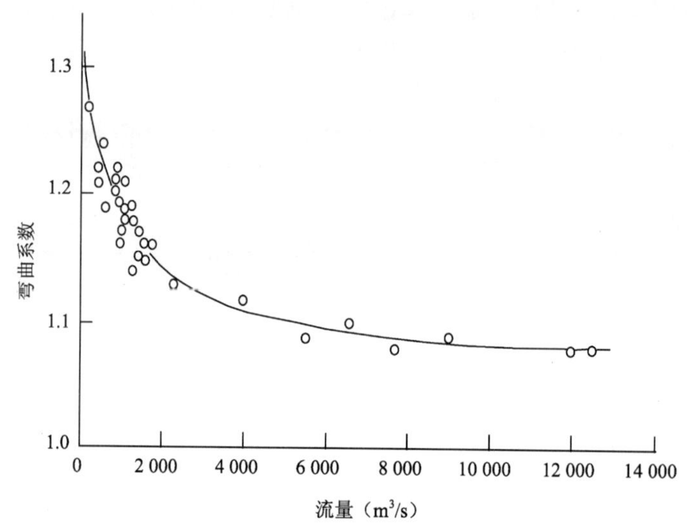

表 2-9　黄河下游花园口游荡型河段水流动力轴线弯曲系数与流量的关系

天然河流来水年内、年际不断变化,流量变幅越大主流摆动的幅度也越大。流量变化越频繁,主流摆动也越频繁。主流摆动必导致主槽迁徙。而摆动频繁,必导致沙洲林立,支汊众多。

洪峰陡涨陡落,水流动力轴线发生突变,河床调整滞后于水流变化,也导致河床宽浅、散乱、多汊。

(2)边界条件影响

水流变化是主流摆动的内在条件,而边界则是外在条件。边界对水流的约束性越大,主流摆动越弱。相反,约束性越小,摆动的自由空间越大,主流摆动就越强,摆动的幅度也越大。高滩、深槽、河宽小,主流摆动弱。河宽大,河床宽浅,主流摆动强。边界抗冲性强,河床因主流摆动展宽受限制,主流摆动也受限制。松散边界,主流摆动顶冲,岸滩坍塌,河床展宽,主流摆动加剧。松散边界上分布有节点,主流摆动会受到不同程度的限制。

冲积河流河床宽深比是一定来水来沙条件下,河床自动调整所造就的一种水力几何形态关系。均衡时这种关系一定,不同的河型这种关系是不一样的,游荡型河段宽深比大。河床宽浅给主流摆动提供了充分的自由度,而主流摆动冲击松散边界又是造成河床宽浅的重要原因。主流摆动与游荡是同义语,而边界松散则是必要条件。

所谓节点,是指岸线凸出的山咀(石咀)、抗冲击性强的胶泥咀和人工建筑物(矶头、险工等)。山咀是永久性的,其他则不一定。节点具有控制流向、统一流路、防止塌岸、限制河宽等多种功能,功能的强弱与其所处位置、着流长度等有关。

不同类型的节点及其平面分布,其作用有明显的不同。双节点,即两岸对峙的节点,对水流的约束性最大。对峙两节相距较远，主流在其间摆动，常有一岸靠主流，两节点相距近，形成卡口，主流不能摆动，大小水流方向一致。节点沿程断续分布，河的平面外形就呈宽窄相间的莲藕状，突然展宽处有江心洲存在。节点分布较密就可形成顺直河型。单节点控制河势的能力较弱，当主流靠节点时，能控制流向和河势，节点脱流时，就失去控制作用。由于节点不仅对所在河段的主流有控制作用，而且对其上、下游也有一定的节制作用，特别是对下游的控导作用，节点位置适当，上下呼应可较好地起到控制作用，要做到上、下呼应，就必须满足不同来水特别是大水要求，有尽可能长的着流长度与之适应。

胶泥咀和人工建筑物是一种非永久性的节点，大水顶冲，小水淘刷，均可使其破坏，一旦失守，便可造成局部河势的改变，从而传递到下游。

(3)泥沙淤积影响

泥沙淤槽，一方面使主槽淤塞，支汊夺主，主流位移，摆动加剧，塌滩展宽。另一方面又使主槽抬高，滩槽高差减小，水流漫滩机会增大，主流摆动范围增大，发生滚河(大摆动)机会增大。泥沙淤滩则相反，滩槽高差增大，水流漫滩机会减少，主流摆动也减弱。

表 2-9 为三门峡水库建库前后，不同运用阶段下游河道的冲淤情况[1]。结合图 1-6，可以看出滩、槽淤积对主流摆动的影响。

三门峡水库不同运用阶段下游河道冲淤量计算(输沙率法) 表 2-9

时段	起建时期	水库运用方式	时段	来水来沙情况(年平均)			铁谢至利津冲淤总量(亿 t)			年平均冲淤量(亿 t)		
				$\overline{Q}$ (m^3/s)	$\bar{\rho}$ (kg/m^3)	$\bar{\rho}/\overline{Q}$	主槽	滩地	全断面	主槽	滩地	全断面
Ⅰ	1952 年 7 月～1960 年 6 月	自然状态	汛期	2 785	51.7	0.018 6	1.07	27.9	23.97	0.11	2.79	2.9
			非汛期	880	14.1	0.016 0	7.13	0	7.13	0.71	0	0.71
			全年	1 520	37.3	0.024 5	8.20	27.9	36.10	0.82	2.79	3.61
Ⅱ	1960 年 7 月～1964 年 10 月	蓄清拦沙	汛期	2 693	16.2	0.006 0	−8.23	−7.8*	−16.03			
			非汛期	1 140	6.4	0.005 6	−5.47	0	−5.47			
			全年	1 737	11.7	0.006 7	−13.70	−7.8	−21.50			
Ⅲ	1964 年 11 月～1973 年 10 月	滞洪排沙	汛期	2 125	56.7	0.026 7	29.12	0	29.12	3.23	0	3.23
			非汛期	954	17.5	0.018 3	10.40	0	10.40	1.16	0	1.16
			全年	1 348	38.4	0.028 5	39.52	0	39.52	4.39	0	4.39
Ⅳ	1973 年 11 月～1982 年 10 月	蓄清排浑	汛期	2 249	48.2	0.021 4	4.15	21.54**	25.69	0.47	2.39	2.86
			非汛期	780	1.8	0.002 3	−8.61	0	−8.61	−0.96	0	−0.96
			全年	1 275	29.4	0.023 1	−4.46	21.54	17.08	−0.55	2.39	1.90
Ⅰ～Ⅳ	1952 年 7 月～1982 年 10 月			2 450	46	0.018 8	26.11	41.64	67.75			
				900	11	0.012 2	3.45	0	3.45			
				1 420	31	0.021 8	29.55	41.64	71.2			

注：* 铁谢至位山区间塌滩估算。

* * 铁谢花园口塌滩 1.92 亿 t，花—利区间滩地淤积 23.46 亿 t。

①滩槽同步淤积抬高

建库前自然状态下(Ⅰ),汛期以淤滩为主,非汛期淤槽。从淤积总量看,滩大于槽,但由于滩地平均宽度约为槽的四倍,如孙口以上平均滩宽约为5 800m,而主槽约为1 500m,孙口以下平均滩宽约为2 200m,主槽约为500m,可见淤积厚度滩槽相当,这也是黄河下游河床多年的演变规律。与此同时,由于河口不断延伸,黄河下游河床纵剖面也是长年保持不变。这就意味黄河下游是处于堆积条件下的相对平衡。滩槽高差,宽深比等水力几何形态保持基本不变,虽有主流摆动、塌滩,但同时又有滩地淤积还滩,河宽也不会发生大的变化。主流摆动强度也就基本维持不变。

②淤槽

滞洪排沙期(Ⅲ),因前期(Ⅱ)主槽大量冲刷,滩槽高差增大,及水库滞洪削峰,漫滩机会大为减小,因而使该期无论汛期还是非汛期,主槽都发生严重淤积,滩槽高差大幅减小,主流摆动加剧,主槽增宽,见图1-6。主槽淤积原因有二:一是上游来沙过饱和;二是主流摆动塌滩的泥沙,水流无力带走,就地淤积。主槽淤积,滩槽高差减小,易于塌滩、展宽,使主流摆动空间加大,摆动加剧,又导致河床进一步增宽。这是一种恶性循环,直至水流重新恢复漫滩,滩地淤高,才有可能在新的基础上建立相对稳定的水力几何形态和主流摆动强度相适应的关系。

③淤滩刷槽

蓄清排浑期(Ⅳ),由于前期(Ⅲ)淤槽,滩槽高差大幅变小,水流漫滩机会增大。汛期排沙,滩地发生大量淤积,而非汛期下泄清水,主槽在冲刷下切的同时,主流虽有摆动、塌滩。但由于汛期滩地淤积还滩,主槽宽度没有继续增大,甚至有可能减小。因主槽刷深,宽深比反而减小,见表2-10中1974~1980年数据[7],主流摆动强度减弱。

黄河下游各水文站断面不同时期宽深比(B/h)变化 表2-10

时段(年)	花园口	夹河滩	高村	孙口	艾山	泺口	利津
1958~1960	822				182	80	
1963~1964	1 229	729	750		154	66	199
1965~1966	1 528	511	555	421	159	70	183
1970~1973	712	507	794	313	187	82	167
1974~1980	522	711	358	280	140	73	173
1980~1985	862	1 077	304	257	124	76	176
1986~1988	422	405	227	257	108	88	206

(4)其他影响因素

①上游流向的改变

上游流向的改变,流路也就发生变化。这种变化的影响会向下游传递,牵一发而动全局。黄河下游就有"一弯变,弯弯变"的规律。

②边滩冲蚀或移动

边滩是岸滩的前沿阵地，边滩冲蚀、位移，岸滩根部着流，坍塌，岸线改变，流向和流路都会发生新的变化。

③床沙细

床沙细，可动性大，易冲易淤，河床变形强度大，速度快，洲滩变化迅速，主流易变。

④洪水含沙量变化大

洪水含沙量变化大，主槽时冲时淤，淤积时河床抬高，水流横溢，冲淤交替频繁，加剧水流摆动。

2)河床下切主流摆动减弱

表 2-9 中水库蓄水拦沙期(Ⅱ)，下游河道发生普遍冲刷，主槽冲刷下切，滩地主要是塌滩。由图 1-6 可见，裴峪以上，由于清水出小浪底峡谷，水流集中，惯性力大，又有邙山依托，水流摆动小，主槽以下切为主，展宽不明显，滩槽高差增大，宽深比减小。图 2-10 为铁谢至裴峪(30km)清水冲刷期河床平面变化[3]。该河段右岸为邙山，两头窄中间放宽，原河道(1960 年)水流分散，沙洲众多，河势散乱。经冲刷洲滩合并，至 1961 年 8 月基本集中为两股，至 1963 年 7 月水流已集中于右汊，向单一河槽转化。

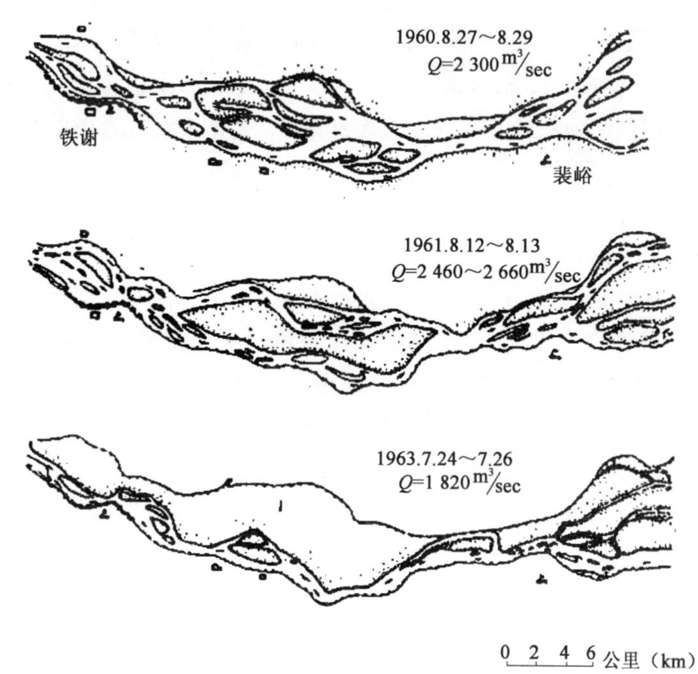

图 2-10　铁谢至裴峪河势图

裴峪以下河槽放宽，至伊洛河口主槽宽度大增，水流分散，主流摆动加剧，主槽大幅展宽，铁谢至花园口平均展宽 520m，花园口至高村平均展宽 1 900m，高村至艾山平均展宽 140m[3]。原河宽越大、宽深比越大的河段，主流摆动越大，主槽展宽也越大。

清水冲刷，不论漫滩与否，滩面都难以淤高，甚至会刷低。即便其下游含沙量已恢复饱和，因河床补给细沙很少，上滩水流也基本是清水。主槽冲刷，大量塌滩，水流有足够的能力(富余挟沙能力)把塌滩泥沙带走,不会就地淤积。而滩地不能淤积,无力还滩,因而主槽只有展宽。虽然主槽下切水深增大,但当展宽率大于水深增大率时,宽深比反增大,表 2-10 中花园口就是如此。表 1-10 中花园口至高村河段大部分断面河相系数 $\zeta(=\sqrt{B}/h)$ 都增大,而宽深比 B/h $(=\zeta\sqrt{B})$ 增大就更多,为主流摆动提供了更大空间和自由度。另一方面,主槽下切,滩槽高差增大,漫滩几率减少,主流在更大范围内摆动的几率也减少,同时也增大了滩地的抗冲性,削弱了塌滩的速度。

综上所述,河床冲刷,主流大幅度摆动机会减少。特别是冲刷中、后期,床沙有所粗化,中、小水造床作用减弱,起主导作用的是大洪水,沿着大水动力轴线塑造的主槽会相对稳定。在近坝强烈冲刷河段主流摆动减弱,在远离大坝的宽浅河段冲刷初期由于上游来沙较粗,主槽淤积抬高,主流摆动有所增强,后期随上游来沙减少,同样会有所减弱。

3)*游荡强度减弱*

主流摆动直接反映游荡型河流在平面上的稳定性。由此,钱宁提出了反映摆动强度的游荡指标[10],即:

$$\theta=(\frac{\Delta Q}{0.5TQ_n})(\frac{Q_{max}-Q_{min}}{Q_{max}+Q_{min}})^{0.6}(\frac{hJ}{D_{35}})^{0.6}(\frac{B}{h})^{0.45}(\frac{\Delta}{B})^{0.3} \tag{2-4}$$

式中,ΔQ 为洪峰过程中流量上涨幅度(m^3/s);T 为洪峰历时(d);Q_n 为平滩流量(m^3/s);Q_{max} 和 Q_{min} 为汛期最大和最小日平均流量(m^3/s);B、h 为平滩流量下水面宽和平均水深(m);Δ 为稀有洪水的水面宽(m);J 为坡降;D_{35} 为床沙中 35%重量较之为小的粒径(m)。

钱宁根据黄河干、支流和长江、永定河、大清河等 10 条河流 31 个水文站的资料,初步得到 $\theta>5$ 为游荡型;$\theta<2$ 为非游荡型;$\theta=2\sim5$ 为过渡型。

式(2-4)中有五个参数,第一和第二是洪峰的陡度和变幅,表示主流可能摆动的幅度和频度;第三是床沙可动性,可表示河床变形强度,即纵向稳定性;第四是主槽宽深比,表示滩地对主流摆动的约束性;第五是河漫滩相对宽度,表示主流可大摆动的自由度。该式较全面反映了影响河床稳定的各种因素,用来描述各次洪峰的游荡强度。

由式(2-4)看,径流经水库调节,下泄水流的第一和第二两项明显减小,其余三项变化不明显,或略有增减,总的结果是使 θ 趋于减小,即游荡强度减弱。

从本质看,在平衡情况下,不同河型的水力几何形态一定,与形态有关的因素(B、h、J、D)都是流域来水来沙与河床边界因素长期作用,自动调整的产物,即形态因素是来水来沙及边界因素的函数。具体地说,式(2-4)中第一、第二参数,反映主流在自由空间摆动的幅度和频度,而第四个参数是一定边界下摆动所造成的结果,前、后二者是因果关系,从属关系,可以并作一个参数。即可将式(2-4)改为:

$$\theta=K(\frac{hJ}{D_{35}})^{0.6}(\frac{B}{h})^{0.45+\alpha}(\frac{\Delta}{B})^{0.3} \tag{2-5}$$

式中,K 及 α 为第一、第二参数与第四参数相关的系数及指数。

式(2-5)不再是一次洪峰时的游荡强度,而是均衡条件下的综合游荡强度。式中 Δ 宜改为多年最大洪峰时平均河宽 B_M,D_{35} 可改用 D_{50}。考虑到不同河流 B/h 是一变化较宽的数,而式(2-4)中第一、第二参数变化不大,故 α 较小,假定取 $\alpha=0.15$,则式(2-5)即为:

$$\theta = K\left(\frac{hJ}{D_{50}}\right)^{0.6}\left(\frac{\sqrt{B_M B}}{h}\right)^{0.6} \tag{2-6}$$

上式表明，游荡强度是河床可动性和边界约束性的函数，而边界约束既有滩地约束又有河岸约束。游荡强度的反义就是稳定强度，即稳定性。由此可得综合稳定性系数为：

$$\begin{aligned}\xi &= \frac{D_{50}}{hJ}\frac{h}{\sqrt{BB_M}} \\ &= \frac{D_{50}}{J}(BB_M)^{-0.5} \\ &= \frac{D_{50}}{hJ}\zeta^{-1}B_M^{-0.5}\end{aligned} \tag{2-7}$$

式(2-7)表明，综合稳定性包括纵向稳定和横向稳定两个方面，可由不同形式的参数来组合。纵向稳定可以是希尔兹系数的倒数，即 D_{50}/hJ，也可由洛赫庆系数 D_{50}/J 表示；横向稳定可以由河相系数 ζ 与洪水河宽开方乘积的倒数来表示，也可以用主槽及洪水河宽开方乘积的倒数来表示；所涉及只有三个因素，即床沙粒径、比降及河宽。粒径细，比降大，河宽大，是游荡型河段三大特点，也正是游荡型河段不稳定的原因。在纵向稳定和横向稳定两个方面，横向稳定是主导。表 2-11 给出不同河相纵向稳定系数和横向稳定系数的数值[11]，可以看出纵向稳定系数变化是很小的，而河相系数变化是很大的，从这一角度看，河相系数基本可以表达河流的稳定性。

不同河型纵向稳定系数和横向稳定系数比较　　表 2-11

河　名	河段及河型	D/hJ	D/J	ζ
长江	荆江，蜿蜒段	0.27～0.37	2.9～4.1	2.33～4.45
汉江	马口以下，蜿蜒段			2.00
黄河	黄村以上，游荡段	0.18～0.21	0.31～0.34	17.00～32.00
	高村—陶城毕，过渡型	0.17	0.42～0.54	8.60～12.40

由式(2-7)看，水库建成后清水冲刷，近坝段床沙显著粗化，D_{50} 明显增大，J 减小，B 增大不显著，B_M 有所减小，ξ 增大，河床稳定性增大；远离大坝，ξ 变化不显著，河床稳定性变化也不大。

2.2.2　分汊型河段

分汊河段的平面变形极为复杂，受多种因素影响。不同类型的汊道有各自的演变规律，但就其共性来说，可归结为汊道的兴衰和江心洲(滩)的消长。两者相互依存，没有江心洲就不会分汊，没有汊道也就不存在江心洲。

(1)有利于汊道稳定的条件

主、支汊兴衰和易位是汊道演变特点之一，不发生消亡和易位就意味汊道相对稳定。有利于汊道稳定的条件主要有：

①分流区主流稳定。汊道分水分沙虽可能有季节性的变化，但这种变化是周期性的，在较长时间内可以保持相对平衡。若上游水流动力轴线摆动，会引起汊道进口分水、分沙的变化，

原来的相对平衡可能会被打破，导致主、支汊易位或一汊消亡。

②汊道一般特点是主汊水深、河宽，支汊水浅、河窄。要保持主、支汊长期共存的条件是支汊分沙比小于分流比；支汊高水期分流比大于低水期分流比，如长江八卦洲左汊。

③微弯汊道，若支汊（弯）水深、河窄，主汊（直）水浅、河宽，要保持汊道稳定，就要求枯水期支汊分流比大，高水期主汊分流比大，如长江戴家洲圆港。

④汊道纵向冲淤，年内基本平衡，总的冲淤幅度不大。一般为汛期淤积，枯季冲刷；也有枯季淤积，汛期冲刷。

此外汊道的边界的稳定性也对汊道稳定有重要影响。

(2)水库蓄水运用对汊道演变的影响

水库建成后，上述主、支汊得以长期共存的洪枯季相协调的分水分沙关系受到破坏，导致主、支汊年内、年际发育失衡。如：

①洪峰消减。原枯季淤积，汛期冲刷的支汊，因洪峰消减，得不到有力的冲刷而淤死。

②来沙减少。原汛期淤积，枯季冲刷的支汊，因来沙减小，汛期得不到淤积而发育壮大，而另一汊就有向相反方向转化的可能。

③汊道分流区冲刷，或洲滩滩头退蚀，导致主流摆动或分水分沙比改变。

④河床冲刷，床沙分选，中、枯水支汊沙波发育，阻力增大，过水断面减小，或进口被堵塞，导致支汊分流比减小，不断趋于衰亡。

⑤由河床冲刷所派生的同流量水位下降，改变了主、支汊不同水位时的分流比，从而影响汊道的发育。支汊河底高程显著高于主汊者，支汊加速衰亡；反之，主汊河底高程高于支汊者，支汊就有兴旺的可能。

⑥河床冲刷，床沙粗化，对造床起决定性作用的是大洪水。大洪水动力轴线取直，因此分汊型河段演变的总趋势是支汊堵塞、心滩冲蚀、主槽取直、河床展宽、趋于单一和宽浅化。

(3)冲刷条件下的汊道演变

汊道演变主要表现为汊道兴衰。一般流量大的主汊持续冲刷，发育壮大，流量小的支汊持续淤积萎缩。根据 1968 年至 1972 年地形图对比，汉江黄家港至皇庄共有大的汊道 30 个，支汊淤死的有 10 个，淤而不死的有 8 个，两者共占 60%。变化不大的有 6 个，支汊发生冲刷的有 3 个，江心洲冲蚀，支汊随之消失的有 3 个[4]。应该指出上述支汊分流比都比较小，一般最大不到 20%，河底平均高程比主汊高很多，原先多半是洪冲枯淤，年内冲淤基本平衡，随着水库削峰，汛期过水流量减小，冲刷减少，年内为净淤，淤而不死也是暂时的。

支汊不死，甚至能发展壮大的有利条件为：

①进口段水流动力轴线因上游冲刷发展向有利于支汊发展的方向转化。

②江心洲头部受冲蚀后退使支汊分流比增大。

③支汊弯曲半径大于主汊的弯曲半径。

④支汊原始河床平均高程低于主汊。

⑤强冲刷的近坝河段，泥沙供给不足。

⑥主汊床沙粗，易于粗化；支汊床沙细，难粗化。

⑦原支汊汛期淤积，非汛期冲刷。

汉江鲍家洲距大坝 10km，主汊经冲刷卵石出露，冲刷停止，支汊为中、粗砂，继续冲刷，分流比加大，符合条件⑤和⑥，因此发育壮大。三峡蓄水运用后，长江戴家洲汊道圆港（支汊）符合上述第①、②、④、⑦条件，在自然状态下不会淤死，反而具有发育壮大的可能。

（4）冲刷条件下的江心洲（滩）的演变

江心滩是指中水出露、高水淹没的心滩，比江心洲要低。较稳定的分汊河段，建库后江心滩也较为稳定。据汉江丹江口水库下游黄家港至宜城统计，该段原有 23 个江心滩（洲），1968～1978 年有 14 个淤积，2 个冲刷，7 个变化不大[4]。心滩变化有以下特征：

①心滩淤高比扩大普遍。水库削峰，中等洪水出现机遇增大，漫滩几率增多，持续时间增长，而漫滩水深不大，流速较缓，大量推移质上滩淤积，悬移质也因流速比主槽小发生淤积。心滩扩大主要是滩头、滩尾流速减缓发生淤积。对于被窜沟切割的分散心滩，因窜沟淤积，联成一体而扩大。同流量水位下降，也使滩体相对抬高。

②心滩冲蚀变小。主流顶冲使滩头蚀退，滩体受主流侧向侵蚀崩塌、瘦身。也有滩尾受横流切割缩短。在稳定性较差的河段，心滩常常被冲蚀殆尽。

③有的心滩变边滩，也有边滩变心滩。凹岸心滩因支汊淤死变为边滩，凸岸边滩因大水切割变为心滩。

对于河势变化较大，具有一定游荡性的多汊河段，江心滩变化较为剧烈，表 2-12 给出了丹江口水库蓄水前后五个河段江心滩变化情况[4]。由表可见，滩长小于 1km 的小心滩和大于 3km 的大心滩个数均减少。小心滩减少意味着被冲走，或者是数滩合并；大心滩减少是支汊淤堵，心滩变边滩，平均滩长却有所增大。滩长 1～3km 中等心滩数量未见减少，平均滩长有所减少。从总体看，大、小心滩都是以冲为主，与上述较稳定的江心洲河段的心滩（以淤为主）有明显不同。其主要原因是前者河势较为稳定，后者主流摆动较为频繁。

汉江冲刷期五个多汊河段江心滩变化情况[4]　　表 2-12

滩　长	1968 年			1978 年		
	个数	总长(km)	单长(km)	个数	总长(km)	单长(km)
＜1km	62	25.92	0.42	44	20.68	0.47
1～3km	14	23.50	1.68	14	20.24	1.45
＞3km	7	28.84	4.12	3	13.04	4.34

2.2.3　弯曲型河段

弯曲河段最重要的特点是水流动力轴线弯曲，在重力和离心惯性力共同作用下产生环流。环流既是水流弯曲的产物，又是弯道赖以生存的条件，在弯道滩槽演变中具有至关重要的作用。

1）环流输沙基本特性

（1）环流的时空变化

在弯曲河段，或者由于边滩、心滩等淤积体的存在导致水流动力轴线发生弯曲都会出现环流，环流与纵向水流相结合就构成了螺旋流。环流的相对强度（横向流速与垂线纵向平均流速之比）和相对旋度（横向流速与该点纵向流速之比）均与水深成正比，与纵向水流曲率半径成反比。环流相对强度大，旋度也大。强度与旋度在空间上和时间上变化有如下特点：

①河弯形态的影响

天然河流弯顶及其下半部水深最大，曲率半径最小，环流的强度和旋度最大。出口段由于惯性作用大于进口段，出弯道后强度逐渐减弱。若过渡段长，环流可能消失。过渡段短通常有一对大小不一的反向环流，相向旋转。凹岸水深大环流强，凸岸水深小环流弱。底部的强度和旋度都是最大。

②流量大小的影响

洪水期水流取直，顶冲点下挫，虽水深大，但顶冲点上游由于水流曲率半径大，环流强度和旋度都较小。顶冲点下游纵向水流受凹岸边界影响，曲率半径大幅减小，环流强度增大。但离出口近，很快就转向衰弱。枯水水流坐弯，顶冲点上提至弯顶以上，虽水深小，但曲率半径也小，环流强度适度，发育比较充分。平滩流量以下的中水，曲率半径较小，水深较大，环流最强。

(2)环流输沙特性

环流是弯道形成和演变的重要动力因素，无论是凹岸崩退还是凸岸淤长，无不与环流有关。凹岸崩退，一方面是表流顶冲，环流淘刷岸坡及坡脚，导致岸滩冲蚀和崩塌。另一方面是底流清理现场，为后续崩塌腾出存放空间。凸岸淤长，其沙源无论是来自上游，还是本弯的凹岸，主要是环流输送。

①悬移质

悬移质泥沙主要来自上游，在进入弯道之前，其垂线浓度分布和粒度分布都是上稀下浓，上细下粗。进入弯道后因环流的强度和旋度不同其输沙有如下特点：

a. 进口同一垂线上底层浓度大、颗粒粗的来沙进入凸岸上游段，表层较清的水流向凹岸；同一断面上，靠凸岸一侧的来沙有更多机会在凸岸淤积。

b. 中、枯水期环流的强度及旋度均大，来自上游的泥沙淤在凸岸多，被纵向水流带入过渡段少。

c. 洪水期除纵向漫滩水流在凸岸有所淤积加积外，主流的环流旋度小，底流上不了滩，较高浓度的底沙被聚积在凸岸边滩一侧(图 2-11)，沿程形成一条高浓度浑水带，绕过凸岸边滩顶端流向过渡段。

②推移质

推移质泥沙主要有两个来源，一是来自上游凸岸，二是来自本弯凹岸。钱宁认为[10]，由上游凸岸边滩下来的推移质以异岸输沙为主。凹岸冲起的泥沙，以弯顶稍下居多，以同岸输沙为主。张瑞瑾认为[12]，由本弯凹岸向凸岸跨河输沙为异岸输沙，由凹岸向下游同岸凸岸输沙为同岸输沙，异岸输沙随着流量增大而减少。Leopold 根据科罗拉多等河道上环流结构的观测[10]，认为推移质运动的主要区域位于弯道凸岸边滩的一侧。L. Rakoczl 在多瑙河支流拉巴(Raba)河微弯河段进行了卵石推移质观测[10]，发现在水流顶冲点上游单宽输沙率沿河宽分布为单峰，峰值出现在凸岸边滩一侧。在顶冲点下游单宽输沙率沿河宽分布为双峰，一大一小，大峰位于凸岸一侧，小峰位于凹岸一侧。

综各家之说，可以认为推移质从上游凸岸来沙，经过过渡段，跨河进入下游凸岸，为异岸输沙。本弯凹岸来沙，部分跨河进入凸岸，加入凸岸来沙阵营，为异岸输沙。大部分因环流旋度沿程减小，和受下弯道反向环流影响进入过渡段和下游凸岸，为同岸输沙。流量越大，同岸输沙规模越大。总的来说异岸输沙量要大于同岸输沙量。

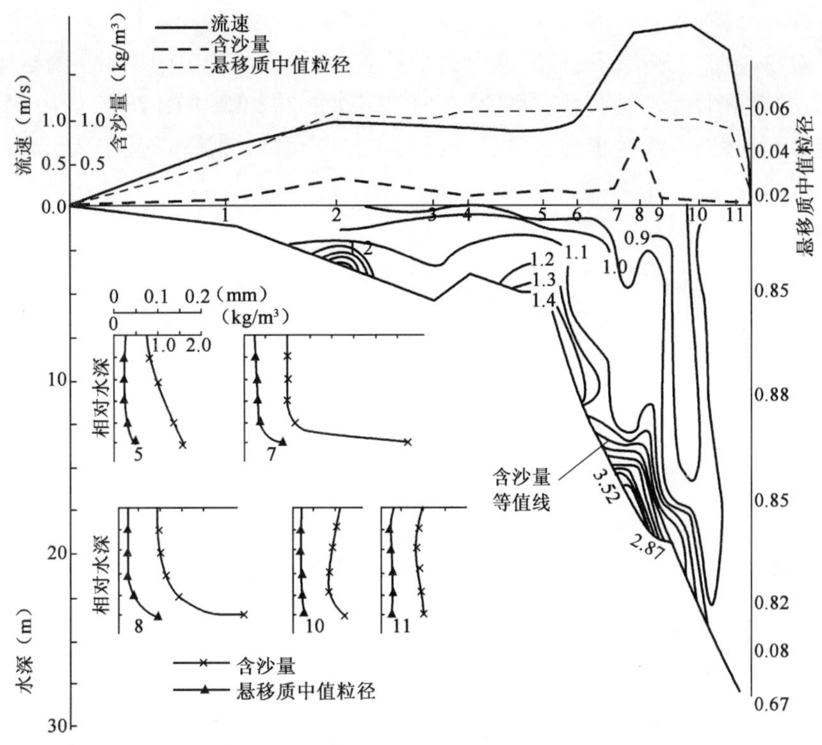

图 2-11 含沙量及其粒径的分布(弯道段断面)[12]

综上所述,凸岸淤积是横向输沙和纵向输沙的综合结果,以横向输沙淤积为主。其沙源有三个方面:一是上游悬移质来沙,主要淤在凸岸的滩面及上缘;二是上游凹岸冲刷来沙(推移质),主要淤在凸岸上缘;三是本弯凹岸冲刷来沙,中、枯水主要淤在凸岸中、下缘,洪水主要淤在下缘。过渡段淤积既有上游凸岸前缘来沙,也有凹岸来沙,以凸岸来沙淤积为主。既有纵向输沙又有横向输沙,以纵向输沙淤积为主。

2)切滩和撇弯

弯曲河段平面变形主要表现为凹岸崩退,凸岸淤长和主流摆动。凹岸崩退,取决于水流动力和岸滩的可冲性。就冲积性河流而言,若凹岸守护牢固,不可冲,凸岸也就难以延伸、淤长,平面形态基本不变,主流也难以摆动。若凹岸可冲,岸线崩退,凸岸就会淤长、前伸,河弯发展,曲率半径不断减小。但是河弯发展不可能是无限的,由于洪、枯水水流动力轴线不一致,当河弯发育使其曲率半径与中、洪水动力轴线的曲率半径的差距越来越大时,必导致主流切滩、撇弯。水流取直后,河弯又继续向弯曲发展,于是就发生周而复始的往返摆动。

(1)撇弯

撇弯通常发生在急弯。形成急弯是凹岸局部河岸坍塌率大,而导致曲率半径过小。其形成的原因是多方面的,如某一级流量持续时间长,水流顶冲部位相对固定;或者边界抗冲性能不一致,在水流顶冲点附近易冲,而其他岸滩耐冲等。

急弯河段当发生较大洪水时,水流弯曲半径远大于河弯的弯曲半径,水流发生离解,在主流带与凹岸之间产生回流,使凹岸发生淤积,原主槽逐渐堵塞;凸岸主流带则发生冲刷,逐渐开拓出新的主槽。

由于进口河势、河弯平面形态以及发生撇弯时流量大、小等的不同，撇弯大体可分为两类：一类是整体撇弯，主流沿凸岸下行，河弯弯曲半径变大，如图 2-12 中 1980 年的撇弯；另一类是局部撇弯，即在弯顶上游段撇弯，河弯弯曲半径变小，如图 2-12 中 1978 年的撇弯。根据自由旋流面积定律，弯道进口断面越靠凸岸流速越大，凹岸一侧为缓流区，甚至会出现回流，为局部撇弯提供了有利条件。

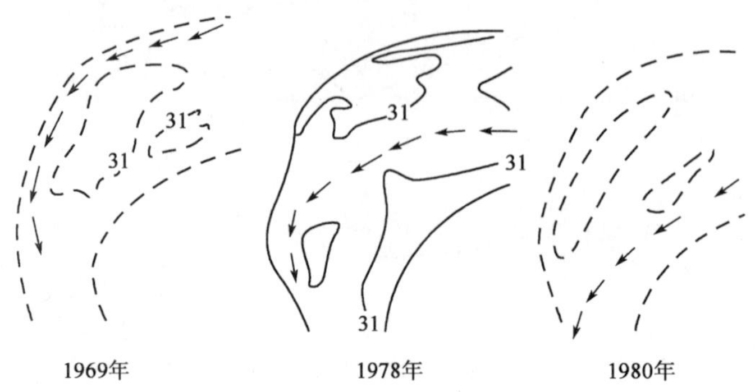

图 2-12　汉江兴隆镇弯道河段河势变化略图[15]

(2)切滩

若凹岸沿程崩退较均匀，岸线较规顺，凸岸边滩发育完善，延展较宽，河弯曲率半径适度，水流漫滩通常出现切滩。切滩大体有三种形式：

①串沟夺主。凸岸根部常常比较低洼，经过多次洪水可能逐渐形成串沟，当河弯不断发育后，曲率半径越来越小，一旦发生某种洪水就会发生突变，串沟扩大、夺主。

②大溜顶冲。大溜顶冲滩缘，在滩根自上而下冲出浅槽，浅槽贯通刷深便逐渐形成主槽。

③溯源冲刷。漫滩水流在退水期，滩的下缘上、下水位差大，便自下而上发生冲刷，顺滩根形成串沟，经多次冲刷串沟贯通，待涨水期便发生串沟夺主。

图 2-13 是一例切滩，既属于串沟夺主，又是大溜顶冲滩缘。

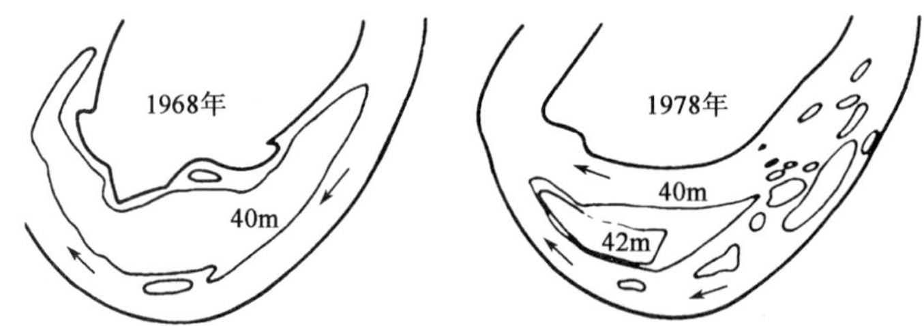

图 2-13　汉江狮子滩弯道河势变化略图[15]

撇弯和切滩成因机理既有相同之处，又有不同之处。相同之处都是水流取直，不同之处前者是主流动力轴线改变而引起的主槽变位，后者是凸岸串沟冲刷扩大而夺主。前者凸岸较低矮，后者较高大。前者是突变，后者是由渐变发展到突变。前者凹岸发生回流淤积，老河淤死，后者老河亦可能淤死，亦有可能淤而不死，形成两汊并存的分汊河段。

3)水库蓄水运用对弯曲河段演变的影响

(1)凸岸边滩冲刷

凸岸边滩是在横向环流和纵向水流共同作用下塑造的，水库蓄水运用后，来沙减少，漫滩水流在滩面发生面蚀；中水持续时间增长，水流动力轴线向凸岸靠拢，沙嘴冲蚀，导致边滩萎缩，断面宽浅，弯曲半径增大。由于冲蚀使过水面积增大，流速减小，主流摆动，主槽有可能淤积缩小。三峡蓄水运用后，荆江河段20个弯道中，凸岸边滩都有不同程度的冲刷，见表2-13[13]。最典型的为调关河湾，如图2-14所示。

荆江河段弯道凸岸边滩冲刷量计算成果统计　　表2-13

序号	弯道名称	计算高程范围（m）	冲刷量（万 m^3）	序号	弯道名称	计算高程范围（m）	冲刷量（万 m^3）
1	洋溪	36～39	11.4	11	中洲子	22～30	17.4
2	江口	30～35	14.6	12	鹅公凸	22～30	37.4
3	涴市	30～35	7.8	13	监利	25～30	6.8
4	沙市	27～35	60.3	14	天星阁	20～28	63.3
5	公安	27～35	57.9	15	洪水港	21～30	33.9
6	郝穴	22～30	96.2	16	天字一号	20～30	59.3
7	石首	20～30	93.0	17	荆江门	22～30	22.3
8	北碾子	22～30	121.2	18	熊家洲	20～25	12.3
9	金鱼沟	22～30	32.2	19	七弓岭	18～28	76.2
10	调关	22～30	80.9	20	观音洲	20～30	57.1

注：计算时段为2004年6月至2008年10月。

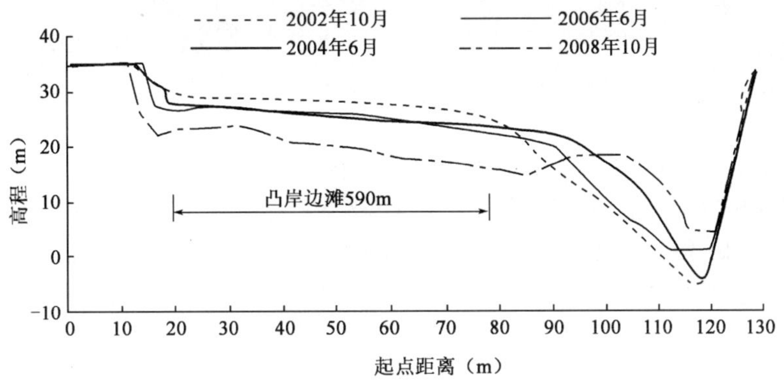

图2-14　调关弯道凸岸边滩典型横断面高程变化

(2)撇弯几率增大

自然状态下弯道的撇弯、切滩现象常常发生，是河弯发育过程中的一种正常规律。水库修建后河床展宽、下切，撇弯变频，切滩减少。现以汉江为例加以说明。

汉江皇庄至泽口原为分汊向弯曲过渡的过渡性河段，建库前(1960年)该段同样是凹岸崩退，凸岸淤长，但 $\sqrt{B}/h$ 变化不大，保持在8.5左右。建库后河床展宽，至1988年 $\sqrt{B}/h$ 变为9～12，频繁发生撇弯，总计13个弯道就有11个弯道先后发生不同程度的撇弯[14]。撇弯变频切滩减少的原因有：

①流量过程改变的影响

建库后洪峰削减，以及河床下切同流量水位下降，漫滩机会减少，切滩也就减少。枯水期流量加大，凸岸中上缘横向来沙减少，发育不良。中水持续时间增长，弯顶以下受冲击的部位固定，易于形成急弯。弯顶段河床变宽浅，主流易摆动。中等洪水出现频率增大，使撇弯频度增大。

②来沙减少的影响

上游来沙减少，一方面滩面难以加积。另一方面凸岸上游部分供沙不足，发育不良，进口河床变宽，发生局部撇弯几率增大。凹岸水流分离区沙源不足，难以成滩，导致河床宽浅，心滩林立，水流分散。

③水位下降的影响

河床断面调整引起同流量水位下降。皇庄站1983年与1958年相比，5 000m^3/s时水位下降约1.0m。同流量水位下降产生两种后果：一是凹岸水流冲击部位在垂线上下移，对岸坡稳定威胁更大，凹岸崩退速度加大。二是凸岸前期淤积的边滩相对升高，使漫滩几率进一步减少。

综上所述，建库后凹岸崩塌加剧，凸岸发育不良，河床展宽，主流摆动加剧，切滩几率减少，撇弯频度增大，特别是局部撇弯更易于发生。

2.2.4 浅滩演变

1)影响浅滩演变的主要因素

浅滩是航道内连接上、下边滩，隔断上下深槽的水下淤积体，类型很多，成因复杂，反复多变，既有周期性变化，又有平面位移，影响因素很多。具有共性的影响因素有：

(1)水流强度变化

水流条件是浅滩形成和演变的主要动力因素。水流强度减小，泥沙淤积，形成浅滩，或使浅滩壮大。水流强度增大，河床冲刷，浅滩变小，甚至消失。水流强度变化主要是由来水流量变化决定的。例如在弯道过渡段，涨水期比降、流速随流量增大而减小，落水期则相反，比降、流速随流量减小而增大，导致过渡段性浅滩呈涨淤落冲、洪淤枯冲的周期性变化。

过渡性浅滩枯水期冲刷原因除了枯季来沙少外，更主要原因是浅滩的水力特性。枯水季当浅滩上水深小到一定程度后，浅滩脊壅水，其迎水面为逆坡，出现加速流。加速流的底部流速比相同垂线平均流速的均匀流要大得多，因而浅滩脊发生冲刷。浅滩脊下游为降水，比降大，流速大，进而出现扇形水流(如交错性浅滩)，产生剧烈冲刷，甚至会发生溯源冲刷。对于扇形水流则常常冲出若干条串沟。枯水冲刷与流量大小、持续时间长短有关。流量小、持续时间长冲刷量大。

(2)来沙大小

来沙大小是浅滩形成与演变的另一重要因素。泥沙有两方面来源：一是流域来沙(悬移质)，包括干、支流来沙。流域来沙特点是汛期来沙多，含沙量大，非汛期来沙少，含沙量小。流域来沙是水流扩散河段、壅水河段，支流入汇河段等浅滩洪淤枯冲的主要原因。另一方面当地河床补给，包括岸滩崩塌、上游河床强烈冲刷(来沙增多)和淤积(来沙减少)以及主流摆动引起的沙滩搬家等等。如弯道深槽汛期冲刷，枯季淤积，使其下游过渡段汛期来沙增多，枯季来沙减少，是导致浅滩洪淤枯冲原因之一。又如相邻两个浅滩，上浅滩洪淤枯冲，下浅滩则反之，就会出现洪冲枯淤的情况。

过渡性浅滩是一种连接上、下边滩的沙埂，对交错浅滩而言，是上、下沙咀的延续和承接，恰恰是洪水期推移质跨越河道的通道，其鞍部又是连接上下深槽的枯水通道。

(3)主流摆动

主流摆动，边滩、心滩受到冲蚀，主槽易位，沙洲迁徙，易出现散乱性浅滩。洪、枯水流向不一致是主流摆动的主要原因，而河床宽浅则为主流摆动提供了有利空间。在河道的顺直段、放宽段、水流分汊段、弯道的进口段都会因主流摆动形成不同形式的浅滩，多数是洪淤枯冲，也有部分洪冲枯淤。

(4)环流运动

环流对浅滩的影响主要表现在两个方面：一是提供了沙源，二是造成泥沙淤积。

所谓提供沙源，正如前文所述，在洪水期来沙大，弯道水流挟沙能力大于过渡段，弯道环流旋度小，大量悬移质被纵向水流带往下游过渡段，而来自上游凸岸的推移质也要跨越过渡段进入下游凸岸，使过渡段发生淤积。中、枯期不仅来沙少，而且环流的旋度大，大部分泥沙在凸岸淤积，进入过渡段泥沙少。而过渡段挟沙能力恰恰又增大，因而发生冲刷。过渡段洪淤枯冲，成了泥沙的集散中心或转运站。

所谓造成淤积，对于过渡段来说，由于存在一对方向相反，而又相向的环流，各自从两岸把泥沙向中间集中。若过渡段短就会形成连接上、下边滩的沙埂，此即所谓交错性浅滩。若过渡段长，上、下弯道所形成的环流相距较远，过渡段就出现长而平的浅滩，即所谓正常浅滩，或复式浅滩。对于非过渡段来说，由于环流造成局部输沙不平衡，可以出现各种不同情况的浅滩。

2)水库蓄水运用对浅滩演变的影响

水库蓄水运用对浅滩演变发生重大影响主要表现在两个方面：

(1)水流条件改变的影响

水流条件改变一般表现在两个方面：

①洪峰削减；中、小水流量增大，环流旋度相对增大，过渡段推移质来量相对减少。

②枯水流量增大，滩面水深增大，浅滩拉沙冲刷效应减弱。

(2)泥沙条件改变的影响

水库蓄水运用，来沙大幅减少，河床冲刷。

①冲刷总趋势是扼制浅滩向淤积壮大方向发展，使散乱浅滩消失或者规顺化。

②过渡性浅滩的消长，推移质来沙、环流作用和退水拉沙起主导作用。在推移质没有大幅减少之前，浅滩淤积不会因河床普遍冲刷而明显减少，相反因枯水流量增大，冲刷减少而使浅滩尺度增大。

以汉江为例，蓄水前(1956～1962 年)黄家港站多年 12、1、2 月平均流量为 328m^3/s，蓄水后(1968～1978 年)该三个月平均流量达 714m^3/s，增大 1 倍以上。坝下 160km 以下的宜城至文家集，河段长 96km，在冲刷最为剧烈期间，推移质输沙强度大，1978 年地形图上 55 个浅滩中，有 38 个比 1968 年增高了，增高率占 69%；有 15 个降低了，降低率占 27%；有 2 个没有变化[4]。

2.3　河床冲刷对水位的影响

河床冲刷引起河床纵、横断面及阻力的调整，从而也就影响河道过水能力，其中最敏感的问题就是(同流量)水位的变化。水位变化涉及防洪，工、农业及民生引水，航运等国计民生的重大问题，令人十分关注。

2.3.1 影响水位变化的主要因素

坝下河床冲刷通常会引起同流量水位下降，水位降落与河床调整关系可以由图 2-15 概化。

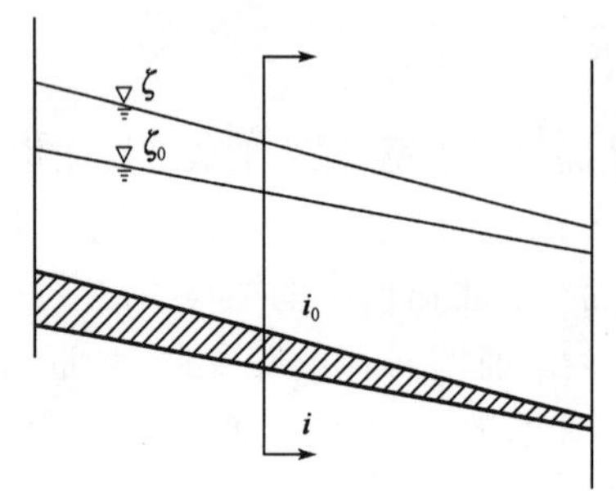

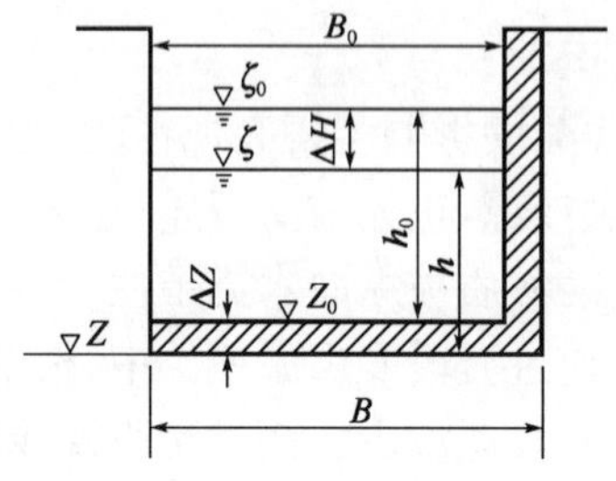

图 2-15 河床下切水位降落示意图

如图 2-15 所示，由均匀流有关公式可写出：

$$B_0 h_0 U_0 = BhU$$

$$h = \left[\frac{B_0}{B}\left(\frac{J_0}{J}\right)^{\frac{1}{2}} \frac{n}{n_0}\right]^{0.6} h_0 \tag{2-8}$$

式中，B 为河宽；h 为平均水深；J 为河床比降；n 为曼宁系数。脚标 0 为建坝前，无脚标为建坝后。

同流量水位下降值 $\Delta\zeta$ 为：

$$\begin{aligned}\Delta\zeta &= \zeta - \zeta_0 = h_0 + Z_0 - (h + Z) = h_0 - h + (Z_0 - Z) = h_0 - h + \Delta Z \\ &= h_0\left\{1 - \left[\frac{B_0}{B}\left(\frac{J_0}{J}\right)^{\frac{1}{2}} \frac{n}{n_0}\right]^{0.6}\right\} + \Delta Z\end{aligned} \tag{2-9}$$

式中，$\Delta Z = Z_0 - Z$ 为河底平均高程的下降值，亦即断面平均冲刷深度（不包括侧向展宽）；$\Delta\zeta > 0$，为水位下降；$\Delta\zeta < 0$ 为水位上升。

由式(2-9)可见：引起水位降落并不只是河床下切值 ΔZ，河宽、纵剖面和阻力等因素的调整对其影响也很大，床沙粗化和比降变缓可使 $\Delta\zeta < \Delta Z$，河床展宽可使 $\Delta\zeta > \Delta Z$，究竟 $\Delta\zeta$ 与 ΔZ 孰大？要看两者势力的对比；此外不同流量 h_0 不同，对 $\Delta\zeta$ 也有重要影响。

2.3.2 冲刷前后水位变化特性

(1)水位流量关系的变化

不同河流、不同的流量范围、不同的冲刷部位，水位流量关系变化特点也不同，总的趋势大体可分为三类，即：

①收敛型

中、枯水河床冲刷多，洪水河床冲刷少，冲刷前后水位流量关系曲线在高水时向一起靠拢。

图 2-16 为丹江口水库下游黄家港等三站 1958 年(建库前)和 1983 年(建库后)水位流量关系曲线。它们在高水时不仅靠拢，而且交叉。交点以下建库后同流量水位下降，流量越小水位下降越大；交点以上同流量水位上升，流量越大，漫滩范围越大，水位上升越大。洪水期同流

量水位上升是因为建库后洪水漫滩机会大为减少，大于 10 000m^3/s 漫滩机会只有建库前的 8%，沿江两岸边滩及心滩大量开荒种植和植树造林，使高水糙率增大[9]。

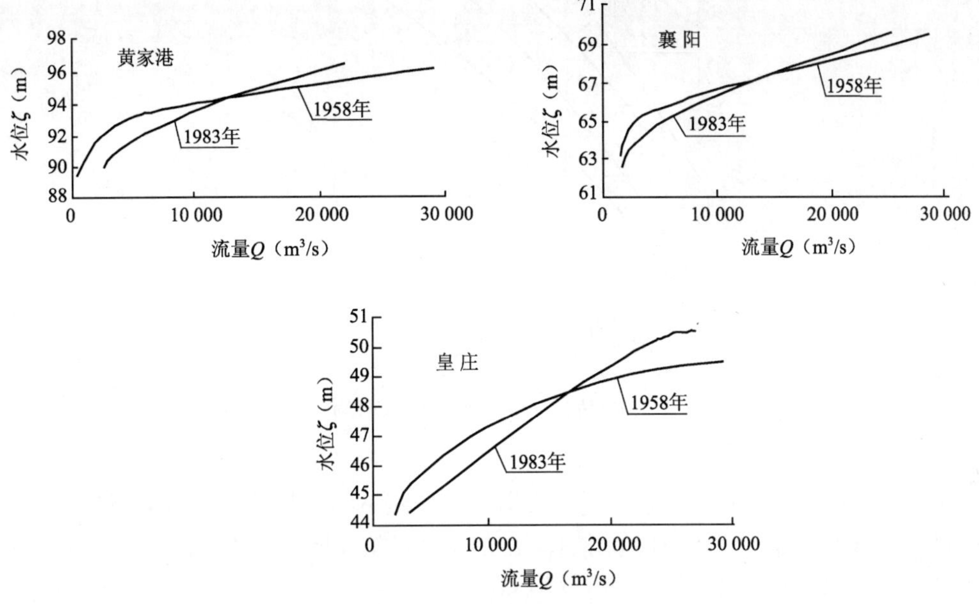

图 2-16　丹江口水库下游黄家港、襄阳、皇庄三站建库前水位流量关系

②发散型

中、枯水河床，由于边滩冲失，中水水位下降大于枯水水位，便出现冲刷前后水位流量关系是发散型。如赣江万安水库下游西门站便是如此，见图 2-17[15]。图 2-16 在中水 Q=3 000～4 000m^3/s时出现水位下降最大值，即中水以下为发散型，中水以上是收敛型。此外，滩地受人工采砂破坏也会出现发散型，如湖北陆水水库下游 2.5km 范围内 1968～1972 年采砂 10.4 万m^3，1972～1987 年采砂 3.2 万 m^3，1987～1991 年采砂 26.2 万 m^3，使坝下水位流量关系式发

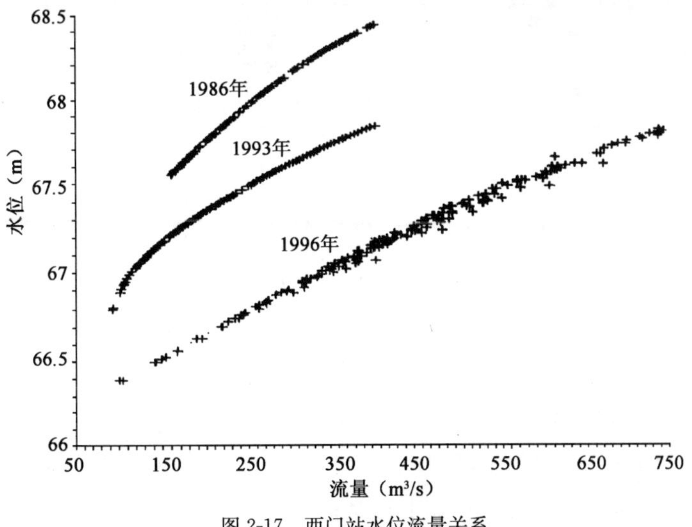

图 2-17　西门站水位流量关系

散型，且发散程度与采砂量成正比，见图 2-18[16]。

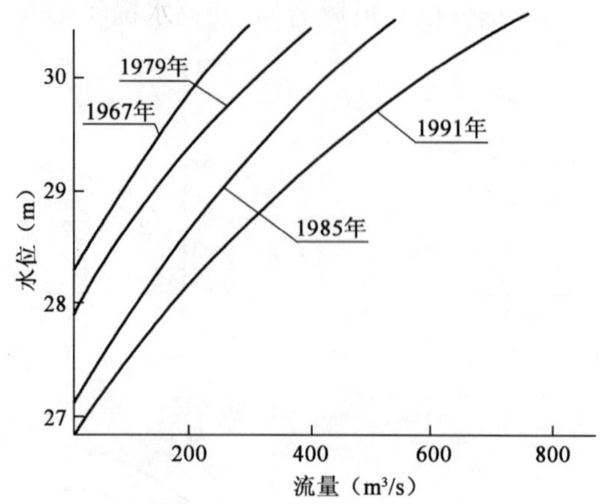

图 2-18　蒲圻站 $Z \sim Q$ 关系曲线随河床冲刷变化图

③平行型

枯水河床下切，中水河槽展宽，冲刷前后水位流量关系曲线近乎平行，即水位下降幅度在平滩流量以下接近相等。黄河三门峡水库下游的花园口站建库后的水位流量关系变化便属于这种类型，见图 2-19[4]。

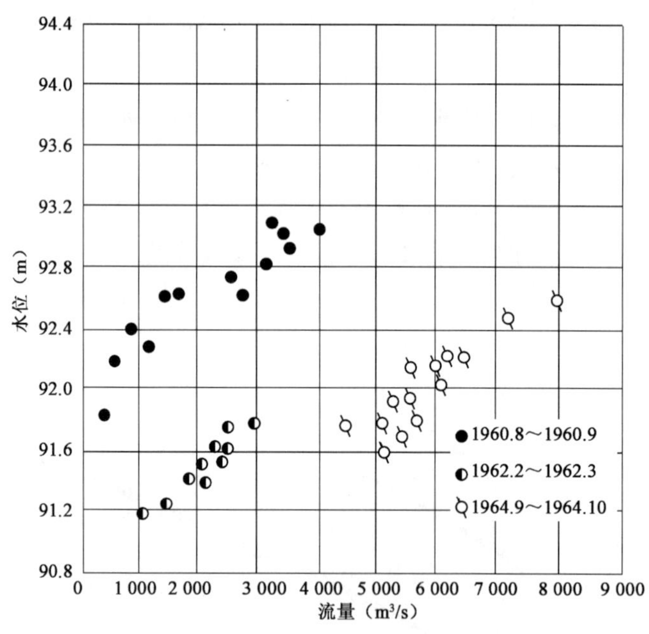

图 2-19　三门峡水库下泄清水期间花园口水位、流量关系变化

(2)水位降落特点

表 2-14 及表 2-15 分别列出黄河铁谢至辛砦，汉江黄家港至仙桃 1 000m^3/s 流量下各年水位下降值[4]，图 2-20 给出赣江万安水库坝下设计流量(165m^3/s)下沿程水位降落与河床下切值对照[14]。由此可以看出水位降落有如下特点：

黄河下游冲刷后水位降低　　表 2-14

类别	铁谢		裴峪		官庄峪		花园口		辛寨		铁谢—辛寨		
	ζ	$\Delta\zeta$	ζ	$\Delta\zeta$	ζ	$\Delta\zeta$	ζ	$\Delta\zeta$	ζ	$\Delta\zeta$	水位差(m)	J(‰)	J/J_0
1960 年汛后	119.86		110		99.39		92.36		85.36		34.5	2.58	1
		−1.66		−0.80		−0.89		−1.56		−1.06			
1961	118.20		109.20		98.50		90.80		84.30		33.90	2.53	0.981
		−0.10		−0.60		−0.30		−0.40		+0.04			
1962	118.10		108.60		98.2		90.4		84.34		33.76	2.52	0.977
		−0.60		−0.32		−0.40		+0.4		−0.21			
1963	117.50		108.28		97.80		90.80		94.13		33.37	2.49	0.965
		−0.80		−0.76		−0.40		−0.50		−0.63			
1964	116.70		107.52		97.40		90.30		83.50		33.20	2.48	0.961
1960～1964 合计		−3.16		−2.48		−1.99		−2.06		−1.86			
1964～1960 差值											−1.30	−0.10	−0.039

丹江口水库下游各站 1 000m³/s 流量下水位累计下降值(m)[4]　　表 2-15

年份(年)	黄　家　港	襄　　阳	皇　　庄	仙　　桃
1960	0	0	0	0
1967	1.30	0	0	0
1970	1.60	0.20	0	0
1985	1.64	1.35	0.75	0.28
1996	1.64	1.58	0.43	0.40

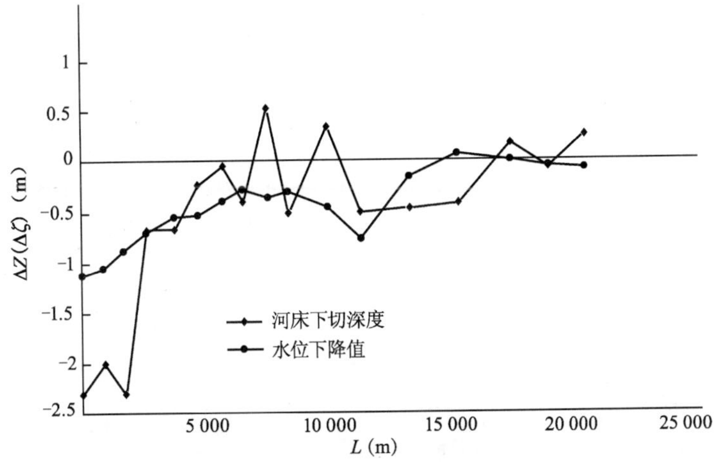

图 2-20　万安水库坝下设计流量下沿程水位降落与河床下切深度比较

①上段降落多，下段降落少，水面比降调平，与河床下切深度及纵剖面调整的趋势一致。

②初期降得多，后期降得少，下游降落滞后。

③水位降落是流量的函数，一般枯水降落多，平滩流量以上降落少。

④大水年冲得多，水位下降也多，如黄河 1964 年来大水，当年同流量水位下降也变大。

⑤水位下降幅度与河床下切幅度不同步。河床下切具有局部性，纵向不连续；水位下降具有整体性，受上、下游影响有所均化，纵向是连续的。

2.3.3 水位降落与断面调整关系

河床冲刷会引起同流量水位下降，有的水位下降值小于河床冲深，有的水位下降值大于河床冲深。贾锐敏根据 1960～1984 年实测资料对丹江口水库下游黄庄以上 240km 河段内 79 个固定断面中的 33 个代表性断面，$Q=1\,500\text{m}^3/\text{s}$ 条件下的平均河底累计冲深 $\sum\Delta z_i$ 与水位累计下降 $\sum\Delta\zeta_i$ 关系进行了详细的分析，得出下面 4 种情况[17]。

(1)水位下降小于河床冲深

这种类型多位于坝下丹江口至襄阳河段，主要特点是：河床由卵石夹沙粗成，局部河段表层为 1～3m 中细沙覆盖层，底层为卵石；河岸一般为山岩，两侧有高大抗冲性强的边滩，河槽窄深、单一，或者虽河谷开阔，但其中有抗冲性较强的以卵石为主的心滩，主、支汊比较稳定；建库后河势依然稳定，水流集中，主槽以下切为主，侧向侵蚀较小，在同流量下水位下降，河宽减小，过水面积增大主要是由于平均水深逐年增大引起的，故水位下降值小于河床平均冲深值，见图 2-21。此类河段对航运尤为有利。

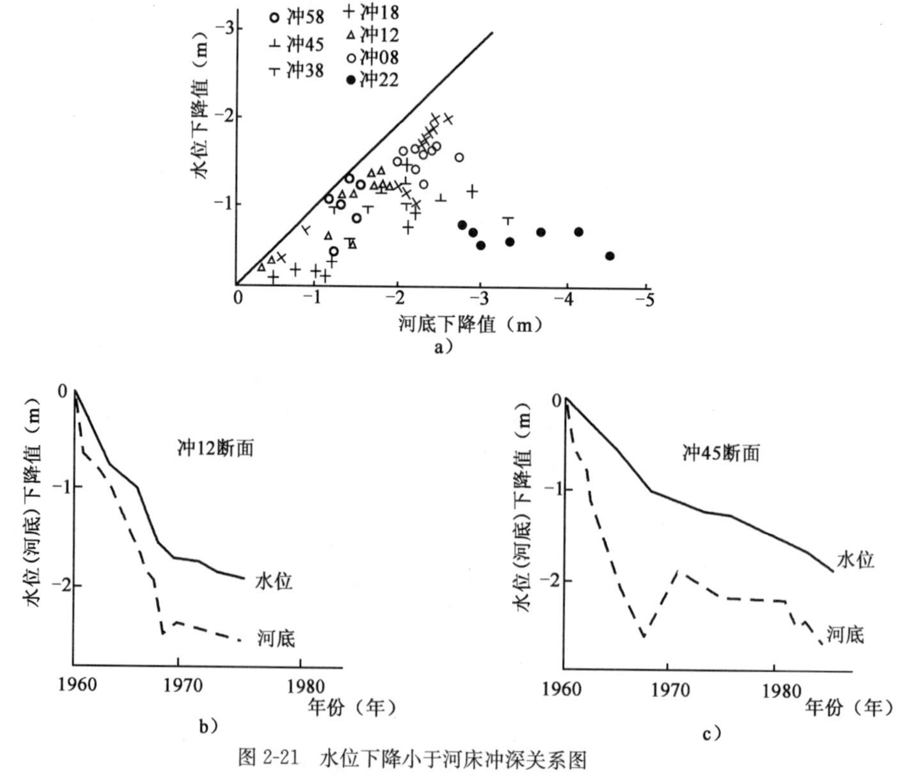

图 2-21　水位下降小于河床冲深关系图

(2)水位下降大于河床冲深

这种类型的河段一般河床抗冲性强或者时冲时淤。河岸和边滩发生冲刷,断面以展宽为主,同流量过水面积增大,水深减小。此外上、下游水位降落对其也有影响,见图 2-22。此类河段对航运极为不利。一般出现在:

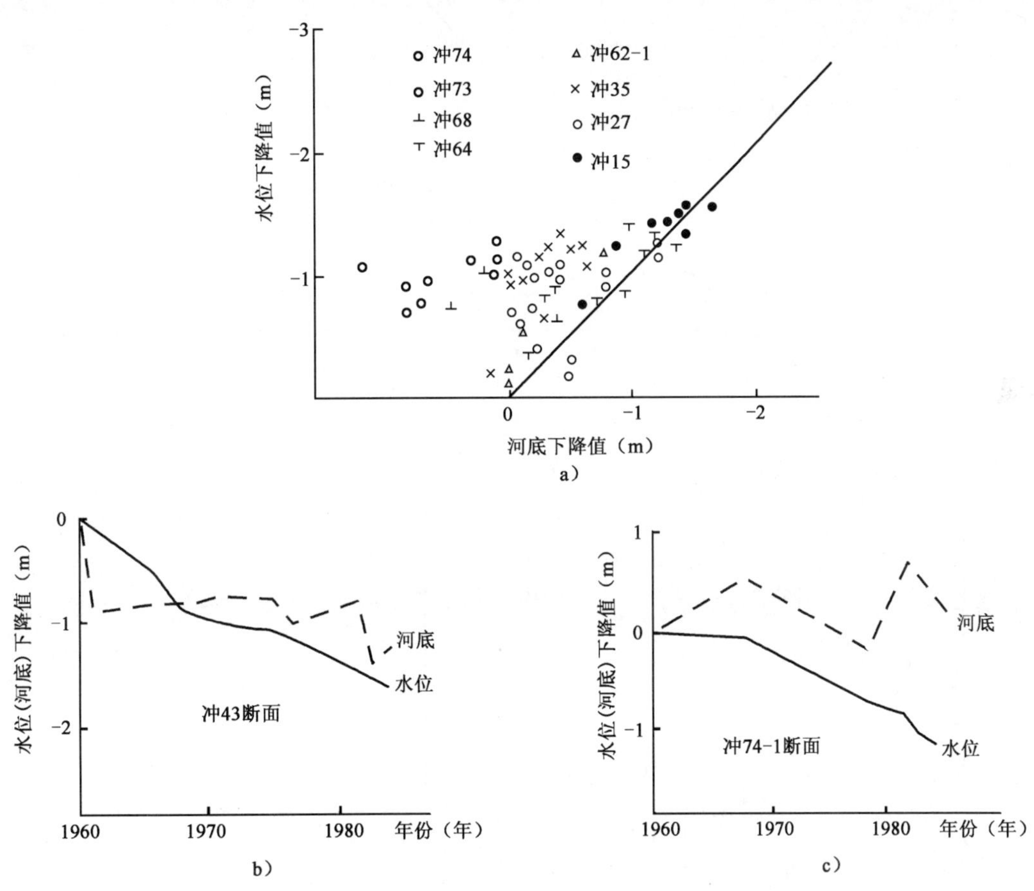

图 2-22 水位下降大于河床冲深关系图

①河床抗冲强度大于河岸

图 2-22b)为坝下 90km 的冲 43 断面历年累计冲深与水位降落关系。该断面左岸为大坝,右岸为马家洲大边滩,河床质组成表层 0～1.5m 为松散沙层,其下为沙质密实层,水库滞洪运用初期河床下切,松散层冲走后,河床下切受阻,转向冲刷右边滩,水位继续下降。

②宽浅游荡性河段

红山头至薛家脑,河谷开阔达 5～10km,洪水河宽均在 2.5km 以上,河床河岸均由松散的细沙(d_{50}=0.1mm)组成,河床宽浅,心滩众多,枯水期多汊并存,洪水期主流摆动不定,边滩冲刷,河床展宽。坍滩泥沙因水流挟沙能力已恢复饱和,不能被水流带走,河床此冲彼淤,或时冲时淤,一般淤大于冲。距大坝 206km 的冲 74－1 断面便是如此,见图 2-22c)。

(3)水位下降与河床冲深同步

在河床下切与展宽并重的河段，一般水位与河床同步下降，$\sum\Delta\zeta_i$ 与 $\sum\Delta z_i$ 近似相等，见图 2-23。

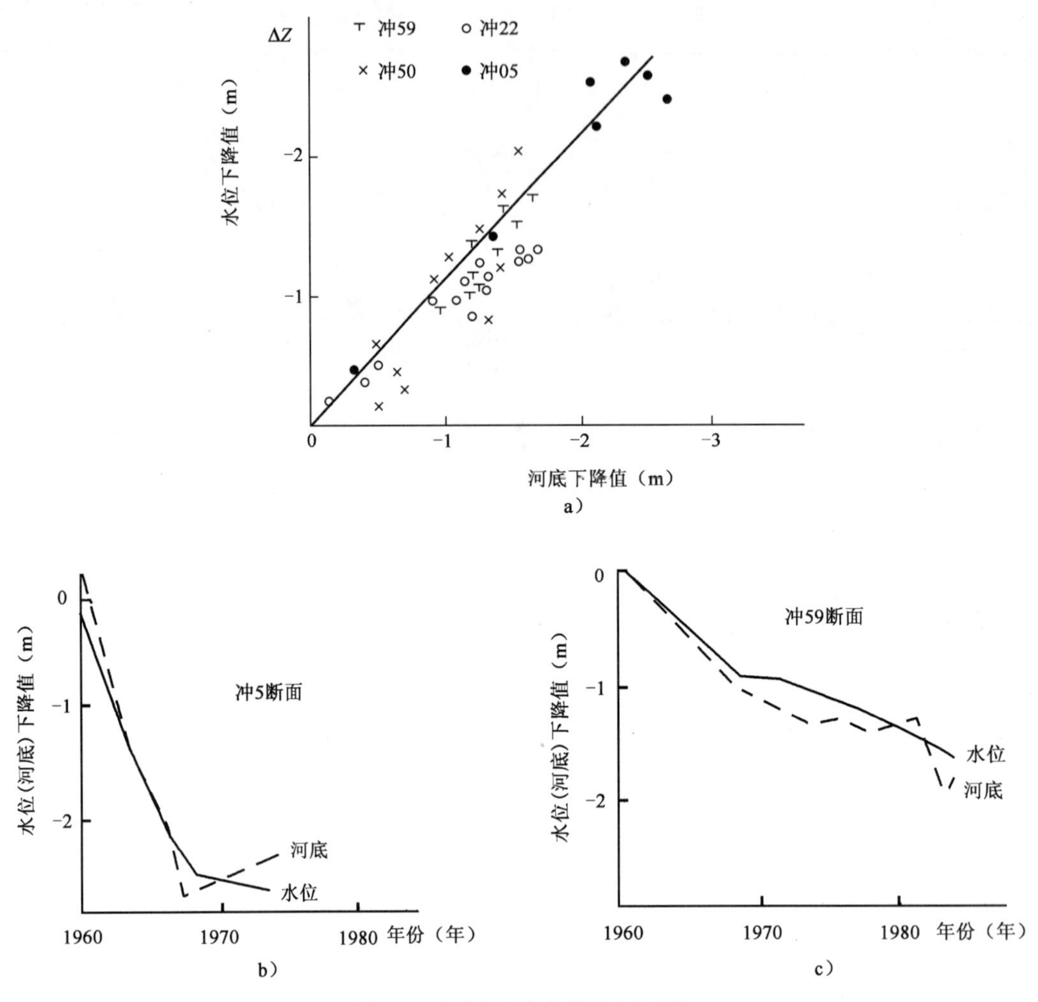

图 2-23　水位与河床高程同幅度下降

图 2-23b）为距大坝仅 3km 的冲 5 断面。其河道宽阔，1960 年主槽在左，滞洪期受围堰泄流影响，主流转向右岸，右边滩的串沟逐渐发展为汊，冲深与拓宽并重，左汊逐渐淤积抬高。以后随着河床粗化，冲刷停止，水位也变得稳定。

图 2-23c）为距大坝 138km 的冲 59 断面。该断面位于上、下弯道间的宽浅顺直段，水下有零星心滩，左岸为应山山丘，右岸为沙质边滩，滞洪期由于上游河势变化，主流顶冲右岸边滩，坍滩宽度约 150m，坍塌下来的泥沙在水流横向输沙作用下使原来河中零星心滩兼并成完整高大的心滩，水流分汊，右汊为主汊。水库蓄水运用后，洪峰消平，心滩漫滩机会减少，心滩稳定，水位与河床高程同幅度缓慢下降。

（4）水位下降由大于河床冲深转向小于河床冲深

位于强烈冲刷河段的下游，河岸（边滩）、河床均为可冲性较大的河段。水库运用初期（滞洪期）上游强烈冲刷，沿程恢复的含沙量至下游已基本饱和。下游河床下切缓慢，甚至淤积，边滩则因主流摆动而冲蚀，河床展宽，水位下降大于河床冲深。随着上游河床冲刷粗化，来沙减少，冲刷向下游发展。下游河床以展宽为主转为下切为主，因而在蓄水中、后期该类河段水位下降值转而小于河床下切，见图 2-24。此类河段的重要特点是先展宽后下切，见图 2-24b)。该断面距大坝 209km，右岸为人工阶地，左岸为可动性很强的散乱边滩，1978 年以前河床以展宽为主，平均河底高程下降甚微，而水位连续下降。1978 年以后河床大幅下降，水位下降率虽也增大但远小于河床下降率。此类河段在河床调整初期对航运也极为不利。

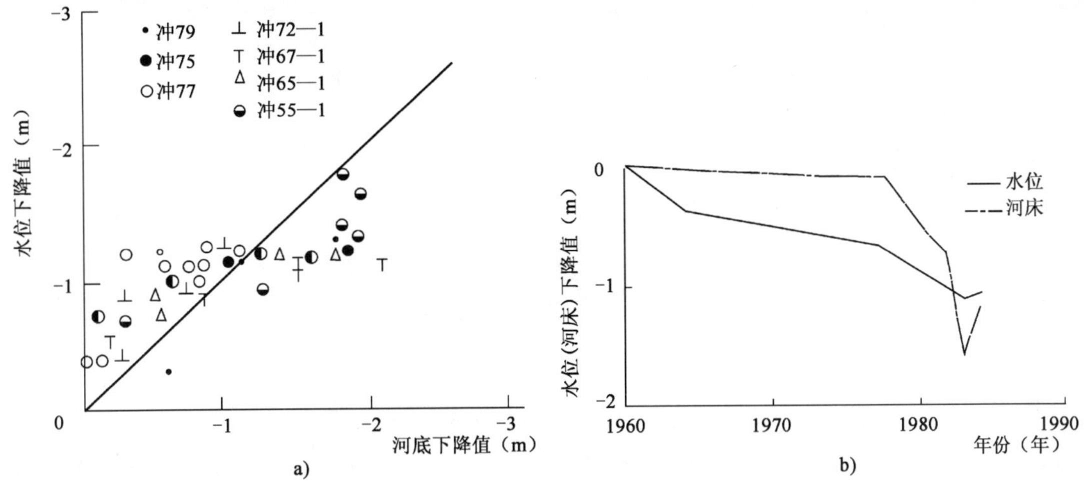

图 2-24　冲刷过程中水位下降与河床冲深关系的变化

综上所述，水位降落与断面形态调整密切相关。河床以下切为主，水位降落小于河床冲刷深度。河床以展宽为主，水位降落大于河床冲刷深度。断面调整受局部河床河岸及水动力条件影响很大，是不连续的，或大或小。而水位调整受上、下游制约，是连续的、渐变的，总体来说，水位降落小于河床冲刷深度。以汉江为例，至 1978 年，2 000m^3/s 流量（相当造床流量）时，水位降低与冲刷深度之比，黄家港至光化为 0.48，光化至太平店为 0.63，太平店至茨河为0.53，茨河至襄阳为 0.38，平均约为 0.5，即在造床流量下，水位降落约为河床冲深的一半[18]。

2.4　河型转化问题

水库长期下泄清水，河床发生一系列调整，调整的目标就是重建平衡。在重建平衡过程中，原先河型是否会发生转化？这是一个重大理论问题，也是生产实践中人们十分关心的问题。

2.4.1　河型分类及其成因

1)概述

冲积河流河型有不同的分类方法，目前看法还不统一，比较常见的和人们乐于使用的是将河型分为游荡(散乱)型、分汊(江心洲)型、弯曲(蜿蜒)型和顺直型四类。各类河型成因复杂，影响因素众多，有的成因机理尚不很清楚，因而各种理论和假说纷纭[19]。

不同河型是河流自动调整的结果，是输沙平衡需要与可能的统一。一定的流域来水来沙，河流将调整其形态、比降和河床阻力，以满足输沙要求，力求保持相对平衡。以悬移质输沙为主的冲积河流应服从：

$$S = S_* = K\left(\frac{UJ}{\omega}\right) \tag{2-10}$$

式中，S 为来水含沙量；S_* 为水流挟沙能力；U 为断面平均流速；J 为比降(能坡)；ω 为悬沙的平均沉速；K 为挟沙能力系数。

将水流连续方程或运动方程代入式(2-10)，可得：

$$S\omega = KUJ = \begin{cases} \dfrac{KQJ}{Bh} \\ \\ \dfrac{KQ^{0.4}J^{1.3}}{B^{0.4}n^{0.6}} \end{cases} \tag{2-11}$$

式(2-11)中 S、ω、Q 均为流域加诸的外在条件，是自变量，J、B、h 或 J、B、n 则为冲积河流可以自由调整的从变量。一定的来水来沙(Q、S、ω)条件，要求相应的从变量的调整与其相适应。从变量是多元的，因而调整有多种多样的组合。究竟怎样组合，这正是需要与可能相统一的问题。一般地说，来水(Q)一定，来沙(S)越大、粒径(ω)越粗，要求 UJ 越大，即要求河道顺直，比降陡、糙率小，形成堆积性的游荡型河流。S 越小，粒径越细或 ω 越小，要求 UJ 越小，即要求形成比降缓、流速小的弯曲型河流或分汊型河流。分汊型河流由于分流，流量减小，挟沙能力也随之减小。当然这些也仅仅是需要，是否可能还要看边界条件和来水来沙年内年际结构性变化。

冲积河流是由挟沙水流与河床(岸)边界共同组建的，是矛盾对立的统一体。虽然有些河型成因机理尚不完全清楚，但可以肯定，无论哪种河型的成因都是由水、沙条件和河床边界条件共同决定的，非任何一方的单独行为。钱宁将不同河型的形成条件用图表列出，见表 2-16。表中黑体字为主要影响因素，其余为辅助因素[10]。

2)边界条件与河型的关系

(1)边界可动性的影响

冲积河流除深切式曲流外，都是在淤积过程中形成和建立平衡的。在其成长发育过程中，在特定的环境下形成了不同的边界条件和相应的河型。稳定的河型在输沙平衡条件下才能达到稳定，否则就处在变化之中，是不稳定的。例如黄河口每次改道新河都是淤积成槽，先经历顺直，随后弯曲、分汊、散乱游荡，河槽由窄深向宽浅方向转化。虽然顺直、弯曲、分汊只是过程，不稳定，游荡才是终极的“稳定河型”。再如，官厅水库建库后，1959 年在永定河卢沟桥下游 10km 处的左滩开挖了一条宽 20～30m 的引渠，随着渠壁不断坍塌，引渠逐渐展宽至 80～100m，小水期间，引渠中出现完整的边滩，主流蛇曲，并向下游蠕动，但复经大河涨水，先是凸

表 2-16

不同河型的形成条件[10]

形成条件		游荡型	分汊型	弯曲型	顺直型
边界条件	**河岸组成物质**	**两岸由松散的颗粒组成，抗冲性较弱**	**两岸组成物质介于游荡型与弯曲型之间**	**两岸组成物质具有二元结构，有一定的抗冲性，但仍能坍塌后退**	**除弯道蠕动过程中暂时形成的顺直河流以为，一般两岸组成物质中黏土含量较多或植被生长茂密**
	节点控制	—	**在分汊河段的进、出口常有节点控制，河流横向自由摆动范围也有一定限制**	—	**河流中有间距短促的节点控制，或两岸因构造运动影响有广泛分布的出露的基岩**
	水位顶托	—	—	汛期下游水位受到顶托，有利于弯曲型河流的维持	—
来沙条件	**流域来沙量**	**床沙质来量相对较大**	**床沙质来量相对较小，但有一定冲泻质来量**	**床沙质来量相对较小，但有一定冲泻质来量**	—
	纵向冲淤平衡	历史时期曾处于堆积状态，河流的堆积抬高有利于游荡型河流的形成	纵向冲淤变化基本保持平衡	纵向冲淤变化基本保持平衡	—
	年内冲淤平衡	平水、枯水期的主槽淤积促使河流朝游荡型发展		汛期微淤，非汛期微冲	—
来水条件	流量变幅	流量变幅大	流量变幅和洪峰流量变差系数小	流量变幅和洪峰流量变差系数小	—
	洪水涨落情况	洪水暴涨猛落	洪水起落平缓	洪水起落平缓	—
河谷比降		河谷比降较陡	河谷比降较小	河谷比降较小	位于河口三角洲地区的顺直型河流比降很平，两岸有基岩出露或植被生长茂密的顺直型河流可以在各种河谷比降下发育形成
地理位置		出山谷的冲积扇上或冲积平原上部	冲积平原的中、下部	冲积平原的中、下部汛期受干流或湖泊顶托处	河口三角洲地区，两岸有基岩出露或植被生长茂密的顺直型河流可以在不同地理位置发育形成

注：表中黑体字为主要影响因素，其余为辅助因素。

岸边滩上水，继而发生切滩、撇弯，引渠就变得散乱游荡[5]。同样，大量的室内试验小河，即便是在清水定常流量条件下，预先设置的直槽也都同样经历展宽、弯曲、分汊、散乱的过程[20]。该三例说明，无论是淤积型、冲刷型还是冲淤平衡型，也无论是变流量、还是定常流量，无论流量大小，比降大小，只要同为松散边界，其河床过程和结果都是一致的，都是以游荡而告终。相反，如果河床边界不可冲，给定什么样初始河型就会保持什么样河型，由水沙运动规律所决定河流过程的倾向性受到边界强烈限制而力不从心。

由此可以看出，边界条件在河型成因中的主导性作用。尤联元、洪笑天对我国部分河流边界条件及其他有关条件对河型的影响作了统计，见表 2-17[21]。该表是表 2-16 的补充和说明，更加详细地说明了边界条件的影响，提出了以河岸河床相对可动性作为判别河型的量化指标，即：

$$M = 100D/P \tag{2-12}$$

式中，D 为床沙粒径，以 mm 计；P 为河岸物质中粉沙及黏土含量(%)。钱宁由表 2-16 大致归纳出各类河型边界条件为[10]：

①游荡型河型。河岸为砂或砂砾的单一结构，粉砂、黏土含量少，$M>0.65$。

②分汊型河型。河岸为二元结构，土层厚度小于砂砾层厚度，也有为混合结构，粉砂、黏土含量中等，$M=0.25\sim0.65$。

③弯曲型河型。河岸为二元结构，土层厚度大于砂砾层厚度，粉砂、黏土含量大，$M<0.25$。

④顺直型河岸。河岸为细沙为主的单一结构，或二元结构，但土层厚度远大于砂、砾层厚度，粉砂、黏土含量大，$M<0.25$。

(2)节点的影响

节点是可动边界上一种不动的凸咀或一段凸出的岸线，具有一定的控、导水流的功能，是形成分汊型河型的重要条件。分汊型河段从成因分，可分为堆积型和裁弯(切滩)型；从平面形态分，可分为顺直型、微弯型和鹅头型。堆积型又可分为壅水堆积和水流扩散堆积。出现在两岸有对峙节点的束窄河段上、下游，通常为顺直型。鹅头型汊道出口凹岸必有一节点，而进口凸岸也常有节点。微弯型汊道不是两岸有交错节点，就是凹岸下段抗冲性较强。两岸交替节点纵向距离较近，河宽不易扩展易于形成顺直型河型。

3)来沙条件对河型的影响

(1)不同河型的来沙和输沙特性

河流来沙与来水是相关联的，可以由下式表述：

$$Q_s = kQ^m \tag{2-13}$$

式中，Q_s 为悬移质输沙率；Q 为流量；k 为来沙系数，与流域产沙条件有关；m 为指数，与河道输沙特性有关。尹学良和卢金友统计我国部分河流 m 的变化见表 2-18[21] 和表 2-19[22] 所示。由表可见，m 的大小与河型有一定关系，大体可以看出：弯曲型河段 m 最大，$m>2.0$；分叉型河段 m 最小，$m<2.0$；游荡型河段，约为 2。

表 2-17

我国一些冲积河流的河型及其影响因素[20]

<table>
<tr><th colspan="2" rowspan="3">河　流</th><th rowspan="3">地貌类型</th><th colspan="4">边界条件</th><th rowspan="3">含沙量（kg/m³）</th><th rowspan="3">床沙质含量与冲泻质含量之比</th><th rowspan="3">洪峰变差系数 C_v</th><th colspan="2">河床形态特征</th><th rowspan="3">河　型</th></tr>
<tr><th colspan="2">河岸</th><th rowspan="2">床沙组成</th><th rowspan="2">M</th><th rowspan="2">$\sqrt{B}/h$</th><th rowspan="2">弯曲系数</th></tr>
<tr><th>河岸结构</th><th>P(%)</th></tr>
<tr><td rowspan="6">长江中下游</td><td>上荆江</td><td>出山口冲积扇平原</td><td rowspan="3">二元结构，土层厚度大于砂砾层厚度</td><td>92.0</td><td>砂、少量砾</td><td>0.20</td><td>1.16</td><td>0.16</td><td>0.20</td><td>3.13</td><td>1.70</td><td></td></tr>
<tr><td>下荆江</td><td rowspan="5">宽广的冲积湖积平原河谷平原、河谷形态沿程宽窄不一，并有节点相间出现</td><td>76.0</td><td>中、细砂</td><td>0.18</td><td>0.96</td><td>0.12</td><td>0.26</td><td>2.55</td><td>2.83</td><td>弯曲</td></tr>
<tr><td>簰洲湾</td><td>60.7</td><td>中、细砂</td><td>0.21</td><td>0.60</td><td>0.12</td><td>0.16</td><td>2.04</td><td>2.43</td><td>弯曲</td></tr>
<tr><td>汉口段</td><td rowspan="2">二元结构，土层厚度小于砂砾层厚度</td><td>36.2</td><td rowspan="3">中、细砂</td><td>0.47</td><td>0.62</td><td>0.12</td><td>0.17</td><td>3.96</td><td>1.18</td><td>江心洲分汊</td></tr>
<tr><td>马鞍山段</td><td>22.6</td><td>0.66</td><td>0.54</td><td>0.10</td><td>0.24</td><td>3.60</td><td>1.16</td><td>江心洲分汊</td></tr>
<tr><td>石桥埠段</td><td>二元结构，土层厚度远大于砂砾层厚度</td><td>75～86</td><td>0.18</td><td>0.65</td><td>0.10</td><td>0.15</td><td>2.05</td><td>1.09</td><td>顺直</td></tr>
<tr><td rowspan="3">黄河下游</td><td>花园口</td><td rowspan="3">出山口冲积扇平原但受大堤强烈约束</td><td>单一结构，细砂为主</td><td>15.1</td><td>细砂</td><td>0.96</td><td>37.5</td><td>0.82</td><td>0.48</td><td>20～40</td><td>1.10</td><td>游荡</td></tr>
<tr><td>孙口</td><td>混合结构</td><td>34.3</td><td>砂与亚黏土</td><td>0.34</td><td>26.0</td><td>0.67</td><td>0.32</td><td>8～12</td><td>1.31</td><td>游荡—弯曲</td></tr>
<tr><td>洛口</td><td>混合结构，黏土增多</td><td>21.2</td><td>砂、亚黏土、黏土</td><td>0.42</td><td>25.0</td><td>0.82</td><td>0.15</td><td>6</td><td>1.19</td><td>限制性弯曲</td></tr>
<tr><td rowspan="2">汉水</td><td>丹江口—钟祥</td><td>出山口冲积扇平原</td><td>砂质单一结构为主，部分为土质阶地</td><td>16.2</td><td>中、细砂</td><td>1.37</td><td>2.6</td><td>0.33</td><td>0.67</td><td>13.1</td><td>1.24</td><td>游荡</td></tr>
<tr><td>钟祥—河口</td><td>宽广的冲积、湖积平原</td><td>二元结构，土层厚度大于砂砾层厚度</td><td>91.0</td><td>细砂</td><td>0.14</td><td>1.9</td><td>0.11</td><td>0.19</td><td>2.15</td><td>1.74</td><td>弯曲</td></tr>
<tr><td rowspan="2">渭河</td><td>咸阳</td><td rowspan="2">河谷平原</td><td>单一结构，砂为主</td><td>52.4</td><td>粗、中砂</td><td>1.28</td><td>26.8</td><td>1.22</td><td>0.44</td><td>10.4</td><td>1.10</td><td>游荡</td></tr>
<tr><td>华县</td><td>混合结构</td><td>79.9</td><td>细、粉砂</td><td>0.24</td><td>42.8</td><td>1.22</td><td>0.34</td><td>3.2</td><td>1.78</td><td>弯曲</td></tr>
<tr><td colspan="2">塔里木河</td><td>山前凹陷</td><td>单一结构，砂砾为主</td><td></td><td>砂砾</td><td></td><td>2.5—4.0</td><td></td><td></td><td>19.3</td><td></td><td>游荡</td></tr>
<tr><td rowspan="2">潮白河</td><td>牛栏山</td><td>山前凹陷</td><td>单一结构，细砂为主</td><td>4.5</td><td>细砂</td><td></td><td>4.3</td><td>1.0</td><td>1.2</td><td>19.8</td><td>1.13</td><td>游荡</td></tr>
<tr><td>白庙</td><td>凹陷</td><td>二元结构</td><td></td><td></td><td></td><td></td><td></td><td></td><td></td><td></td><td>弯曲</td></tr>
</table>

尹学良分析的河性与 m 值关系[21]　　表 2-18

河 流	站 名	河 型	m	河 流	站 名	河 型	m
渭河	华县	弯曲	4	黄河	龙门	游荡	2.5
北洛河	状头	弯曲	5.5	黄河	陕县	游荡	2.0
汾河	河津	弯曲	2.8	黄河	花园口	游荡	2.0
南运河	馆陶	弯曲	4	永定河	三家店	游荡	2.2
黄河	包头(中低水)	弯曲	3.7	滹沱河	黄壁庄	游荡	2.4
辽河	铁岭(中低水)	弯曲	2.9	黄河	包头(高水)	游荡	2.0
下荆江	监利	弯曲	2.2	辽河	铁岭(高水)	游荡	2.0

卢金友分析的河性与 m 值关系[22]　　表 2-19

河 流	站 名	河 型	m	河 流	站 名	河 型	m
上荆江	新厂	弯曲	2.03	长江中游	螺山	分汊	1.37
下荆江	监利	蜿蜒	2.43	长江中游	汉口	分汊	1.37
汉江下游	仙桃	蜿蜒	3.02	长江中游	大通	分汊	1.25
沅江下游	桃源	蜿蜒	3.0	汉江中游	襄阳	分汊	1.97
唐河下游	郭滩	蜿蜒	2.81	汉江中游	碾盘山	分汊	2.10
白河下游	新店铺	弯曲	2.60	赣江下游	外州	分汊	1.90
北洛河	状头	蜿蜒	5.05	湘江下游	湘潭	分汊	1.85
渭河下游	华县	蜿蜒	3.6	北江中游	石角	分汊	1.77
南运河	临清	蜿蜒	3.11	嫩江下游	江桥	分汊	1.46
辽河	巨流河	弯曲	2.55	黄河下游	花园口	游荡	1.93
黄河下游	洛口	弯曲	2.25	黄河下游	高村	游荡	1.94
黄河下游	利津	弯曲	2.42				

式(2-13)既反映流域来沙与来水的关系，又反映河道水流输沙特性。在河道的上游及支流更多地反映流域径流产沙特点，即洪水期暴雨径流产沙大，枯季是地下水补给，产沙少，如来自黄土高原的北洛河和渭河的 m 大。在河段中下游由于含沙量沿程恢复，更多地反映水流输沙关系，m 变小。在饱和输沙条件下，以式(2-10)代入得：

$$Q_s^* = QS_* = Q\left(K\frac{UJ}{\omega}\right) = Q^2\left(K\frac{J}{A\omega}\right) \tag{2-14}$$

式中，A 为过水面积；K 为挟沙系数；天然河流 J、A、ω 又都是流量的函数，可以分别表示为：

$$J \sim Q^{\alpha_1}; A \sim Q^{\alpha_2}; \omega \sim Q^{\alpha_3}$$

于是，式(2-14)即为：

$$Q_s^* = k_* Q^{2+\alpha} = k_* Q^{m_*} \tag{2-15}$$

式中，$\alpha = \alpha_1 - \alpha_2 - \alpha_3$；$m_* = 2 + \alpha$；$k_*$ 为平衡输沙对来沙系数。

α_1 与断面所处位置有关。顺直河段、卡口及弯顶以下洪水时比降大，枯水时比降小，即 J 与 Q 成正比，$\alpha_1 > 0$。壅水河段，如卡口及弯顶以上、弯道过渡区、汇流口以上则相反，洪水时比降小，枯水时比降大，即 $\alpha_1<0$。α_2 是断面形态函数，$\alpha_2>0$。断面越宽浅 α_2 越大。$\alpha_3<0$，是因为汛期泥沙来自流域，冲泻质含量多。ω 小，枯季泥沙主要是河床补给，床沙质多；ω 大，即 ω 与流量成反比，下游经过调整比上游变化要小。由此可见，α 可能 >0，也可能 <0。即 m_* 可能 >2，也可能 <2。游荡型河段 $\alpha_1>0$，m_* 可能 >2；弯曲型河段 $\alpha_1<0$，m_* 可能 <2。图 2-25 为根据荆江新厂 1982～1985 年实测资料点绘的一组关系图，求得 $m=2.16$，$\alpha_1=-0.53$，$\alpha_2=0.51$，$\alpha_3=-0.89$，$\alpha=-0.15$，$m_*=1.85<m$。

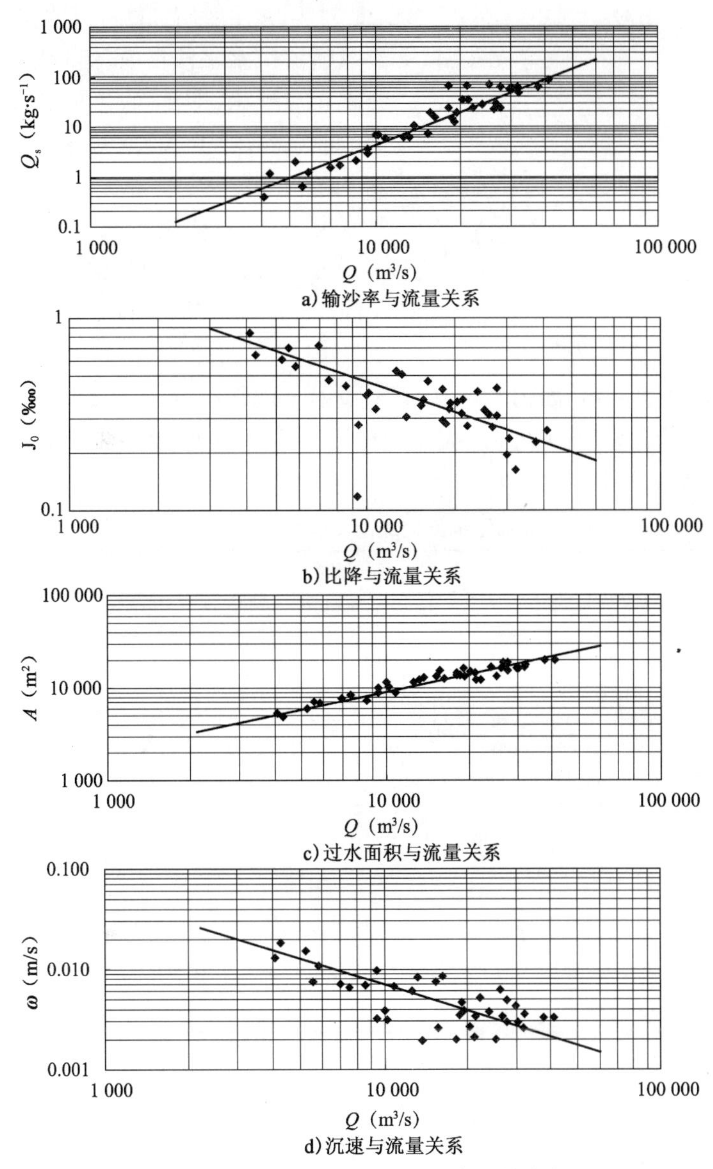

图 2-25　荆江新厂站 Q_s、J、A、ω 与 Q 的关系

应该指出，式(2-14)是对均匀流而言，天然河流一般都是非均匀流，因此 J、A、ω 均应取河段均值，由个别断面确定的 m_* 并不具代表性。

天然河流，即使是冲淤基本平衡的河流来水来沙与输沙率在年内和年际也不是恰好相平衡的，即 $m_* \neq m$。年内年际必发生冲淤，年均冲淤量为：

$$\Delta Q_s = \sum_{i=1}^{n} \frac{(kQ_i^m - k_* Q_i^{m_*})}{n} \tag{2-16}$$

游荡型以淤积为主，$\Delta Q_s > 0$；弯曲型河段年内冲淤基本平衡，$\Delta Q_s \approx 0$。

式(2-16)可用图 2-26 表述，图中 A 线为式(2-15)，B 线及 C 线为式(2-13)。

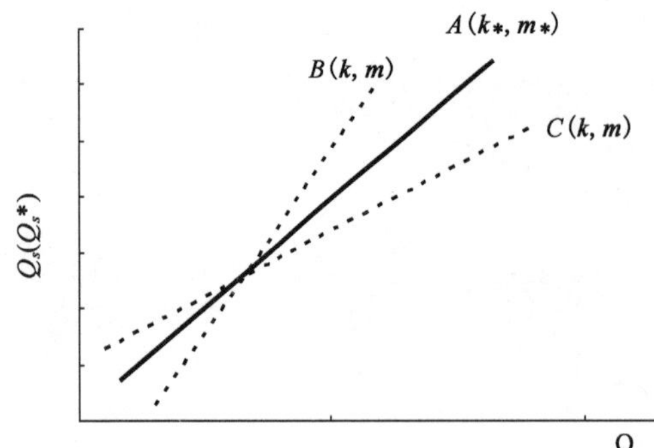

图 2-26 $Q_s(Q_s^*)$与 Q 的关系示意

①A 线为饱和输沙线。当来沙 $k = k_*$，$m = m_*$ 时为绝对平衡。事实上绝对平衡并不存在，天然河流来水来沙年内、年际变化很大，只有可能出现相对平衡，即年内、年际长时间内冲淤总量相等，即式(2-16)中 $\Delta Q_s = 0$。

②B 线，$k < k_*$，$m > m_*$，此即洪淤枯冲。洪水期淤积，主要是淤滩，而主槽由于水流集中，不淤或少淤、甚至冲刷；枯水期冲槽，使滩槽高差不断增大，主流稳定，有利于发展成弯曲型河型。表 2-19 中弯曲型河型 m 大正是这种原因。但是 m 并没有一个严格的界限，是因为不同弯曲型河段的 α 即 m_* 不一样的缘故。表 2-20 是部分弯曲型河流纵向冲淤情况，确实是汛期淤，非汛期冲，全年有的是淤，也有的是冲。新厂位于弯曲河段，m=2.16，m_* =1.85，是 $m > m_*$。

弯曲型河流的纵向输沙平衡情况[10] 表 2-20

河流	河段	年平均冲(－)淤(＋)量($10^4 m^3$)			资料年份
		汛期	非汛期	全年	
下荆江	观音寺—城陵矶	＋4 200	－1 000	＋3 200	1951～1957
汉江	碾盘山—新沟	＋2 787	－179	＋2 608	1951～1956
沅江	桃源—常德	＋13.7	－32.4	－18.7	1957
渭河	咸阳—华县*	＋1 020	－102	＋918	1934～1960

③C 线，$k > k_*$，$m < m_*$，此即洪冲枯淤。大水来沙相对偏少，不利滩地淤积，甚至发生冲刷，枯水期来沙偏多，主槽淤高，滩槽高差变小，主流易于摆动，是游荡型河型形成主要原因。黄河下游游荡型河段，特大洪水滩槽均冲刷；中、小洪水滩槽都淤积；枯水期主槽淤积，全年平均淤积厚度槽略大于滩。见表 2-10 中 1950～1960 年期间滩槽淤积数据。

④分汊河型。分汊河段由于分流，汊道流量减小，要保持输沙平衡，在假定挟沙系数 k_* 不变情况下，应有：

$$Q_s^* = k_* Q^{m_{*0}} = \sum k_* Q_i^{m_{*i}} \tag{2-17}$$

$$Q = \sum Q_i$$

式中，Q_i 为第 i 汊流量；脚标 0 为分汊前的干流，i 为分汊后的汊流。假定 $Q_i = \dfrac{Q}{n}$；$m_{*i} = m_*$，则由式(2-17)可得

$$m_{*0} = m_* - (m_* - 1)\ln n / \ln Q < m_* \tag{2-18}$$

尽管式(2-18)是定性的，但可以看出，要保持输沙平衡，要求干流的 m_{*0} 比汊流的 m_* 要小，分汊数目 n 越大，m_{*0} 越小；各汊分流比相等，m_{*0} 最小；流量虽有影响，但不大，流量从 10 000m^3/s增大到 50 000m^3/s，相差不到 1%。

分汊型河段，干流为单一顺直河段，汊流为弯道，两种河段输沙特性截然不同，前者 $m_0 < m_{*0}$；后者 $m > m_*$。由式(2-18)可知，$m_* > m_{*0}$，因而有 $m > m_* > m_{*0} > m_0$。表 2-16 中分汊型河段的 m，正是这里的 m_0，这就是为什么分汊河段 m 会更小。

分汊前 $m < m_*$，即洪冲枯淤，汊道段 $m > m_*$，即洪淤枯冲，两者在时间上冲淤平衡；干流和汊流，沿程上冲、下淤，在空间上冲淤平衡，正是分汊型河流的基本特点。汊道河段只有洪淤枯冲，淤滩、刷槽，方可保持滩、槽稳定、维持汊道不衰；反之，洪冲枯淤，刷滩、淤槽，汊道必衰；两汊全年都淤，或全年都冲，淤积多或冲深少的汊道也必衰；一汊洪淤枯冲，另一汊洪冲枯淤，后者也会衰亡。洪淤枯冲要求洪水来沙多，枯水来沙少，就是要求分汊前的单一河段是洪冲枯淤，而上一汊道段的洪淤枯冲，又正是其下干流段洪冲枯淤的前提，如此，导致全河冲淤交替。

(2)高含沙洪水的特殊功能

弯曲型河段一般位于含沙量小、比降缓、下游有壅水的河段。但是渭河、北洛河下游含沙量大、比降陡也形成了弯曲型河段。渭河华县站多年平均含沙量为 47.3kg/m^3，而高含沙洪水几乎每年要发生一次，最大达 905kg/m^3(1977 年)。北洛河朝邑站多年平均含沙量为 128kg/m^3，最大达 1 010kg/m^3(1977 年)。据齐璞统计[22]，1964～1978 年 14 年中共发生 42 场洪水，其中有 27 次洪水日均含沙量大于 500kg/m^3，几乎每年 2 次，其挟带沙量占 14 年含沙量 66%。如日平均含沙量以 300kg/m^3 计，几乎绝大部分泥沙都是含沙量大于 300kg/m^3 的洪水输送。渭河临潼至潼关河道比降为 1‰～3‰，北洛河洛口至朝邑河道比降为 1.7‰，是长江荆江河段的 10 倍以上。在这样条件下能造就弯曲性河流，m(>4)很大只是一种表象，其本质是高含沙洪水的固有属性所决定的，即：

①高含沙洪水具有极大的输沙能力。含一定数量黏性泥沙的挟沙水流，当其浓度达到一定高度时就越来越显示出非牛顿体(常称宾汉体)特性，泥沙不再发生分选沉降，可以输送极高浓度的含沙量，直至发生“浆河”。即便是二相流，当含沙量很高时，泥沙沉降速度也是很小的。

②高含沙洪水具有比清水大得多的床面剪切力。床面剪切力为 $\gamma_m hJ$，高含沙水的容重 γ_m 比清水大得多，对于窄深断面和比降大的河段在洪水期间，特别是洪水暴涨时，具有极大的冲刷力，例如“揭底冲刷”。而冲刷又加大了含沙量，使 γ_m 沿途增大，冲刷距离很长。

③高含沙水流在同一断面上同时存在两种流态。高含沙水流紊动强度明显减弱，在主流区为紊流，边流区为层流，滩地也为层流。主流区发生强烈冲刷，而边流区及滩地常常出现“浆河”淤积，特别是洪峰暴落时更为显著，导致主槽变得窄深，滩槽高差增大。

由此可见，高含沙洪水具有极佳的塑造窄深断面的功能，而枯水期沙小，即便是淤槽，也改变不了洪水期所塑造的格局。因此只要洪水含沙量有足够高的浓度，含沙量有一定比例的黏性泥沙，洪水有一定的发生频率，单宽流量有足够的大，就能够塑造出弯曲型河流，并能保持其稳定性。否则就是游荡型，别无出现其他河型的可能。正是高含沙洪水汛期含沙量大，非汛期含沙量小，才使得 m 超乎寻常的大。

4)来水条件的影响

来水条件包括流量大小及流量变化。已有室内试验及野外实际资料表明，流量大小只影响河流大小，不影响河型。而流量变化对河型有不同程度的影响。

流量变化包括年内、年际流量变化幅度和洪水流量变化速率。流量变幅涉及水流动力轴线摆动幅度和水位变幅，而水位变幅又关系到漫滩与否及漫滩水深的大小，两者都直接关系到主槽及滩地的稳定。洪水流量变化速率关系到河床冲淤变化速度与水流变化速度之间适应性。由于惯性作用，河床变形总滞后于水流变化。如果水流变化快，暴涨暴落，河床变形不能及时与其相适应，河床就会被割切支离破碎，散乱不堪。钱宁在研究黄河下游河床稳定时，给出的游荡指标，即式(2-4)中就包含流量变幅和洪峰涨落速率两个参数。

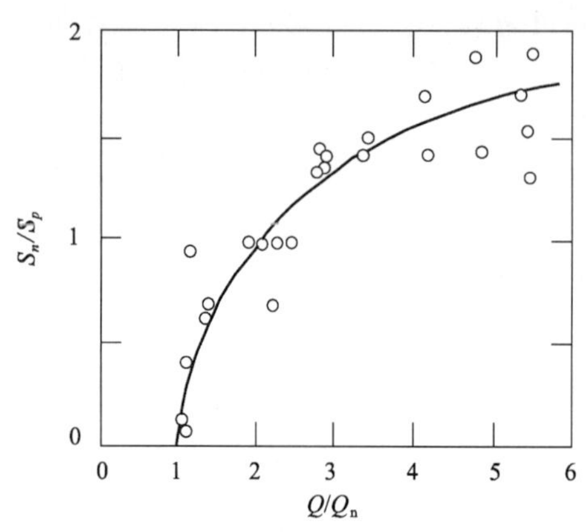

图 2-27　不同水流条件下滩槽挟沙能力比值的变化(定床试验)

弯曲型及分汊型河段的形成及其稳定性与边滩及心滩形成与稳定关系密切。而边滩及心滩形成与稳定与漫滩流量，即漫滩水深大小有关。室内试验(定床)表明，复式断面滩槽水流挟沙能力，当漫滩水深小时主槽挟沙能力大于滩地挟沙能力；当漫滩水深大时滩地挟沙能力转而大于主槽挟沙能力。如图 2-27所示[23]，图中 Q 为全断面流量，Q_n 为平滩流量，S_n 及 S_p 分别为滩、槽挟沙能力。由图可见，当 $Q/Q_n \leqslant 2$ 时，$S_n/S_p \leqslant 1$；$Q/Q_n > 2$ 时，$S_n/S_p > 1$。漫滩流量大，$S_n/S_p > 1$，不是意味滩地发生冲刷，就是意味主槽发生淤积，使滩槽高差变小，不利于汊道的发育和稳定，同样也不利于弯道凸岸边滩的发育和稳定，甚至造成切滩。

漫滩水深或漫滩流量大小是一种洪水机遇问题，方宗岱建议用历年洪峰变差系数 C_v 来作判别，并根据国内外 74 条河流资料统计，得出：当 $C_v < 0.30$，$S_0/S_p \leqslant 1$ 时，可以形成分汊型河型；当 $C_v < 0.40$，$S_0/S_p \geqslant 1$ 时可以形成弯曲型河型；当 $C_v > 0.40$，$S_0/S_p \geqslant 1$ 时为游荡型河型，其中 S_0 为来沙含沙量[23]。倪晋仁认为用多年平均流量变差系数 C_{v1} 比 C_v 更好一些，他统计了国内一些主要河流 C_{v1} 及 C_v 与有否江心洲存在的关系见表 2-21[19]。表中表明，有的河流尽管 C_{v1} 小，但含沙量大，未有出现江心洲，即 C_{v1} 小并不是唯一的条件；有的河流含沙量虽小，但 C_{v1} 大，也没有江心洲，即含沙量小也不是唯一条件。此外，有的江心洲河型有明显节点，有的节点并不明显，当然没有节点控制的江心洲是否稳定，江心洲上植被怎样，表中并没有说清楚。

我国一些主要河流的特征值统计表[19]　　表 2-21

河　名	C_{v1}	C_v	多年平均含沙量 S(kg/m³)	节点控制作用	是否存在江心洲
松花江	0.29	0.74	0.16(佳木斯)	不明显	有
长江	0.14	0.19	1.16(屏山)	不明显	有
			1.18(宜昌)	明显	有
			0.61(汉口)		
			0.53(大通)		

续上表

河　名	C_{v1}	C_v	多年平均含沙量 S(kg/m^3)	节点控制作用	是否存在江心洲
湘江	0.28	0.29	0.18(湘潭)	不明显	有
沅江	0.22	0.32	0.24(桃源)	不明显	有
赣江	0.29	0.37	0.17(外洲)	较明显	有
西江	0.25	0.31	0.35(梧州)	较明显	有
北江	0.29	0.31	0.132(石角)	较明显	有
黄河	0.20	0.26	3.56(刘家峡修库前)		无
	0.35	0.34	44.2(三门峡修库前)		无
			27.8(花园口)		
渭河	0.35	0.35	49.2(华县)		无
泾河	0.40	0.87	180(张家口)		无
淮河	0.62	0.91	0.45(蚌埠)		无
滦河	0.56	0.36	4.76(滦县)		无
青龙河	0.76	1.53	2.88(桃林口)		无
潮白河	0.71	0.84	3.81(苏庄修库前)		无
永定河	0.54	1.10	60.9(官厅修库前)		无

在定常流量下，或 C_{v1} 很小，水流不漫滩，或者沙滩常年在水下，既形成不了稳定江心洲，也形成不了稳定的凸岸边滩。洪水暴涨暴落，有可能割切边滩和心滩，堵塞主槽或支汊。这些都不利分汊型或弯曲型河流的发育和稳定。

5)比降变化的影响

从动力学观点看，河谷比降越大，河床越不稳定，越易于形成游荡型河流。反之，比降越小越易形成弯曲型河流，所以不少学者热衷于用比降大小作为判断河型的依据。其实，冲积河流的河谷比降是由流域来水来沙及河段所处地理位置决定的。为了输送来自流域的泥沙，含沙量越大、组成越粗、流量越小，所塑造的比降越大。粗沙在河段上游率先沉积，含沙量沿程变小，组成变细以及支流加盟流量变大，比降也沿程变小，这些都是河流的共性，与河型并无直接关系，而比降随着水流条件的变化则对河型有重要影响。

比降是作为水流动力的重要组成部分，它的大小一方面决定水流的惯性力大小，另一方面又决定水流挟沙能力大小。水流惯性力大，动力轴线曲率半径大，趋于顺直；惯性力小，水流动力轴线曲率半径小，趋于弯曲。水流挟沙能力大，河床可能发生冲刷，挟沙能力小，可能发生淤积。洪冲枯淤，有利于形成游荡性河型；洪淤枯冲有利于弯曲性及分汊性河型形成；顺直河段也是洪冲枯淤，洪水取直交错边滩冲刷下移，枯水水流走弯又造就边滩。河流出峡谷以后，通常为顺直河段，涨水期比降大，落水期比降小，洪水期比降大，枯水期比降小，因而有涨冲落淤、洪冲枯淤的特性；干、支流交汇，或支流受顶托，或干、支流互为顶托，或受卡口阻水等影响有可能出现涨水比降小，落水比降大，洪季比降小，枯季比降大，即涨淤落冲，洪淤枯冲情况。长江荆江河段洪水期受洞庭湖顶托，洪季比降小，枯季比降大，发育成弯曲型河段。下游近海感潮段，受潮汐影响，就全年看，洪水比降大于枯水，具有洪冲枯淤，向顺直或游荡性河型发育的一面；就全日看，涨潮比降小，落潮比降大，又具有涨淤落冲，向弯曲或分汊性河型发育的一面。迭加起来，涨水淤滩，落水刷槽，在二元结构的岸边界和节点的配合下形成了顺直和分汊交替的江心洲河型。

综上所述，来水、来沙和边界条件的结合才构成了冲积河流，三者的差异是冲积河流不同河型形成的本质。变化就是差异，弯曲型和分汊型是有序的变，而游荡型是无序的变。来水的变可以 C_v 表示，来沙的变与水流挟沙能力相比较，可以 m 和 m_* 表示，边界的变是指河岸组成沿程变化，包括节点分布在内，比降的变潜于 m_* 之中。因此可以把不同河型的成因条件简化为表 2-22。

不同河型的成因条件　　表 2-22

条　　件	弯　曲　型	分　汊　型(江心洲型)	游　荡　型
岸边界	二元结构	二元结构＋节点控制	松散物质
来水	$C_{v1}<0.4$	$C_{v1}<0.3$	$C_{v1}>0.4$
来沙	$m>m_*$	分汊前 $m<m_*$ 汊道　$m>m_*$	$m<m_*$

表中未包括顺直型。因为顺直型一般并不独立存在，除弯曲河段的过渡段、分汊河段分汊前和汇流后存在外，一般少见。

2.4.2　不同河型的河床稳定性

稳定的反义词是不稳定，是变化。冲积河流的河床无时无处不在变化，有随来水来沙变化而变，来水来沙不变也会变；输沙不平衡会变，输沙平衡也会变，总之变是绝对的，不变是相对的，暂时的。我们将微变、渐变、暂时变、局部变、复归性变称作比较稳定、基本稳定或相对稳定，反之则为不稳定。游荡型河流河床变化大，乱变，为不稳定，弯曲和分汊型河流变化小，变化有序，为基本稳定。因此稳定与否又与河型密切相联，各种稳定性指标也自然成了河型的一种判数。

(1)纵向稳定性

河床在纵深方向上的稳定性主要取决于床沙颗粒对水流作用的阻抗力与水流对其拖曳力的对比，可用希尔兹数的倒数表示，略去其中的常数，可写作：

$$\varphi_1 = \frac{D}{hJ} \tag{2-19}$$

式中，h 为水深；D 为床沙中值粒径；J 为比降。

φ_1 表征床沙运动强弱，φ_1 越大床沙运动越弱，河床纵向变形越小，也就越稳定，反之越不稳定。

另外，洛赫庆给出了另一种形式的纵向稳定系数，称洛赫庆系数，即：

$$\varphi_2 = D/J \tag{2-20}$$

φ_2 省略水深，突出了比降作用，概念上是欠完善的。

(2)横向稳定性

横向稳定性是河床在河宽方向上的变化性，即河岸的稳定性。影响河宽变化因素比较复杂，既有河岸的抗冲能力，也有主流摆动幅度与频度，还有泥沙的返滩能力等，很难确切地用数

学表达式来描述,概化的方法有:

①枯水河宽与平滩河宽的比值[11],即:

$$\zeta_b = b/B \tag{2-21}$$

式中,b 为枯水河宽;B 为平滩河宽。

ζ_b 越大,表明枯水河宽大,枯水出露的滩地小,河身相对窄深,河岸较稳定;反之则较不稳定。

②河岸与河床的相对可动性。见前述式(2-12)。M 越大,河岸可动性越大,河床横向越不稳定;反之,M 越小,河岸可动性越小,河床横向越稳定。

③河相系数,即:

$$\zeta = \frac{\sqrt{B}}{h} \tag{2-22}$$

ζ 为河相系数既表示断面形态,也表示河床的相对稳定性。既是河床横向变化的结果,又是横向变化的原因。ζ 越大水流横向摆动越大,横向越不稳定;反之,ζ 越小,水流受边界约束越大,横向越稳定。

上述三个指标是从不同角度直接地,或间接地反映了河岸的抗冲性和水流的侧向作用,是因果的统一,其中简便易行的是河相系数,它能把河床断面形态与横向稳定巧妙地联系在一起。

(3)综合稳定性

钱宁把造成河流游荡的主要因素结合在一起,构成了一个判别游荡型的指标 θ,即式(2-4)。游荡的反义就是稳定,将式(2-4)进行简化就可得综合稳定系数式(2-7),即:

$$\xi = \varphi_1 h(BB_M)^{-0.5} = \varphi_2 (BB_M)^{-0.5} = \varphi_1 \xi^{-1} B_M^{-0.5}$$

可见式(2-7)是纵向稳定和横向稳定一种较好的结合,概指了目前常见的稳定系数。

(4)河型与各种稳定性系数的关系

表 2-23 为黄河和长江的干、支流不同河型与不同稳定性系数的对照。各种系数虽表达形式不一样,但都一致表明,游荡型河段最不稳定,顺直河段最为稳定。稳定性的排列次序是顺直型、弯曲型、分汊型和游荡型。介于相邻两种河型之间就是过渡型。

不同河型的稳定性系数　　表 2-23

河　名	φ_1	φ_2	ζ_b	M	ζ	θ	m	河型
长江(荆江段)	0.27～0.37	2.9～4.1	0.67～0.77	0.15	1.9～2.1	<2	2.03～2.43	弯曲
长江(中下游)				0.36	3.4～4.6		1.05～1.37	分汊
长江(石埠桥段)				0.14	2.1			顺直
汉江(丹江口—钟祥)				1.04	13.1		1.97	游荡
汉江(钟祥—汉口)				0.11	2.1		3.02	弯曲
黄河(高村以上)	0.18～0.21	0.31～0.34	0.09～0.17	0.73	19～38	>5	1.93～2.0	游荡
黄河(高村—孙口)	0.17	0.4～0.54	0.17～21	0.26	8.6～12.4			过渡
渭河(咸阳)				0.97	10.4			游荡
渭河(华县)				0.18	3.2			弯曲

2.4.3 建库对坝下河床稳定性的影响

水库建成后，来水来沙条件发生重大变化，坝下河床为适应新的来沙来水条件而发生调整。这种变化和调整无疑会使河床稳定性发生不同程度的改变，主要表现在以下方面：

(1)流量变幅及洪峰陡度变小，河床横向稳定性增加

水库削峰和径流调节使得最大洪峰减小，洪水持续历时增长，枯水流量增大，流量变幅及洪峰陡度变小，使得主流摆动的幅度和频度均减小，河床横向稳定性增大。

(2)洪水漫滩机遇减少，河床横向稳定性增加

水库削峰和洪水冲刷使主槽过水面积增大，漫滩流量增大，导致洪水漫滩机遇减少，式(2-7)中 B_M 减小，横向稳定性增大。

(3)河岸河床相对可动性增大

建库后河岸组成物质不会有多少改变，而河床却冲刷粗化，由式(2-12)可知，M 增大，即河岸河床相对可动性增大，对横向稳定起着负面影响。

由于床沙组成沿程变细，上游卵石夹沙，河床粗化最为显著，M 变大也最显著，下游沙质河床粗化较弱，M 变大较小。如丹江口水库下游襄阳至仙桃，建库后床沙中径增大 4.4～0.8 倍(表 1-14)，黄河三门峡水库下游铁谢至利津建库后 4 年床沙中径增大 1.4～0.4 倍(表 1-17)。

(4)纵向稳定性趋于增大

清水冲刷，河床下切，水深增大，床沙粗化，比降减小，纵向稳定性总的趋势是趋于增大。上游河段 φ_1 增大力度较大，而下游河段由于粗化及比降减小均不明显，φ_2 增大较小，甚至有可能因 h 增大而有所减小。

(5)河相系数有增有减

河相系数是河床横向变化和纵向变化的综合反映，不同河段、不同河型其横向变化和纵向变化是不同的，因而表现出有的河段增，有的河段减。

表 2-24 为三门峡水库下泄清水期间，黄河下游 4 个河段“二滩”(中滩)间断面形态的变化[4]、其中铁谢至官庄峪(68.8km)河段由于南岸有邙山依托，水流集中，以下切为主，ζ 大幅度减小；秦厂至高村为强游荡河段，主槽展宽大于下切，B/h 增大，ζ 变化不大；艾山至利津为限制性弯曲河段，ζ 有所减小。值得注意的是，细沙河流冲刷恢复的含沙量仍然较大，下游仍有一定的还滩(中滩)能力，河宽是缩窄的。

汉江黄家港至襄阳为卵石夹沙弱游荡河段，建库前(1960 年)$\zeta=9.75\sim14.6$，建库后(1975 年)$\zeta=8.16\sim9.48$(表 1-9)，有所减小。襄阳至宜城，沙质河床，建库前 $\zeta=9.25$，建库后 $\zeta=9.87$，略有增大。另据报道[14]，坝下至皇庄(240km)，建库前 $\zeta=7\sim15$，建库后 $\zeta=7\sim10$，有所减小；皇庄至泽口(约 154km)为分汊——弯曲过渡性，建库前 $\zeta=8.5$，建库后 $\zeta=9\sim12$，有所增大；泽口至河口(约 130km)为限制性弯曲型河段，河宽仅 200～300m。略有冲深，河宽基本未变。

综上所述，在河段上游，或弱游荡型河段 ζ 减小；强游荡性河段 ζ 基本不变；分汊或自由弯曲型河段 ζ 增大；限制性河弯 ζ 基本不变或略有减小。

三门峡水库下泄清水期间下游黄河断面形态(二滩间)变化 表 2-24

河段	平均槽宽 B(m)				平均槽深 h(m)				$\zeta=\frac{\sqrt{B}}{h}$			
	1960年11月	1962年5月	1964年4月	1964年8月	1960年11月	1962年5月	1964年4月	1964年8月	1960年11月	1962年5月	1964年4月	1964年8月
铁谢—官庄峪	3 850	3 820	3 440	3 460	0.99	1.73	2.25	2.27	62.8	35.7	26.1	25.6
秦厂—高村	2 450	3 050	3 220	3 590	1.53	1.76	1.89	1.92	32.4	31.4	30.0	31.1
苏泗庄—王波	1 230	1 090	985	1 000	1.83	2.83	3.57	3.45	18.9	11.7	8.8	9.2
艾山—利津	492	481	456	485	4.70	4.90	4.35	6.74	4.7	4.5	4.3	3.3

(6)综合稳定性的变化

综合上述关系数的变化,由式(2-7)可见,上游河段及游荡性河段系数 ξ 有所增大,即稳定性增强,但还不足以影响河型河性;下游河段,自由弯曲或分汊型河段增大不明显,甚至有减小的可能。

应该指出,上述举例仅是河床重建过程中一些数据,调整尚未结束,终极形态应是大洪水所塑造的结果。

2.4.4 冲刷条件下的河型转化

天然河流已有的河型是在输沙基本平衡条件下形成的,是挟沙水流与特定的河床边界条件相互作用的产物。水库建成后,下游河段河床边界条件未变,而来水是清水,是一种由冲刷向平衡转化的新过程,原先河型将发生怎样的变化,仍是一个未知数。前人基于挟沙水流的思维,根据已建水库部分调查资料,认为建库后游荡性河段游荡强度减弱,会逐渐向弯曲性河型转化[10],也有认为原游荡型河型向稳定分汊型转化,原分汊河型向顺直微弯河型发展,原弯曲型河型不变,但曲折率增大,变得更弯曲[4]。事实上已建水库蓄水运用时间不长,有的只有三四年,如黄河三门峡水库,冲刷远未完结。有的上游河段为清水,下游河段仍为浑水,只是建库前冲泻质含量大,建库后床沙质含量大,冲刷还在不断向下游推移。有的建库历史虽然较久,但水库寿命有限,当来水来沙条件复归时,河床又将在新的基础上变化。河型转化及其稳定,是一个漫长过程,用现有资料来判断还为时过早。

水库下泄清水,坝下河床调整的目标是冲刷平衡,要求满足式(1-1)。

式(1-1)和式(2-10)相比,虽调整的途径是一致的,但方向相反,即要求 J 减小,B、n 及 D 增大,或 B、h 及 D 增大,或水流分汊。比降的影响在冲刷平衡中没有输沙平衡那样敏感,D 的影响却要大得多。B 或 h 的变化有很大的任意性,两者可互补,即 B 若要受限可由 h 替补,h 若要受限可由 B 替补,边界条件一定,河型的调整应是需要与可能的统一。

(1)游荡型河段的调整

游荡型河段通常出现在河道上游,峡谷出口的放宽段。建库前由于来沙较大,较粗颗粒长年堆积,导致比降较陡,河床宽浅,主流摆动幅度和频度大。水库建成后,河床从堆积抬高转向侵蚀下切,过水面积增大,平滩流量提高,以及水库削峰,主流摆动减弱,使得游荡强度减弱。冲刷使河床粗化,中小水越来越不起造床作用,大洪水作用越来越突出,其塑造的主槽趋于顺直。但是游荡特性不可能发生根本性改变，因为：

①边界松散。主流摆动，大溜顶冲塌岸，而水流又是次饱和，搬运能力很强，坍塌泥沙很快被水流清理，为进一步塌岸提供条件，主槽宽度增大，主槽左右迁徙，洲滩丛生。

②清水没有还滩、造滩能力。无论是分汊型还是弯曲型河型都必须有高而稳定的心滩或凸岸边滩，这两类河型都需要洪水期淤积（淤滩），包括冲泻质淤积。枯水期冲刷（冲槽），造就高滩深槽，而清水则无此能力，因此清水冲刷条件下的游荡性河段不可能转化为弯曲性河型。但是由于水位下降，有些较高的心滩有可能逐渐露出水面，而流量变幅减小，又在一定程度上增大其稳定性，即游荡性河型可以转化为游荡兼具多汊的过渡性河型，游荡性大为减弱，变成一种游荡亚类。由于原始比降大，冲刷会使比降减小，以及通过床沙粗化，增加河宽，增大水深和分散水流等综合调整来满足式(1-1)的要求。

(2)分汊型河段的调整

分汊型河段通常位于河流的中、下游，含沙量小，比降缓。分汊型河型的存在，既要求江心洲稳定，又要求滩槽高差大。水库建成初期，由于上游河段冲刷，含沙恢复，来水仍为浑水，但来沙变粗，含沙量减小，推移质相对地位提高，以及流量变幅减小，原先洪冲枯淤的支汊淤死。据1968～1972年汉江丹江口水库下游黄家港至皇庄240km河段统计30个较大的汊道中，支汊淤死，江心洲冲失、淤而未死的共21个，占总量2/3，发生冲刷或变化不大的9个，占1/3（见2.2.2）。可见，分汊型河段总的趋势是向单一顺直方向转化。水库运用中、后期，来水为清水，分汊河段冲刷加剧，由于水位下降，河底高程较高的支汊分流比不断减小，而趋于衰亡。因此，无论是初期还是中、后期分汊型都将向宽浅单一河型转化。

分汊性河型不具有转化为弯曲型的条件，因为：①边界（节点）条件不能让河身自由弯曲；②清水冲刷无黏性泥沙造就高而稳定的凸岸边滩，虽横向输沙能造就凸岸的沙咀，但低矮、松散，一遇大水便被冲蚀、切割，成不了气候；③比降原本就小，弯曲空间小，调整有限。主要通过河宽及水深的调整来满足式(1-1)要求，即双节点处以下切为主，无节点段以展宽为主，趋于转化为宽窄相间，宽处有心滩的宽浅河型。

(3)弯曲型河段的调整

弯曲河段也位于河段中下游，同样来沙小，比降缓，要满足式(1-1)要求，其调整有三种途径：一是增大曲率变得更弯，以减小比降来满足式(1-2)。弯曲性河段，一般增大曲折率的空间不大，比降减小有限，况且又不具有发展凸岸边滩的泥沙条件；二是水流分汊，减小冲刷能量。稀遇洪水时，曲率半径大的弯道有可能切滩，形成分汊型河段，但几率不大；三是凸岸边滩冲蚀，河湾曲率半径增大，河槽变宽，以满足式(1-3)。丹江口水库建成后1960～1988年皇庄至泽口总共有13个弯道，就有11个发生不同程度的撇弯（见2.2.3节3），该期为水库运用前期和中期，上游尚有一定的来沙，撇弯时尚有部分泥沙在凹岸淤积，河槽变散乱、宽浅。如果上游无来沙，凹岸无淤积沙源水流撇弯或凸岸边滩冲蚀后河槽主要是展宽。

综上所述，清水冲刷条件下的河型转变与输沙平衡条件下的河型造就机理不相同，表2-22中来水来沙要求失去意义。冲刷平衡有两个重要特点：①是近坝段床沙粒径粗，床沙不断粗化，率先建立平衡；远离坝段床沙粒径细，粗化缓慢，建立平衡需旷日时久，未待平衡就会因水库“淤满”便终止冲刷，而转向其反面。②冲刷过程中对造床起主导作用的是大洪水。大洪水具有极大的冲刷力，其所形成的粗化层中、小水不能撼动；大洪水动力轴线趋直，其所塑造的主槽顺直。原各类河型是一定来水来沙和一定边界相结合条件下的产物，水库蓄水后来沙条件发生了根本性的改变，也就从跟不上失去其赖以维持生存的条件，更不可能强化。原游荡性河段河床下切，水流集中，主流摆动减弱，游荡强度减弱；原分汊型河段滩(洲)头冲蚀，支汊堵塞，趋于宽浅单一；原弯曲型河段凸岸边滩冲蚀，主流撇弯，曲率半径增大，河湾趋于宽浅多汊。各类河型原河型特征弱化，不同程度地向否定自己的方向转化，趋于统一，只是由于边界条件或地质条件的差异而在程度上有所不同并有其各自的特殊性。

本章参考文献

[1] 乐培九.三门峡水库控制运用对黄河下游河道冲淤的影响//河床演变与模拟技术文集[C].天津:天津科学技术出版社,2001.

[2] 封光寅,魏运明,李光辉.丹江口水利枢纽运行后下游河道重建平衡过程浅析//中国水力发电工程学会水文泥沙专业委员会第六届学术讨论会论文集[C].2005.

[3] 李保如,等.三门峡水库拦沙期下游河道的变化//河流泥沙国际学术讨论会论文集(第一卷)[C].香港:光华出版社,1980,407-414.

[4] 韩其为.水库淤积[M].北京:科学出版社,2003.

[5] 尹学良.清水冲刷河道重建平衡问题//河床演变河道整治论文集[C].北京:中国建材工业出版社,1996.

[6] 乐培九,程小兵,等.清水冲刷水槽试验研究[R].交通部天津水运工程科学研究所,2006,6.

[7] 张洪霞.丹江口水库运行后下游河道冲刷特性分析[J].长江科学院院报,2008(6),19-22.

[8] 龙毓骞.黄河流域水沙变化对三门峡水库及下游河道的影响//黄河三门峡工程泥沙问题[C].北京:中国水利电力出版社,2006,139-259.

[9] 王荣新,等.丹江口水库下游沿程 Z～Q 关系变化分析[J].人民长江,2001,32(2):25-27.

[10] 钱宁,张仁,周志德.河床演变学[M].北京:科学出版社,1989.

[11] 谢鉴衡.河床演变及整治(第二版)[M].北京:中国水利水电出版社,1997.

[12] 张瑞瑾.蜿蜒性河段演变规律探讨//张瑞瑾论文集[C].北京:中国水利水电出版社,1996.

[13] 何广水,姚仕明,金中武.长江荆江河段弯道凸岸边滩非典型冲刷研究[J].人民长江,2011,42(17):1-3.

[14] 谈广鸣,等.汉江皇庄至泽口河段撇弯切滩演变研究[J].泥沙研究,1996(2):113-117.

[15] 万建国.赣江万安水利枢纽下游 20km 航道原型观测分析研究[R].南昌:江西省交通厅航务设计院,1999.

[16] 金升高.陆水水库运用以来坝下冲刷及影响分析[J].长江工程职业技术学院院报,1992(2)64-69.

[17] 贯锐敏.丹江口水库下游河床冲刷与水位降落对航道的影响[J].水道港口,1992(4):23-34.

[18] 韩其为,李楚南.从丹江口水库下游冲刷看三峡水库下游河床演变趋势//水利部科技教

育司. 长江三峡工程泥沙研究文集[C]. 北京:中国科学技术出版社,1990.
[19] 倪晋仁,马蔼乃. 河流动力地貌学[M]. 北京:北京大学出版社,1998.
[20] 尤联元,洪笑天,陆志清. 影响河型发育几个因素的初步探讨//第二次河流泥沙国际学术讨论会论文集[C]. 北京:中国建材工业出版社,1996.
[21] 尹学良. 弯曲河流形成原因及造床试验初步研究//河床演变河道整治论文集[C]. 北京:水利电力出版社,1983.
[22] 齐璞,等. 黄河高含沙水流运动规律及应用前景[M]. 北京:科学出版社,1993.
[23] 方宗岱. 河型分析及在河道整治上的应用[J]. 水利学报,1964(1),1-11.

第 2 篇　河床演变泥沙问题的数学描述

第3章 悬移质含沙量恢复基本问题

描述悬移质运动的基本方程为悬移质运动扩散方程。这一方程本来只是泥沙连续方程，但在引入扩散理论之后，实质上已具有泥沙运动方程的涵义[1]。求解和应用这一方程涉及泥沙运动诸多理论问题，本章围绕这些问题作一简介和探讨。

3.1 平面二维悬移质运动扩散方程

平面二维悬移质扩散方程是河床变形计算的基本方程之一，在二维泥沙数值模拟中已得到广泛应用。目前流行的方程可由一维泥沙连续方程扩展而得；也可由微小底面积柱体元的沙量平衡而得；还可由三维泥沙扩散方程沿水深积分而得。由后者所得方程，其各物理量的物理意义更清晰。工程界常用的平均含沙量有体积加权(积深法)和流量加权(输沙率法)两种，这两种含沙量所表示的平面二维方程有何差别，可通过方程的演绎予以说明。

众所周知，三维泥沙运动扩散方程为：

$$\frac{\partial s}{\partial t}=\frac{\partial}{\partial x}\left(\varepsilon_{sx}\frac{\partial s}{\partial x}\right)+\frac{\partial}{\partial y}\left(\varepsilon_{sy}\frac{\partial s}{\partial y}\right)+\frac{\partial}{\partial z}\left(\varepsilon_{sz}\frac{\partial s}{\partial z}\right)-\left[\frac{\partial}{\partial x}(us)+\frac{\partial}{\partial y}(vs)+\frac{\partial}{\partial z}(ws)\right]+\frac{\partial}{\partial z}(\omega s) \tag{3-1}$$

式中，s 为空间任一点的时均含沙量；u、v、w 和 ε_{sx}、ε_{sy}、ε_{sz} 分别为直角坐标 x、y、z 方向上的空间任一点的时均流速和泥沙扩散系数；ω 为泥沙沉降速度。

3.1.1 平均含沙量以体积加权方式表示

对式(3-1)沿水深积分，即从河底(接近床面而又非床面的推移层上界面)z_b 积到水面 ζ。式中各项积分(应用莱布尼兹法则)分别如下。

(1)第①项为：

$$\int_{z_b}^{\zeta}\frac{\partial s}{\partial t}\mathrm{d}z=\frac{\partial}{\partial t}(S_h h)-s\Big|_{\zeta}\frac{\partial \zeta}{\partial t}+s\Big|_{z_b}\frac{z_b}{\partial t}$$

式中，h 为水深；S_h 为积深(体积加权)平均含沙量，即：

$$S_h=\frac{1}{h}\int_{z_b}^{\zeta}s\,\mathrm{d}z \tag{3-2}$$

(2)第②和③项为：

$$\int_{z_b}^{\zeta}\frac{\partial}{\partial x}\left(\varepsilon_{sx}\frac{\partial s}{\partial x}\right)\mathrm{d}z\approx\frac{\partial}{\partial x}\int_{z_b}^{\zeta}\varepsilon_{sx}\frac{\partial s}{\partial x}\mathrm{d}z$$

$$\int_{z_b}^{\zeta}\frac{\partial}{\partial y}\left(\varepsilon_{sy}\frac{\partial s}{\partial y}\right)\mathrm{d}z\approx\frac{\partial}{\partial y}\int_{z_b}^{\zeta}\varepsilon_{sy}\frac{\partial s}{\partial y}\mathrm{d}z$$

(3)在进行第④项积分时，假定非饱和含沙量垂线梯度和饱和含沙量垂线梯度成比例，即：

$$\frac{\partial s}{\partial z}=\beta\frac{\partial s^*}{\partial z}\tag{3-3}$$

利用平衡状态时泥沙连续方程可得[2]：

$$\int_{z_b}^{\zeta}\frac{\partial}{\partial z}\left(\varepsilon_{sz}\frac{\partial s}{\partial z}\right)\mathrm{d}z=\int_{z_b}^{\zeta}\frac{\partial}{\partial z}\left(\beta\varepsilon_{sz}\frac{\partial s^*}{\partial z}\right)\mathrm{d}z=-\beta(\omega s^*)\big|_{z_b}^{\zeta}=\beta\alpha_{h^*}S_{h^*}\omega$$

式中，β 为比例系数；s^* 为垂线上任一点饱和含沙量；S_{h^*} 为饱和含沙量的体积加权平均值，即水流挟沙能力(以体积加权方式表示)；α_{h^*} 为饱和含沙量垂线分布不均匀系数，即：

$$\alpha_{h^*}=\frac{(s_{z_b}{}^*-s_{\zeta}{}^*)}{S_{h^*}}\tag{3-4}$$

(4)第⑤和第⑥项积分

令：

$$u(v)=U(V)+U'(V')\tag{3-5}$$

$$s=S_h+S'\tag{3-6}$$

式中，$U(V)$ 为纵(横)向垂线平均流速；$U'(V')$ 为平均流速对点流速 $u(v)$ 的偏离；S' 为平均含沙量 S_h 对点含沙量 s 的偏离。

考虑到：

$$\int_{z_b}^{\zeta}U'\mathrm{d}z=\int_{z_b}^{\zeta}V'\mathrm{d}z=\int_{z_b}^{\zeta}S'\mathrm{d}z=0$$

于是：

$$\int_{z_b}^{\zeta}\frac{\partial}{\partial x}(us)\mathrm{d}z=\frac{\partial}{\partial x}(US_hh)+\frac{\partial}{\partial x}\int_{z_b}^{\zeta}U'S'\mathrm{d}z-(us)\Big|_{\zeta}\frac{\partial\zeta}{\partial x}+(us)\Big|_{z_b}\frac{\partial z_b}{\partial x}$$

$$\int_{z_b}^{\zeta}\frac{\partial}{\partial y}(vs)\mathrm{d}z=\frac{\partial}{\partial y}(VS_hh)+\frac{\partial}{\partial y}\int_{z_b}^{\zeta}V'S'\mathrm{d}z-(vs)\Big|_{\zeta}\frac{\partial\zeta}{\partial y}+(vs)\Big|_{z_b}\frac{\partial z_b}{\partial y}$$

(5)第⑦和第⑧项积分为：

$$\int_{z_b}^{\zeta}\frac{\partial}{\partial z}(ws)\mathrm{d}z=(ws)\big|_{z_b}^{\zeta}$$

$$\int_{z_b}^{\zeta}\frac{\partial}{\partial z}(\omega s)\mathrm{d}z=(\omega s)\big|_{z_b}^{\zeta}=-\alpha_h\omega S_h$$

式中：

$$\alpha_h=\frac{s_{z_b}-s_{\zeta}}{S_h}\tag{3-7}$$

(6)考虑到水面 ζ 及床面 z_b 微元体的质量守恒(水流连续)应有：

$$\frac{\partial\zeta}{\partial t}+u\Big|_{\zeta}\frac{\partial\zeta}{\partial x}+v\Big|_{\zeta}\frac{\partial\zeta}{\partial y}=w\big|_{\zeta}$$

$$\frac{\partial z_b}{\partial t}+u\Big|_{z_b}\frac{\partial z_b}{\partial x}+v\Big|_{z_b}\frac{\partial z_b}{\partial y}=w\big|_{z_b}$$

(7)在第⑤和第⑥项积分中出现了 $U'S'$ 和 $V'S'$ 项。根据泰勒假定[3]，令：

$$\left.\begin{aligned} E_{sx}\frac{\partial s}{\partial x} &= -U'S' + \varepsilon_{sx}\frac{\partial s}{\partial x} \\ E_{sy}\frac{\partial s}{\partial y} &= -V'S' + \varepsilon_{sy}\frac{\partial s}{\partial y} \end{aligned}\right\} \tag{3-8}$$

式中，E_{sx} 和 E_{sy} 称为纵向和横向离散系数，是流速分布不均匀性的函数，远比紊动扩散系数 ε_{sx} 和 ε_{sy} 为大。

假定 E_{sx} 和 E_{sy} 不是 z 的函数，则：

$$-\int_{z_b}^{\zeta} U'S'\mathrm{d}z + \int_{z_b}^{\zeta}\varepsilon_{sx}\frac{\partial s}{\partial x}\mathrm{d}z = \int_{z_b}^{\zeta} E_{sx}\frac{\partial s}{\partial x}\mathrm{d}z \approx E_{sx}\frac{\partial}{\partial x}(S_h h)$$

$$-\int_{z_b}^{\zeta} V'S'\mathrm{d}z + \int_{z_b}^{\zeta}\varepsilon_{sy}\frac{\partial s}{\partial x}\mathrm{d}z \approx E_{sy}\frac{\partial}{\partial y}(S_h h)$$

根据以上第(1)～(7)条的解析，可得含沙量以体积加权方式表示的平面二维扩散方程为：

$$\begin{aligned} &\frac{\partial}{\partial t}(S_h h) + \frac{\partial}{\partial x}(US_h h) + \frac{\partial}{\partial y}(VS_h h) + \alpha\omega(S_h - kS_{h^*}) \\ &= \frac{\partial}{\partial x}\left[E_{sx}\frac{\partial}{\partial x}(S_h h)\right] + \frac{\partial}{\partial y}\left[E_{sy}\frac{\partial}{\partial y}(S_h h)\right] \end{aligned} \tag{3-9}$$

式中：

$$k = \frac{\beta\alpha_{h^*}}{\alpha_h} \tag{3-10}$$

3.1.2　平均含沙量以流量加权方式表示

以流量加权方式表示的垂线平均含沙量为：

$$\begin{aligned} S &= \frac{1}{q_x}\int_{z_b}^{\zeta} us\,\mathrm{d}z = S_h + \frac{1}{q_x}\int_{z_b}^{\zeta} U'S'\mathrm{d}z \\ &= \frac{1}{q_y}\int_{z_b}^{\zeta} vx\,\mathrm{d}z = S_h + \frac{1}{q_y}\int_{z_b}^{\zeta} V'S'\mathrm{d}z \end{aligned} \tag{3-11}$$

式中：

$$q_x = Uh \qquad q_y = Vh$$

对式(3-1)沿水深积分，各项分别为：

(1)在第①项积分中以式(3-11)代入有：

$$\frac{\partial}{\partial t}(S_h h) \approx \frac{\partial}{\partial t}(Sh) + \frac{\partial}{\partial t}\left[\frac{E_{sx} - \varepsilon_{sx}}{U}\frac{\partial}{\partial x}(S_h h)\right]$$

(2)第②和第③项的积分同前。

(3)第④项积分为：

$$\int_{z_b}^{\zeta}\frac{\partial}{\partial z}\left(\varepsilon_{sz}\frac{\partial s}{\partial z}\right)\mathrm{d}z = \beta\alpha_* S_*$$

式中，S_* 为以流量加权方式表示的水流挟沙能力；α_* 为相应的饱和含沙量垂线分布不均匀系数。

$$\alpha_* = \frac{s_{z_b}^* - s_{\zeta}^*}{S_*} \tag{3-12}$$

(4)第⑤和第⑥项积分不出现含有 $U'S'$ 和 $V'S'$ 项。

(5)第⑦项积分为同前;第⑧项积分为:

$$\int_{z_b}^{\zeta} \frac{\partial}{\partial z}(\omega s)\mathrm{d}z = -\alpha\omega S$$

式中:

$$\alpha = \frac{s_{z_b} - s_\zeta}{S} \tag{3-13}$$

(6)水面和河底的边界条件同前。

于是,可得含沙量以流量加权方式表示的平面二维扩散方程为:

$$\frac{\partial}{\partial t}(Sh) + \frac{\partial}{\partial x}(USh) + \frac{\partial}{\partial y}(VSh) + \alpha\omega(S - kS_*)$$
$$= \frac{\partial}{\partial x}\left[\varepsilon_{sx}\frac{\partial}{\partial x}(S_h h)\right] + \frac{\partial}{\partial y}\left[\varepsilon_{sy}\frac{\partial}{\partial y}(S_h h)\right] - \frac{\partial}{\partial t}\left\{\frac{E_{sx} - \varepsilon_{sx}}{U}\frac{\partial}{\partial x}(S_h h)\right\} \tag{3-14}$$

式中:

$$k = \frac{\beta\alpha_*}{\alpha} \approx \frac{\beta\alpha_{h*}}{\alpha_h} \tag{3-15}$$

略去等号右边非恒定项即为:

$$\frac{\partial}{\partial t}(Sh) + \frac{\partial}{\partial x}(USh) + \frac{\partial}{\partial y}(VSh) + \alpha\omega(S - kS_*)$$
$$= \frac{\partial}{\partial x}\left[\varepsilon_{sx}\frac{\partial}{\partial x}(S_h h)\right] + \frac{\partial}{\partial y}\left[\varepsilon_{sy}\frac{\partial}{\partial y}(S_h h)\right] \tag{3-16}$$

式中,ε_{sx} 及 ε_{sy} 为扩散系数,与离散系数 E_{sx} 和 E_{sy} 相比,远远要小。

式(3-9)和式(3-16)在形式上完全一致,但式中 S_h 、α_h 及 E_s 与 S 、α 及 ε_s 却不相同,在应用时需予以区别,不能混淆。式(3-9)通常用于潮汐水流,而式(3-16)通常用于河道水流。下面所讨论的问题仅限于式(3-16)。

3.1.3 平面二维扩散方程的有关系数

式(3-16)与常见的平面二维扩散方程有两点不同:一是 α 及 α_* 表达式不同;二是 S_* 前多了一个 k 或 β 系数。

(1) α 及 α_*

从公式的演绎过程看,α 及 α_* 为含沙及饱和含沙量沿垂线分布不均匀系数,物理意义明确。饱和含沙量垂线分布恒定,α_* 为定值,细沙垂线含沙量分布均匀,α_* 小,有可能 $\alpha_* < 1$,粗沙垂线含沙量分布不均匀,α_* 大,有可能 $\alpha_* > 1$。α 与含沙量饱和程度有关,过饱和 $\alpha < \alpha_*$,次饱和 $\alpha > \alpha_*$,偏离饱和程度越大,α 偏离 α_* 也越大。通常称 α_* 为饱和系数,在不平衡输沙过程中,由于含沙量沿程调整,不断趋于饱和,即由 S 趋于 S_*,α 也就趋于 α_*,故而称 α 为恢复饱和系数。

在公式演绎过程中,水面和河底边界条件是否正确是决定 α 和 α_* 的关键。这里未作任何假定而是应用了水面和河底微元体质量守恒原理(水流连续律),所得 α 及 α_* 无疑是合理的。另有一些处理是假定水面泥沙通量为零,即:

$$\left(\varepsilon_s \frac{\mathrm{d}s}{\mathrm{d}z} + s\omega\right)\bigg|_\zeta = 0 \tag{3-17}$$

在河底假定含沙量恢复很快，含沙量就是挟沙能力，即：

$$\left(\varepsilon_s \frac{\mathrm{d}s}{\mathrm{d}z} + s_b^* \omega\right)\bigg|_{z_b} = 0 \tag{3-18}$$

在式(3-1)沿水深积分时，以式(3-17)和式(3-18)代入，可得到：

$$\alpha = \frac{s_b}{S} \tag{3-19}$$

$$\alpha_* = \frac{s_b^*}{S_*} \tag{3-20}$$

式中脚标 $b = z_b$ 。

由于底部含沙量总是大于垂线平均含沙量，故式(3-19)及式(3-20)中 α 及 α_* 恒大于1，不同于式(3-12)和式(3-13)，后者对于细沙 α 及 α_* 小于1，对于粗沙 α 及 α_* 大于1。

式(3-17)和式(3-18)对于饱和输沙无疑是正确的，非饱和输沙则不能成立，公式等号右边项不为零。在挟沙水流中，悬浮泥沙在重力作用下不断下沉，其单位时间穿过单位截面下沉的泥沙数量为 ωs ；在紊动扩散作用下，由于含沙量上稀下浓的梯度存在，高浓度区域的泥沙要不断向低浓度区域扩散，单位时间穿过单位截面上升的泥沙数量为 $-\varepsilon_s \dfrac{\partial s}{\partial z}$（$\dfrac{\partial s}{\partial z}$ 为负值）。当上升和下沉的泥沙数量相等，即所谓平衡时，水体中的泥沙浓度和含沙量分布梯度均恒定不变，此时水体中的含沙量称为饱和含沙量(s_*)。

当上升和下沉的泥沙数量不相等，即所谓不平衡输沙时，水体中泥沙浓度及含沙量分布梯度($\dfrac{\partial s}{\partial z}$)都在不断变化。过饱和时，$\left|\dfrac{\partial s}{\partial z}\right| < \left|\dfrac{\partial s^*}{\partial z}\right|$（饱和梯度），下降的泥沙数量大于上升的泥沙数量，水体中的泥沙浓度不断减小，$\left|\dfrac{\partial s}{\partial z}\right|$ 由小于 $\left|\dfrac{\partial s^*}{\partial z}\right|$ 而趋于 $\left|\dfrac{\partial s^*}{\partial z}\right|$，即向饱和转化；次饱和时，上升的泥沙数量大于下降的泥沙数量，水体中泥沙浓度不断增大(河床可冲时)，$\left|\dfrac{\partial s}{\partial z}\right|$ 由大于 $\left|\dfrac{\partial s^*}{\partial z}\right|$ 而趋于 $\left|\dfrac{\partial s^*}{\partial z}\right|$，也向饱和转化。

在不平衡输沙条件下，水体中任一空间的含沙量及其分布梯度都在变化着，水面($z=\zeta$)及河底($z=0$)也不例外，因而式(3-17)及式(3-18)均不能成立，式(3-19)和式(3-20)也就不能认为是正确的。

(2) ε_{sx} 及 ε_{sy}

ε_{sx} 及 ε_{sy} 为泥沙纵向和横向泥沙扩散系数，一般大于垂向扩散系数 ε_{sz} ，它们之间的排序是：$\varepsilon_{sx} > \varepsilon_{sy} > \varepsilon_{sz}$ ，对于天然河流由于断面不规则，弯道环流和次生流的存在，ε_{sy} 往往很大，有可能是 ε_{sz} 的10倍，甚至更大[3]。在数学模型中，常常由于 ε_{sx} 及 ε_{sy} 不易确定，便把式(3-16)等号右边的扩散项去掉，将其产生的偏离纳入到 α 中去，得到：

$$\frac{\partial}{\partial t}(Sh) + \frac{\partial}{\partial x}(UhS) + \frac{\partial}{\partial y}(Vhs) + \alpha' \omega (S - kS_*) = 0 \tag{3-21}$$

此即常见的平面二维输沙方程。这里的 α 不再是单纯的含沙量垂线分布不均匀系数，而是包含纵向和横向扩散在内的恢复饱和综合性系数，此时：

$$\alpha' = \alpha - \frac{\left\{\dfrac{\partial}{\partial x}\left[\varepsilon_{sx} \dfrac{\partial}{\partial x}(S_h h)\right] + \dfrac{\partial}{\partial y}\left[\varepsilon_{sy} \dfrac{\partial}{\partial x}(S_h h)\right]\right\}}{\omega (S - kS_*)} \tag{3-22}$$

式(3-22)虽是个理论表达式,但不可解析。只能定性判断出 $\alpha' < \alpha$ 。因为在平面均匀含沙量场中,某点冲刷,含沙量升高,大于周围水体含沙量,其平面梯度为负,等号右边第二项分子分母同为负,$\alpha' < \alpha$;某点淤积,含沙量降低,小于周围水体含沙量,其平面梯度为正,等号右边第二项的分子分母同为正,也是 $\alpha' < \alpha$ 。天然河流三维性强,ε_{sx} 及 ε_{sy} 更大,即 α' 更小于 α 。由于 ε_{sx} 及 ε_{sy} 目前尚不能确定,特别是天然河流,因此二维水流的 α' 可由宽浅的水槽试验率定,而天然河流可根据具体条件由数值计算调试定出,不同河型如顺直、分汊、弯道,不同断面形态,如"U"形断面、"V"形断面、"W"形断面和复式断面等 α' 都应不一样,边界条件突然改变,如修建丁坝等 α' 也会改变。因此对率定的、经验性的 α' 应用时需特别谨慎。

为书写方便,后文将式(3-21)中 α' 仍用 α 表示,此时 α 的意义便发生了变化,是一个含有水流三维性影响在内的极复杂的综合性系数,难以用理论公式确定。

(3)β 及 k

不论含沙量饱和与否,其垂线分布的总趋势是一致的,即上稀下浓,总可以假定其分布梯度与饱和梯度成比例,如式(3-3),即:

$$\frac{\partial s}{\partial z} = \beta \frac{\partial s^*}{\partial z}$$

式中,β 为含沙量非饱和判数,是($\frac{S}{S_*}$)的函数。过饱和($S > S_*$)时,$\beta<1$;次饱和($S < S_*$)时,$\beta>1$;饱和($S = S_*$)时,$\beta=1$。含沙量越远离饱和,β 越远离 1。

$$k = \beta \frac{\alpha_*}{\alpha}$$

k 为"挟沙能力修正系数",即前述式(3-15)。次饱和时,$\frac{\alpha}{\alpha_*} > 1$,$\beta > 1$,且 α 越大 β 越大,其比值 k 应与 1 相去不远;过饱和时,$\frac{\alpha}{\alpha_*} < 1$,$\beta < 1$,且 α 越小 β 也越小,其比值 k 同样与 1 相去不远;饱和时,$\alpha = \alpha_*$,$\beta = 1$,$k = 1$ 。次饱和时 k 略小于 1,过饱和 k 略大于 1,与人们通常认为"冲刷时挟沙能力小","淤积时挟沙能力大"是种巧合,并不真的就意味挟沙能力是多值关系。

3.2 饱和含沙量垂线分布

含沙量垂线分布是个热门话题,迄今研究很多,其立论基础,倪晋仁将其归结为五类:即扩散理论、混合理论、能量理论、相似理论和随机理论[7]。各理论虽出发点不同,但可以相互转化和补充,可以得到与扩散理论相接近的结构形式。扩散理论为主流理论,用其求含沙量垂线分布,关键是如何正确的确定泥沙扩散系数,不同的假定会得到不同的结果。

3.2.1 扩散理论的应用

(1)泥沙扩散系数 ε_s 以动量传递系数 ε_m 替代

在饱和输沙条件下,由式(3-1)可得:

$$\omega s^* + \varepsilon_s \frac{\mathrm{d}s^*}{\mathrm{d}y} = 0 \tag{3-23}$$

式中，y 为沿垂线方向坐标，下同。为求解式(3-23)通常假定悬移质扩散系数 ε_s 与动量传递系数 ε_m 等价，即：

$$\varepsilon_s = \varepsilon_m$$

由动量传递理论可知：

$$\varepsilon_m = l_m^2 \frac{\mathrm{d}\bar{u}}{\mathrm{d}y}$$

式中，l_m 为掺长；$\bar{u}$ 为时均流速。

又

$$\frac{\mathrm{d}\bar{u}}{\mathrm{d}y} = \frac{\sqrt{\frac{\tau}{\rho}}}{l_m} = \frac{\sqrt{\frac{\tau_0}{\rho}}(1-\eta)^{\frac{1}{2}}}{l_m} = u_* \frac{(1-\eta)^{\frac{1}{2}}}{l_m} \tag{3-24}$$

式中，$u_* = \sqrt{\frac{\tau_0}{\rho}}$ 为摩阻流速；τ 为水流剪应力，τ_0 为水流在河底的剪应力；ρ 为水流密度；$\eta = \frac{y}{h}$ 为相对水深，h 为水深。

于是：

$$\varepsilon_s = \varepsilon_m = l_m u_* (1-\eta)^{\frac{1}{2}} \tag{3-25}$$

式中掺长 l_m 是位置的函数，但目前还不能确定，仍需假定，一般可表示为[7]：

$$\frac{l_m}{h} = A\eta^m (1-\eta)^n + A_1 \tag{3-26}$$

不同学者对式中 A, m, n 及 A_1 取值不同，可得不同形式的公式，见表 3-1。

式(3-26)中 A、m、n 及 A_1 不同取值所得的含沙量垂线分布公式结构　　表 3-1

公式作者	l_m 所用假定					公 式 结 构	公式序号	参考文献
	提出者	A	m	n	A_1			
Rouse(1937)	Prandt1	κ	1	0.5	0	$\frac{s^*}{s_a^*} = \left(\frac{\eta_a}{1-\eta_a}\frac{1-\eta}{\eta}\right)^{Z_*}$；$Z_* = \frac{\omega}{\kappa u_*}$	(3-27)	[3]
Lane-Kalinske (1941)		1/15	0	−1/2	0	$\frac{s^*}{s_b^*} = e^{-6Z_*\eta}$	(3-28)	[3]
Tanake-Sugimoto (1958)	Karman	κ	1	0	0	$\frac{s^*}{s_a^*} = \left(\frac{1+(1-\eta)^{\frac{1}{2}}}{1+(1-\eta_a)^{\frac{1}{2}}}\frac{1-(1-\eta_a)^{\frac{1}{2}}}{1-(1-\eta)^{\frac{1}{2}}}\right)^{Z_*}$	(3-29)	[8]
Zegustin(1968)		$-\kappa/3$	0	3	0	$\frac{s^*}{s_a^*} = e^{Z_*\phi}$；$\varphi = f((1-\eta)^{\frac{1}{2}})$	(3-30)	[9]
Laursen(1980)		κ	1	−1/2	0	$\frac{s^*}{s_a^*} = \left(\frac{\eta_a}{\eta}\right)^{Z_*}$	(3-31)	[10]
乐培九(2000)	张红武	0.15	0.5	0	0	$\frac{s^*}{s_b^*} = \exp\left[\frac{8}{3}Z_*(2\arcsin(1-\eta)^{\frac{1}{2}} - \pi)\right]$	(3-32)	[2]

注：表中 s_a^* 及 s_b^* 为某参考点 $y=a$ 及河底 $y=b=0$ 的含沙量；κ 为卡曼系数。

此外 l_m 还有一些其他特殊形式的假定，得到另一些形形色色的公式。总之，公式纷纭，其中以 Rouse 公式最为经典。实测资料表明，Rouse 公式的结构形式基本合理，但指数 Z_* 偏大，且在水面和河底偏离较大。产生偏离的主要原因是假定 $\varepsilon_s = \varepsilon_m$，而 ε_m 中又包含有 l_m 的假定，即双重假定。为此，后人对 l_m 假定作了不同的修正，企图改正 Rouse 公式的缺点，如式(3-28)及式(3-32)在水面不为 0，在河底不为无穷大，但是从根本上并没有逃脱 $\varepsilon_s = \varepsilon_m$ 的假定。

(2)泥沙扩散系数 ε_s 由脉动流速 v' 求出

倪晋仁等根据饱和条件下泥沙交换质量守恒原理，写出垂向沙量交换平衡方程为[7]：

$$\left(s^* - \frac{l_s}{2}\frac{\mathrm{d}s^*}{\mathrm{d}y}\right)(\overline{|v'|} - \omega) - \left(s^* + \frac{l_s}{2}\frac{\mathrm{d}s^*}{\mathrm{d}y}\right)(\overline{|v'|} + \omega) = 0 \tag{3-33}$$

式中，l_s 为泥沙交换长度。

将式(3-23)展开即得：

$$\omega s^* + \frac{1}{2}l_s\overline{|v'|}\frac{\mathrm{d}s^*}{\mathrm{d}y} = 0 \tag{3-34}$$

此为另一种形式的扩散方程。这里：

$$\varepsilon_s = \frac{1}{2}l_s\overline{|v'|} \tag{3-35}$$

假定 v' 服从正态分布，其概率密度为：

$$f(v') = \frac{1}{\sqrt{2\pi}\sigma}e^{-\frac{v'^2}{2\sigma^2}}$$

$$\sigma = \sqrt{\overline{v'^2}}$$

$$f(|v'|) = \begin{cases} \dfrac{2}{\sqrt{2\pi}\sigma}e^{-\frac{v'^2}{2\sigma^2}} & v' \geqslant 0 \\ 0 & v' < 0 \end{cases}$$

所以有：

$$\overline{|v'|} = \int_0^\infty f|(v')|v'\mathrm{d}v' = \sqrt{\frac{2}{\pi}}\sqrt{\overline{v'^2}}$$

于是：

$$\varepsilon_s = \frac{1}{2}l_s\overline{|v'|} = \frac{1}{\sqrt{2\pi}}\sqrt{\overline{v'^2}}\,l_s$$

令：

$$l = l_s\frac{\sqrt{\overline{v'^2}}}{u_*} \tag{3-36}$$

则：

$$\varepsilon_s = \frac{1}{\sqrt{2\pi}}u_* l \tag{3-37}$$

式(3-36)中 l_s 及 $\dfrac{\sqrt{\overline{v'^2}}}{u_*}$ 均为 η 的函数，因此 l 同样可以由式(3-26)来表述，只是其中的指数和系数有所不同。

比较式(3-37)与式(3-25)，前者除了系数大 2.5 倍外，还少乘了 $(1-\eta)^{\frac{1}{2}}$。如果式(3-37)

中 l 仍用式(3-26),只将其中 A 改为$\sqrt{2\pi}A$,n 改为$n+\frac{1}{2}$,代入式(3-34)解得的结果与表 3-1 各家公式完全一样$\left(其中\frac{\sqrt{2\pi}\omega}{u_*}就是 Z_*\right)$,丝毫没有改变。

(3)泥沙扩散系数 ε_s 由泥沙垂向交换平衡方程求出

泥沙颗粒在紊动场中得以悬浮,其根本原因在于紊动场中存在着垂直向脉动流速 v',当 $v'>\omega$ 时,泥沙可随水团上升,当 $v'<\omega$ 时,泥沙就会下沉。水流脉动符合高斯正态分布律,图 3-1 即为正态分布理论曲线,其密度函数为:

$$P(\nu')=\frac{1}{\sigma\sqrt{2\pi}}\exp\left(-\frac{v'^2}{2\sigma^2}\right) \tag{3-38}$$

当 $v'<\omega$ 时,泥沙下沉,下沉机率(图中阴影部分)为:

$$\alpha=\int_{-\infty}^{\omega}P(v')\mathrm{d}v'=0.5+\frac{1}{\sqrt{2\pi}}\int_{0}^{\omega}\exp\left(-\frac{1}{2}\frac{v'^2}{\sigma^2}\right)\mathrm{d}\left(\frac{v'}{\sigma}\right)=0.5+\varphi\left(\frac{\omega}{\sigma}\right) \tag{3-39}$$

式中,σ 为标准差,$\sigma=\sqrt{\overline{v'^2}}$ 。

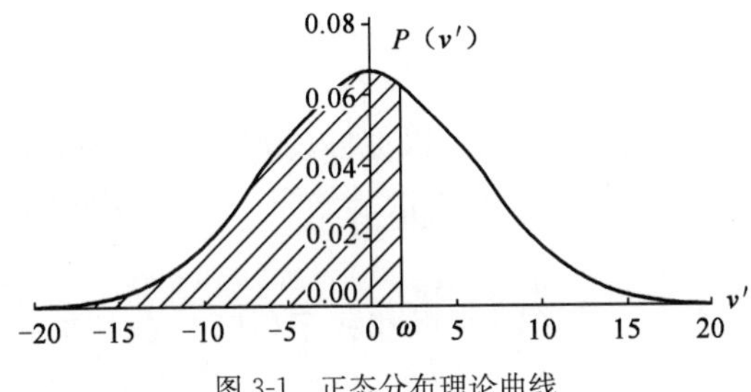

图 3-1　正态分布理论曲线

函数 $\varphi\left(\frac{\omega}{\sigma}\right)$ 可由机率积分表查得,其适线方程为:

$$\varphi\left(\frac{\omega}{\sigma}\right)\cong 0.0175\left(\frac{\omega}{\sigma}\right)^4-0.0738\left(\frac{\omega}{\sigma}\right)^3-0.0035\left(\frac{\omega}{\sigma}\right)^2+0.4013\left(\frac{\omega}{\sigma}\right) \tag{3-40}$$

当 $\nu'>\omega$ 时,泥沙上升,上升几率为:

$$\beta=\int_{\omega}^{\infty}P(v')\mathrm{d}v'=1-\alpha \tag{3-41}$$

由图 3-2 可见:

下沉泥沙平均速度为:

$$\begin{aligned}\overline{u_{s\downarrow}}&=\int_{-\infty}^{\omega}(v'-\omega)P(v')\mathrm{d}v'=\int_{-\infty}^{\omega}v'P(v')\mathrm{d}v'-\omega\int_{-\infty}^{\omega}P(v')\mathrm{d}v'\\&=-\left(\frac{\sigma}{\sqrt{2\pi}}e^{-\frac{1}{2}\left(\frac{\omega}{\sigma}\right)^2}+\alpha\omega\right)\end{aligned} \tag{3-42}$$

上升泥沙平均速度为:

$$\overline{u_{s\uparrow}}=\int_{\omega}^{\infty}(v'-\omega)P(v')\mathrm{d}v'=\frac{\sigma}{\sqrt{2\pi}}e^{-\frac{1}{2}\left(\frac{\omega}{\sigma}\right)^2}-(1-\alpha)\omega \tag{3-43}$$

当垂向泥沙交换平衡时应有:

$$\left(s^*-\frac{l_s}{2}\frac{\mathrm{d}s^*}{\mathrm{d}y}\right)\overline{u_{s\uparrow}}+\left(s^*+\frac{l_s}{2}\frac{\mathrm{d}s^*}{\mathrm{d}y}\right)\overline{u_{s\downarrow}}=0 \tag{3-44}$$

以式(3-42)和式(3-43)代入式(3-44)可得：

$$\frac{\mathrm{d}s^*}{\mathrm{d}y}=-\frac{\sqrt{2\pi}\,\dfrac{\omega}{u_*}}{Bl_s\,\dfrac{\sigma}{u_*}}s^*=-\frac{Z_*}{Bl}s^* \tag{3-45}$$

式中，l 同式(3-36)，即：

$$l=l_s\frac{\sigma}{u_*}$$

$$Z_*=\frac{\sqrt{2\pi}\omega}{u_*}$$

$$B=\exp\left[-\frac{1}{2}\left(\frac{\omega}{\sigma}\right)^2\right]+(\alpha-0.5)\frac{\sqrt{2\pi}\omega}{\sigma}$$

由于在主流区 $\sigma=\sqrt{\overline{\nu'^2}}\approx u_*$，则上式即为：

$$B=\exp[-0.08Z_*^2]+(\alpha-0.5)Z_* \tag{3-46}$$

因而：

$$\varepsilon_s=\frac{B}{\sqrt{2\pi}}u_*l \tag{3-47}$$

比较式(3-47)和式(3-37)，前者增加了以泥沙悬浮指标为函数的 B 的影响，泥沙粒径越粗，B 越大，ε_s 也越大，在定性上与 Brush[11] 试验结果一致，是泥沙扩散系数 ε_s 与动量传递系数 ε_m 最大的不同。

泥沙垂向交换平衡方程最早是爱因斯坦和钱宁(1954)在其扩散理论的第二近似解中提出[3]，后来倪晋仁等又提出了式(3-33)，以及本书提出的式(3-44)共三种不同表达形式。在各自对脉动流速 v' 在泥沙沉降中的作用理解和处理方式不同，所得结果也就不相同。

假定 l 仍服从式(3-26)，且取 $A=\sqrt{2\pi}\kappa=1$，$m=1$，$n=\frac{1}{2}+\frac{1}{2}=1$，$A_1=0$ 则由式(3-45)可解得：

$$\frac{s^*}{s_a^*}=\left(\frac{\eta_a}{1-\eta_a}\,\frac{1-\eta}{\eta}\right)^{Z'_*} \tag{3-48}$$

式中：

$$Z'_*=\frac{Z_*}{B} \tag{3-49}$$

式(3-48)形同式(3-27)，但是对 Z_* 作了修正，称其为修正的 Rouse 公式。由于 $B\geqslant1$，$Z'_*\leqslant Z_*$，如表 3-2 所示。当 $Z_*\leqslant0.1$ 时，$B=1$，$Z'_*=Z_*$；当 $Z_*>0.1$ 时，$B>1$，$Z'_*<Z_*$；当 $Z_*>5$ 时，Z'_* 趋于 2。$Z_*>5$，$\alpha>0.978$，泥沙几乎不可悬，因此，$Z_*=5$ 可视为可悬泥沙的极限判数；$Z'_*=2$ 为极限悬浮指标。

Z'_* 与 Z_* 的关系　　表 3-2

Z_*	0.01	0.1	0.5	1	2	3	4	5
α	0.502	0.516	0.58	0.656	0.788	0.885	0.945	0.978
B	1.0	1.0	1.02	1.08	1.30	1.64	2.06	2.53
Z'_*	0.01	0.1	0.49	0.93	1.54	1.83	1.94	1.98

钱宁根据扩散理论得到了含沙量垂线分布第二近似解[3]。其解，当 $B\kappa = 0.6$ 时与式(3-49)十分一致，当 $B\kappa = 0.3$ 时，与水槽试验资料较吻合，见图 3-2。Montes 和 Ippen 从探讨泥沙垂向速度与沉速之间关系出发，得到 Z'_* 与 Z_* 关系[12]也一并绘于图上。

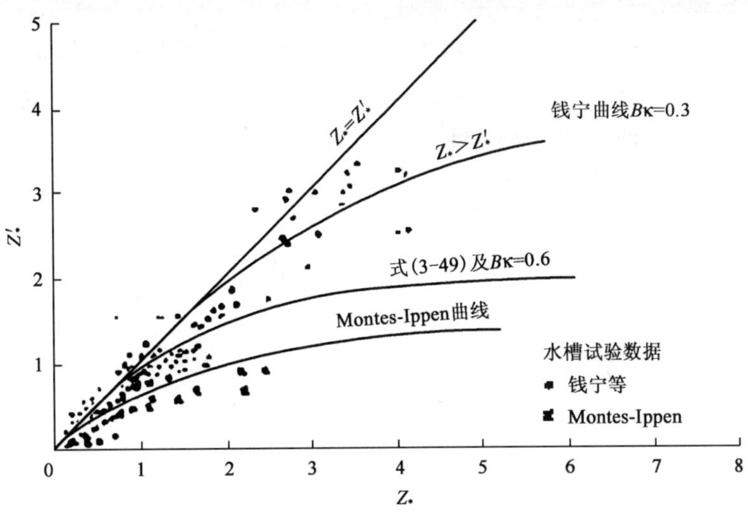

图 3-2　Z'_* 计算值与水槽试验资料比较

谢鉴衡利用长江、黄河、密西西比河等天然河流实测资料点绘了实测值 Z_1 与 Z_* 的关系，见图 3-3[13]。由图可见：

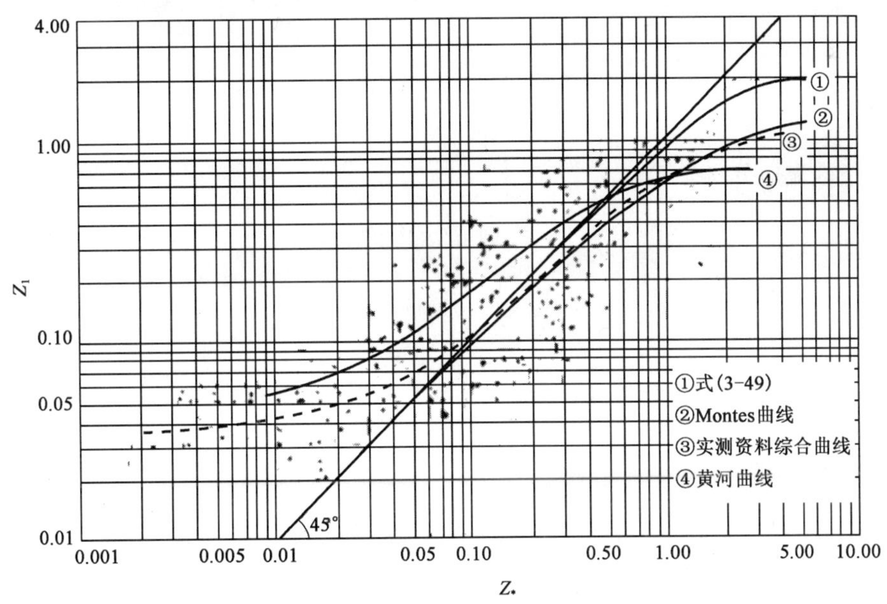

图 3-3　天然河流实测资料的 Z_1 与理论 Z_* 关系比较

①点群分布趋势在 $Z_1 = Z_*$ 两侧，但较散乱。总趋势良好，说明 Rouse 公式基本符合实际。点群散乱是因为实测资料并不一定是饱和含沙量，偏离饱和程度越大，Z_1 偏离理论的 Z_* 也就越大；此外，天然河流水面比降测不准，u_* 也就计算不准。

②当 $Z_* > 0.2$ 时，$Z_1 < Z_*$，Z_* 越大两者偏离越大。这同 Z'_* 与 Z_* 关系的规律是一致的，但水槽资料更接近于钱宁曲线（$B\kappa = 0.3$），而天然河流资料更接近于 Montes-Ippen 曲线。产生这一现象的原因可能是天然河流 Z_* 大时多为枯季，通常以淤为主，淤积时为过饱和，$Z_1 < Z_*$，黄河尤为明显。

③当 $Z_* < 0.2$ 时，$Z_1 > Z_*$，Z_* 越小二者偏离越大，特别是 $Z_1 < 0.06$ 后，Z_1 系统偏大。主要原因可能是在计算 Z_* 时未考虑絮凝使沉速加大的影响；此外，也有可能是 Z_* 小时多为洪水期，通常以冲为主，冲刷时为次饱和，$Z_1 > Z$，黄河也更为明显。

鉴于实测资料一般都难把握和区分含沙量饱和与否，无论是图 3-2 还是图 3-3 中实测资料与理论公式的比较都没有足够的说服力。式(3-48)适中，且有一定的理论依托，建议采用。

顺便指出，对式(3-45)中 l 的指数和系数作如同式(3-37)中的 l 相同的调整，亦可获得如表 3-1 中各式，但其中的 Z_* 应以 Z'_* 取代。

3.2.2 绝对含沙量沿垂线分布

上述公式中 $\frac{s^*}{s_a^*}$ 或 $\frac{s^*}{s_b^*}$ 均为相对含沙量分布，运用这些公式求某点实际含沙量，还必须事先知道参考点 a 或 b(底部)处的实际含沙量 s_a^* 或 s_b^*，为减少应用的不便，需将相对分布转化为实际分布。在这方面，张瑞瑾、谢鉴衡、丁君松等都曾作过研究[9]。

由于 $\frac{s^*}{s_a^*}$ 为饱和含沙量垂线分布，其流量加权平均即为挟沙能力。为：

$$S_* \approx \frac{\int_{\eta_a}^{1} us^* \mathrm{d}\eta}{\int_{\eta_a}^{1} u \mathrm{d}\eta} \tag{3-50}$$

若采用指数流速分布公式：

$$u = (1+m)U\eta^m \tag{3-51}$$

式中，m 为指数，通常取 $\frac{1}{7}$；U 为垂线平均流速，则：

$$\int_{\eta_a}^{1} u \mathrm{d}\eta = (1+m)U\int_{\eta_a}^{1} \eta^m \mathrm{d}\eta = U(1-\eta_a^{m+1}) \tag{3-52}$$

代入式(3-50)得：

$$S_* = \frac{1+m}{1-\eta_a^{1+m}}\int_{\eta_a}^{1} \eta^m s^* \mathrm{d}\eta \tag{3-53}$$

若已知 s^*，便可求得 S_*。大量室内外实测资料表明 Rouse 公式的结构形式是正确的，但指数需由 Z'_* 替换 Z_*，唯不足的是在水面和河底偏离实际。为此需要寻求一种公式，其在主流区与 Rouse 公式基本一致，而在水面不为 0，河底为有限值，且二者平均含沙量相等，以取代 Rouse 公式。

以式(3-48)代入式(3-53)，得：

$$S_* = \frac{1+m}{1-\eta_a^{1+m}} s_a^* \int_{\eta_a}^{1} \left(\frac{\eta_a}{1-\eta_a} \frac{1-\eta}{\eta} \right)^{Z'_*} \eta^m \mathrm{d}\eta \tag{3-54}$$

以式(3-48)除以式(3-54)得：

$$\frac{s^*}{S_*} = \frac{\frac{1-\eta_a^{1+m}}{1+m} \mathrm{e}\left[\frac{1-\eta}{\eta}\right]^{Z'_*}}{\int_{\eta_a}^{1} e\left[\frac{1-\eta}{\eta}\right]^{Z'_*} \eta^m \mathrm{d}\eta} \tag{3-55}$$

再寻找一个水面 $s_0^* \neq 0$，河底 $s_b^* \neq \infty$ 的公式。由表 3-1 可见只有式(3-28)及式(3-32)能满足这两个条件，但式(3-28)假定 ε_s = 常数，不符合实际，现试用式(3-32)，若其在主流区能与 Rouse 公式基本吻合，即为所求。

在 ε_s 用式(3-25)求式(3-32)时，式(3-26)中的 $A=0.15, m=1/2, n=0, A_1=0$。若 ε_s 改用式(3-47)，其中 l 仍用式(3-26)，其 $m=1/2, n=1/2, A_1=0$，当平均含沙量与式(3-54)相等，A 需待定。代入式(3-45)可得：

$$\frac{s^*}{s_a^*} = \mathrm{e}^{f'(\eta)} \tag{3-56}$$

式中：

$$f'(\eta) = \frac{2Z'_* \left[\sin^{-1}(1-\eta)^{\frac{1}{2}} - \sin^{-1}(1-\eta_a)^{\frac{1}{2}}\right]}{A} \tag{3-57}$$

式(3-56)当 $Z'_* = Z_*$，$A = C_m = 0.15$，$\eta_a = \eta_b = 0$ 时，即为式(3-32)。

由式(3-56)和式(3-53)同样可得：

$$\frac{s^*}{S_*} = \frac{\frac{1-\eta_a^{1+m}}{1+m} e^{f'(\eta)}}{\int_{\eta_a}^{1} e^{f'(\eta)} \eta^m \mathrm{d}\eta} \tag{3-58}$$

式(3-55)和式(3-58)即为绝对含沙量垂线分布公式。由于挟沙能力 S_* 是已知数，因而垂线上任意点含沙量也就可以求得。两式在 $\frac{s^*}{S_*}=1$ 处有交点，交点相对高程为 η_c，η_c 处含沙量 $s_c^* = S_*$，即为垂线平均含沙量。当 $\frac{s^*}{S_*}=1$ 时，由式(3-55)可求得：

$$\eta_c = \left\{ 1 + \left[\frac{1+m}{1-\eta_a^{1+m}} \int_{\eta_a}^{1} \left(\frac{1-\eta}{\eta} \right)^{Z'_*} \eta^m \mathrm{d}\eta \right]^{\frac{1}{Z'_*}} \right\}^{-1} \tag{3-59}$$

由式(3-57)和式(3-58)可得：

$$A = \frac{2Z'_* \left[\sin^{-1}(1-\eta_c)^{\frac{1}{2}} - \sin^{-1}(1-\eta_a)^{\frac{1}{2}}\right]}{\ln\int_{\eta_a}^{1} e^{f'(\eta)} \eta^m \mathrm{d}\eta + \ln\left(\frac{1+m}{1-\eta_a^{1+m}}\right)} \tag{3-60}$$

联解式(3-59)和式(3-60)通过试算可求得 A。现取 $\eta_a = 0.005$，求得 η_c 与 Z'_* 关系如表 3-3；求得 A 与 Z'_* 关系如图 3-4。由图 3-4 可得：

$$A = 0.248 - 0.087\ln Z'(\eta_a = 0.005) \tag{3-61}$$

η_c 与 Z'_* 关系　　表 3-3

Z'_*	0.05	0.1	0.5	1	2	2.5	5
η_c	0.539	0.521	0.383	0.234	0.085	0.058	0.021
A	0.496	0.452	0.321	0.269	0.179	0.154	

由图 3-4 可见，A 随 Z'_* 增大而减小，意味着泥沙交换长度 l，在取 $m=n=1/2$ 时，不是常数，而是泥沙越粗 l 越小。

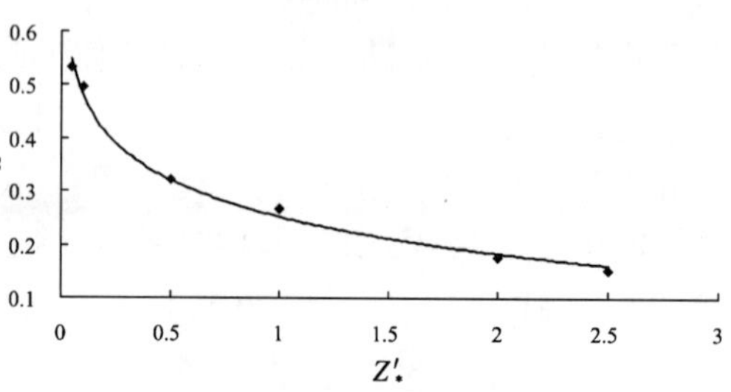

图 3-4　A 与 Z'_* 关系(η_a=0.005)

图 3-5 为不同 Z'_* 条件下，取 $\eta_a=0.005$ 时，式(3-58)和式(3-55)计算比较，可见在主流区二者计算基本接近。式(3-58)比式(3-55)的分布要均匀一些，在河底更为明显。式(3-58)在水面 $s_0^* \neq 0$，在河底 $s_b^* \neq \infty$。因此，可以由式(3-58)取代式(3-55)。式(3-58)在 $\eta_a=\eta_b=0$，即为：

$$\frac{s^*}{S_*} = \frac{\frac{1}{1+m}e^{f(\eta)}}{\int_0^1 e^{f(\eta)}\eta^m}\mathrm{d}\eta \tag{3-62}$$

$$f(\eta) = Z'_* \frac{[2\sin^{-1}(1-\eta)^{\frac{1}{2}} - \pi]}{A} \tag{3-63}$$

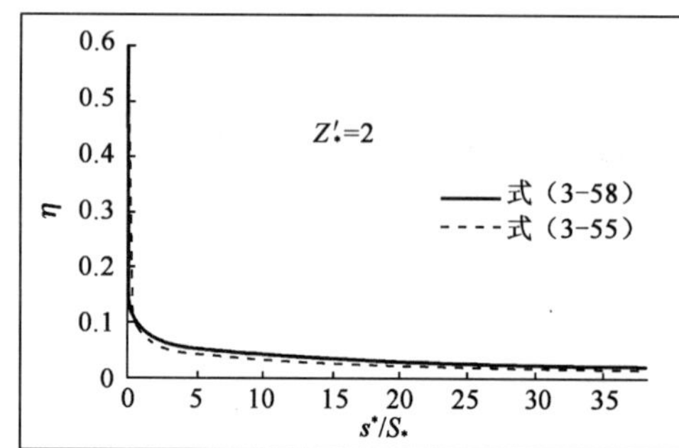

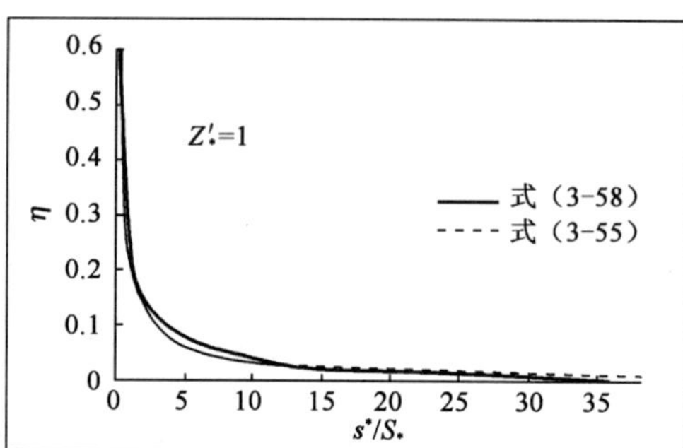

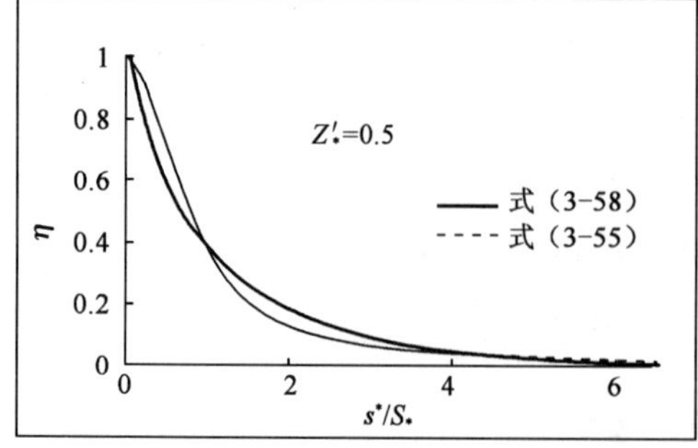

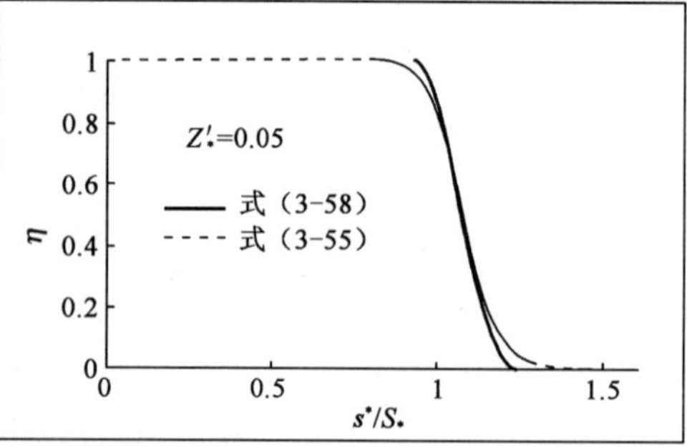

图 3-5　式(3-58)与式(3-55)计算对比

式中，A 可按式(3-61)计算。

3.3　一维不平衡输沙方程的解及 α 系数

式(3-21)对 y(河宽)积分便得：

$$\frac{\partial}{\partial t}(Sh)+\frac{\partial}{\partial x}(UhS)+\alpha\omega(S-kS_*)=0 \tag{3-64}$$

这就是常见的一维不平衡输沙方程，式中有关参数在这里均为断面平均值。该式源于扩散方程，这里已经失去了扩散的意义。α 就是式(3-22)中 α' 的断面平均值，为含沙量恢复饱和综合性系数，称 α 系数。

在均匀流恒定输沙条件下，式(3-64)又可写为：

$$\frac{\mathrm{d}S}{\mathrm{d}x}=-\frac{\alpha\omega}{q}(S-kS_*) \tag{3-65}$$

在均匀流条件下，就均匀沙而言，S_* 为常数，k 接近于1(目前常见的公式中，$k=1$)，可视为常数，因此式(3-65)的解，关键是如何处理 α。

(1)方程(3-65)的解析解

要求得式(3-65)的解析解，就需要假定 α 及 k 为常数，这也是目前常见的处理方式。这样可解得：

$$S=kS_*+(S_0-kS_*)\exp\left(-\frac{\alpha\omega}{q}x\right) \tag{3-66}$$

式中，S_0 为起始断面平均含沙量；x 为距起始断面的纵向距离。由上式可见，由于冲刷时 k 略小于1，实际含沙量比理论含沙量要小；淤积时 k 略大于1，实际含沙量比理论含沙量要大，意味含沙量恢复滞后。

由于 α 不为常数，式(3-65)不可能有解析解。这里所得的式(3-66)是在均匀流条件下，假定 α 为常数所获得的，因而也就失去理论意义，而变为一个经验公式，式中 α 也就是一个经验系数，需由计算河段实际资料率定。随着含沙量沿程恢复，$S\rightarrow S_*$，$\alpha\rightarrow\alpha_*$。$\alpha$ 沿程是变化的，且由于沿程边界条件可能不一样，因而 x 不宜过长，需逐段率定。

式(3-66)适用于均匀流，天然河流一般为非均匀，其有关参数应取计算河段平均值。对于水库由于水深沿程递增，韩其为在假定单宽流量沿程不变及水流挟沙力是线性变化条件下，由式(3-65)($k=1$)解得[6]：

$$S=S_*+(S_0-S_{*0})\exp\left(-\frac{\alpha\omega}{q}x\right)+(S_{*0}-S_*)\frac{q}{\alpha\omega x}\left[1-\exp\left(-\frac{\alpha\omega}{q}x\right)\right] \tag{3-67}$$

式中，脚标“$_0$”表示起始断面。

应该指出，式(3-67)只适用于水库，不适用天然河道，因为天然河道挟沙能力沿程不是线性变化。

(2)数值解

考虑到 α 是(S/S_*)的函数，式(3-65)不可解析。进行数值解需确定 α，假定：

$$\alpha=f\left(\frac{S}{S_*}\right)=\alpha_*\left[1-e^{c\left(1-\frac{S}{S_*}\right)}\right] \tag{3-68}$$

式中，c 为常系数。当 $S=S_*$ 时，$\alpha=\alpha_*$；当 $S>S_*$ 时，$\alpha<\alpha_*$；当 $S<S_*$ 时，$\alpha>\alpha_*$。

由式(3-11)可知，并以式(3-62)代入得：

$$\alpha_* = \frac{s_b^* - s_0^*}{S_*} = \frac{\dfrac{1-e^{-\pi z'_*/A}}{1+m}}{\int_0^1 e^{f(\eta)}\eta^m \mathrm{d}\eta} \tag{3-69}$$

α_* 与 Z'_* 关系如图 3-6，可由下式表达：

$$\alpha_* = \begin{cases} 13.105Z'^{1.253}_* & (Z'_* \leqslant 0.35) \\ 56.846Z'^{2.699}_* & (Z'_* > 0.35) \end{cases} \tag{3-70}$$

由图 3-6 可见，当 $Z'_* \leqslant 0.138$ 时，$\alpha_* \leqslant 1$；当 $Z_*' > 0.138$ 时，$\alpha_* > 1$。$Z'_*=2$ 时，$\alpha_*=438$，很大，此时饱和含沙量垂线分布极不均匀，含沙量恢复速度极快，即相当于推移质。

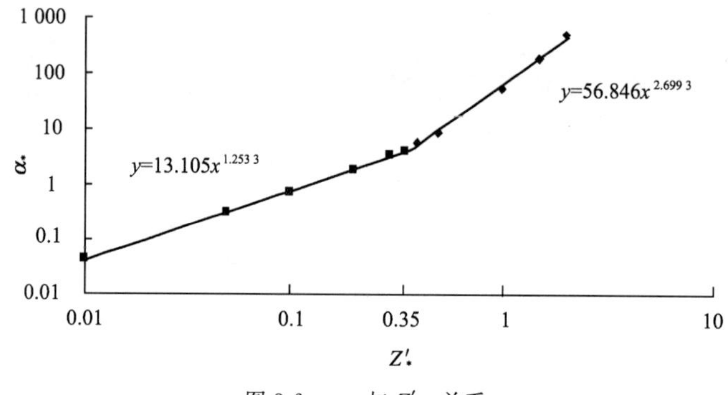

图 3-6　α_* 与 Z'_* 关系

考虑到泥沙三维扩散的影响，α_* 应予以修正，即乘以小于 1 的修正系数 b，式(3-68)改为：

$$\alpha = b\alpha_*\left[1-e^{c\left(1-\frac{S}{S_*}\right)}\right] \tag{3-71}$$

式中 b 与泥沙扩散强度有关，是河段平面和断面形态的函数；b 和 c 都需通过具体河段实测资料率定。

式(3-1)演绎至此，很清晰地看出 α 系数不是孤立的，而是依附于扩散方程的结构形式和求解方法。在平面二维扩散方程中若表达式为(3-16)，α 就是含沙量垂线分布不均匀系数，如式(3-13)所表达，是 $\dfrac{S}{S_*}$ 的函数；若表达式为(3-21)，α 就是式(3-22)，不仅是 $\dfrac{S}{S_*}$ 的函数，而且还受边界的三维性影响。在一维不平衡输沙方程中，若用解析解，得式(3-66)，α 就是一个含有 $\dfrac{S}{S_*}$ 和形态影响的经验系数；若用数值解，则 α 可由式(3-71)表达。但无论是哪一种情况 α 都是复杂的，变化的，经验的，由当时当地的实测资料率定、具体分析后方可应用。

α 系数是不平衡输沙问题中的一个重要问题，目前已有不少研究成果，大体可分为三类[15]：第一类，由微小河长水体内沙量平衡出发，直接得到式(3-65)，但其中 $k=1$，并将 α 理解为沉降几率，$\alpha<1$[16]；第二类是由三维泥沙扩散方程沿水深积分，通过某些假定，获得式(3-19)，其中 $\alpha>1$[5]；第三类是根据泥沙统计理论建立不平衡输沙的边界方程。得到 α 的理论表达式，认为平衡输沙时 α^* 的平均值 0.5，并建议淤积时取 $\alpha=0.5$，$\alpha^*=1.0$[15]。应该说这些研究有的已经偏离了事物的本质不能认为是合理的。

3.4 均匀沙水流挟沙能力

3.4.1 概述

水流挟沙能力是悬移质输沙问题中的核心问题，不仅是重要的理论问题，也是生产实践中的重大应用问题，迄今研究甚多，由于尚不成熟，研究热情尚不减。就其研究途径来分，大体有三类：

第一类是基于饱和含沙量垂线分布沿水深积分，如式(3-50)。该类公式具有理论性，最早应用是 Lane-Kalinslke(1941 年)及 Einstein(1950 年)等[3]。由于含沙量垂线积分有积深法和输沙率法两种，而含沙量垂线分布及流速分布更是多种多样，因而该类公式形式繁多。不仅如此，更重要的是这类公式中都不可避免地要涉及底部某点(所谓参考点)含沙量 s_a，该点含沙量不仅对 Z^* 高度敏感，而且对 a 的位置高低也是高度敏感，况且是未知，率定难度很大，给该类的公式的实用性带来极大的困扰。

第二类是功能原理。最早是维利坎诺夫提出的重力理论(1944 年)[18]，而后张瑞瑾提出悬移质"制紊"假说(1957 年)[14]，到 Bagnold 单位床面水流动率理论(1966 年)[19]和杨志达单位重量水体水流功率理论(1972 年)[20]等等。尽管各家理论说法各异，后人对其也有不同的评论，但他们的基本点都是一致的，都是认为泥沙悬浮而为水流挟运，都是有赖于水流有效势能，亦即单位水流功率 γUJ，转化为紊动动能而作抗拒泥沙下沉的"悬浮功" $(\gamma_s-\gamma)S_v\omega$ 的结果，在能量平衡条件下的极限含沙量即为饱和含沙量。由此所得的挟沙能力公式具有一定的理论意义，而转化率却有经验性，各家公式有所不同，需实测资料率定，故又是半经验性公式。

第三类是经验公式。钱宁根据影响水流挟沙力的因素，将挟沙能力概括为下列两类无尺度因子的函数关系：

①以 U、h 及 γ_s 为基本变量，得：

$$S_*=f\left(\frac{r_s-r}{r},\frac{U^2}{gh},\frac{Uh}{\gamma},\frac{U}{\omega},\frac{D}{h},\frac{B}{h}\right) \tag{3-72}$$

②以 U_*、D 及 γ_s 为基本变量，得：

$$S_*=f\left(\frac{r_s-r}{r},\frac{U_*^2}{gD},\frac{U_*D}{\gamma},\frac{U_*}{\omega},\frac{D}{h},\frac{B}{D}\right) \tag{3-73}$$

根据天然河流的实际情况，选择上述各式中的主要因子进行回归分析，可得各种不同的经验公式。

以上两函数式具有高度的包容性，第一类和第二类公式中所含因子也都包含在其中，只是因某种理论关系，使其中的各因子有机联系在一起，无须独立相关，这样就提高了公式的可靠性和精确性。特别是实测资料的含沙量，无论是水槽还是天然河流，都难以判断是否饱和，以及其偏离饱和的程度。如图 3-7 所示，图中 1960～1962 年为黄河三门峡水库蓄水坝下游花园口河段处于冲刷期，水流中含沙量以次饱和为主，含沙量小；1965～1966 年为三门峡水库滞洪排沙期，花园口河段发生严重淤积，水流中含沙量以过饱和为主，含沙量大。如果将这些数据混在一起分析和分别进行分析，所得结果完全不一样。混在一起分析，与冲刷或淤积的数据占总数的多寡和各自偏离饱和程度有关；分别进行分析，只与数据偏离饱和程度有关。如果将这些数据误当作饱和含沙量，就会得出冲刷时挟沙能力小，淤积时挟沙能力大的错误结论；如果将这些数据按照某一理论关系，如水流功率理论，区分冲淤点绘在同一图上，就泾渭分明。通过冲淤点据交融区的中点作线，该线就可视为饱和状态，而点群散乱，正是其偏离饱和程度不同的结果，并不影响交融带的方位，可见挟沙能力是唯一的，而不是双值关系；如果进行多元回归，就是一揽子交易，不分优劣，自然也就得不到正确合理的公式，因此，有一定理论依据半经验性的挟沙能力公式要比纯经验公式要可靠得多。

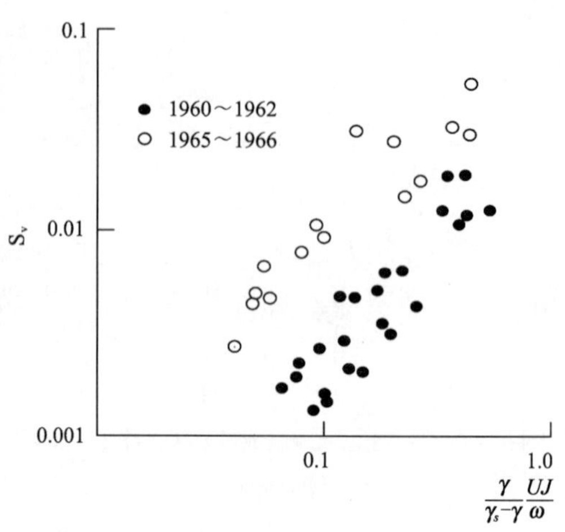

图 3-7 花园口冲刷和淤积条件下挟沙能力关系

3.4.2 功能原理的应用及有关公式

根据“悬浮功”理论，不难写出水流有效势能转化为紊动动能而作“悬浮功”的极限能量守恒方程，即：

$$(r_s - r)\left(\frac{S_*}{r_s}\right)\omega = krUJ \tag{3-74}$$

式中，S_* 为极限含沙量，即饱和含沙量，以 kg/m^3 计；k 为有效势能转化为紊动动能后再作“悬浮功”的综合比例系数，即转化率，远远小于 1。于是：

$$S_* = k\frac{r_s r}{r_s - r}\frac{UJ}{\omega} \tag{3-75}$$

这就是由功能原理得到的挟沙能力公式，系数 k 需由实测资料确定。

(1)Bagnold 公式[19]

Bagnold 公式以输沙率形式表示，即：

$$g_s = 0.01\frac{r_s}{r_s - r}\tau_0 U\frac{U}{\omega} \tag{3-76}$$

式中，g_s 为悬移质单宽输沙率，即 $g_s = qS_* = UhS_*$；τ_0 为水流底部剪力，即 $\tau_0 = \gamma hJ$。因而，式(3-76)即为：

$$S_* = 0.01\frac{r_s r}{r_s - r}\frac{UJ}{\omega} \tag{3-77}$$

此即式(3-75)，在这里 $k=0.01$。

(2)杨志达公式[20]

杨志达公式的基本形式为：

$$\log S_w = M + N\log\frac{UJ}{\omega} \tag{3-78}$$

式中，S_w 为不包括冲泻质在内，以质量百分比计含沙浓度；M、N 为与水流、泥沙特性相关的无尺度参数。由水槽试验资料得：

$$\left.\begin{aligned} M &= 5.165 - 0.153\log\frac{\omega d}{v} - 0.297\log\frac{U_*}{\omega} \\ N &= 1.780 - 0.360\log\frac{\omega d}{v} - 0.480\log\frac{U_*}{\omega} \end{aligned}\right\} \tag{3-79}$$

式(3-78)实际就是：

$$S_w = 10^M\left(\frac{UJ}{\omega}\right)^N$$

当 $N=1$ 时，上式就是(3-75)，不过这里的 N、M 不为常数，在常温条件下由式(3-79)计算可得图 3-8。由图可见，$N>1$，泥沙粒径 d 越细，摩阻流速 U_* 越小，N 越大；而 M 却随着 d 增大和 U_* 减小而增大。N、M 这种变化的机理是什么？作者并未解释。

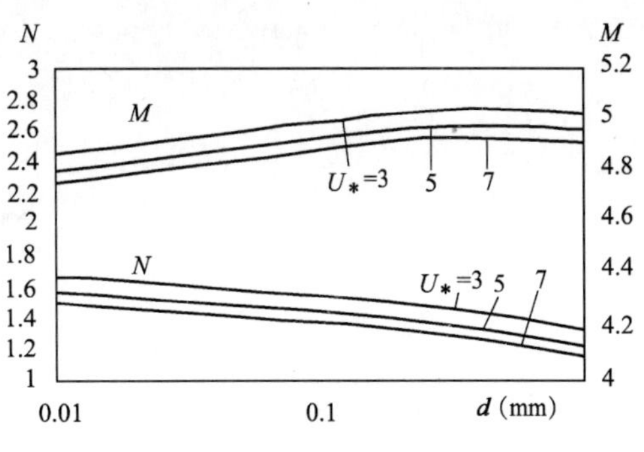

图 3-8　常温下 M、N 与 d 的关系

(3)张瑞瑾公式[14]

张瑞瑾公式的基本形式为：

$$S_* = K\left(\frac{U^3}{gR\omega}\right)^m \tag{3-80}$$

式中，K 及 m 都是 $\left(\frac{U^3}{gR\omega}\right)$ 的函数。K 的单位为 kg/m³，随 $\left(\frac{U^3}{gR\omega}\right)$ 增大而增大，与 m 变化趋势相反；m 随 $\left(\frac{U^3}{gR\omega}\right)$ 增大而减小，当 $\left(\frac{U^3}{gR\omega}\right)>20$ 时，$m<1$。

由达西—韦斯巴赫(Darcy-Weisbach)公式可得：

$$f = \frac{8gRJ}{U^2} \tag{3-81}$$

式中，f 为达西阻力系数；R 为水力半径；J 为能坡。于是式(3-75)又可转化为：

$$S_* = k_1\frac{UJ}{\omega} = k_2 f\frac{U^3}{gR\omega} \tag{3-82}$$

式中，k_1、k_2 为常数。

在动床条件下，f 主要取决于床面形态，沙波阻力与水流弗氏数 U^2/gR 及相对流速 U/ω 或 $U\sqrt{gd}$ 有关。杨志达和孔祥柏(1991 年)曾给出 f 与 $U^3/gR\omega$ 关系如图 3-9[13]。图中点群总趋势是 f 与 $U^3/gR\omega$ 成反比，即：

$$f \sim \left(\frac{U^3}{gR\omega}\right)^{-\alpha} \tag{3-83}$$

以式(3-83)代入式(3-82)即为：

$$S_* = k_3\left(\frac{U^3}{gR\omega}\right)^{1-\alpha} \tag{3-84}$$

式(3-84)即为式(3-80)，此处 $k_3=K$，$m=1-\alpha<1$。由此，可见张瑞瑾公式和拜格诺公式是等价的。

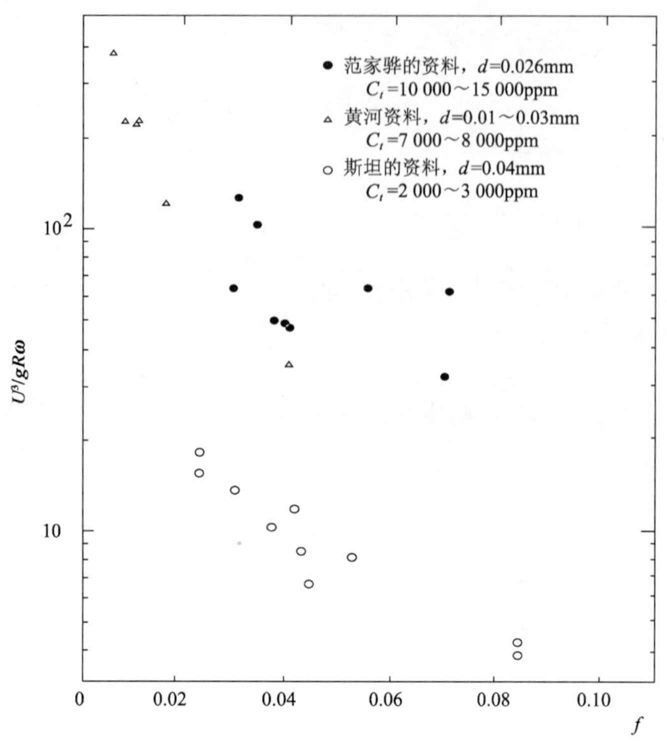

图 3-9　$\frac{U^3}{gR\omega}$与达西—韦斯巴赫系数 f 的关系(Yang and Kong,1991)

式(3-82)取 f 为常数就是维利坎诺夫公式。由于 f 不是常数,维氏公式也就不能认为是合理的。随着沙波的消长,f 变化十分复杂。并不能简单地由式(3-83)所表达,故图 3-9 中点群分布很散乱,也就是 m 不能精确给出,用实测资料率定的 m 是一种统计平均值。韩其为根据长江、汉江、黄河以及渠道等大量野外实测资料反复得到 $m=0.92$[6]、[21]。

由式(3-74)可知,水流有效势能转化为紊动动能是线性转化,从而得到式(3-75)、式(3-77)和式(3-80)。式(3-78)意味能量转化是非线性的,受制于泥沙运动特性和水流相对强度。

比较式(3-77)、式(3-80)和式(3-82),前者式中含有能坡 J,天然河流资料不易取得,即便取得了水面坡资料,其精度也难以控制,再换算成能坡就更加困难;后者涉及到阻力,求阻力系数 f 同样也要用能坡 J,而且也难算准;唯有式(3-80)不含 J,概念合理、使用方便,虽然 m 不甚精确,但由经验可知变化不大,因此为国内理论和工程界广为应用。

3.5　非均匀沙挟沙能力

天然河流多为非均匀沙,沙质河床悬移质级配远比床沙和推移质更不均匀,其中冲泻质要比河床质细得多。冲泻质来自流域,一般不参加造床,常处于次饱和,故而“一泻千里”;床沙质与床沙不断发生交换,其含沙量与挟沙能力关系密切。据此,目前对非均匀沙挟沙能力处理有两种方式,即:一是忽略冲泻质不计的床沙质模式;另一是计及冲泻质的全沙模式。

3.5.1 非均匀沙挟沙能力模式概述

1)床沙质模式

将非均匀沙分成 n 组，每组都可视为均匀沙，其挟沙能力可沿用均匀沙公式。第 i 组挟沙力 S_{*i} 与综合挟沙力 $S_*(\omega_*)$ 之间关系为：

$$S_{*i} = p_i^* S_*(\omega_*) \tag{3-85}$$

式中 p_i^* 为非均匀沙挟沙能力级配。在输沙平衡条件，p_i^* 与床沙级配 i_0 存在着必然联系，不同的假定可得到不同的结果，具有代表性的有：

(1)韩其为假定

韩其为(1973 年)假定在强平衡输沙时有下列关系[6]：

$$S_{*i} = i_0 S_*(\omega_i) \tag{3-86}$$

式中 i_0 为床沙粒径 D_i 的级配；$S_*(\omega_i)$ 为床沙粒径 D_i 的均匀沙挟沙能力，若应用张瑞瑾公式(3-80)，联解式(3-85)及式(3-86)可得：

$$p_i^* = i_0\left(\frac{\omega_*}{\omega_i}\right)^m = \frac{\dfrac{i_0}{\omega_i^m}}{\sum\limits_{i=1}^{n}\dfrac{i_0}{\omega_i^m}} \tag{3-87}$$

$$\omega_* = \left(\sum_{i=1}^{n} p_i^* \omega_i^m\right)^{\frac{1}{m}} \tag{3-88}$$

式(3-86)是沿用 Einstein(1950 年)处理非均匀沙推移质输沙率假定[3]，美国陆军工程师兵团研制的 Hec-6 模型也是如此[22]。

(2)窦国仁假定

窦国仁(1987 年)假定冲刷量与挟沙能力富裕程度成正比，得到[16]：

$$p_i^* = \frac{\left(\dfrac{i_0}{\omega_i}\right)^\alpha}{\sum\left(\dfrac{i_0}{\omega_i}\right)^\alpha} \tag{3-89}$$

式中 α 为待定系数，取 1/6。

韩其为通过分析，认为式(3-89)不合理[23]。

(3)李义天假定

李义天(1987 年)根据床沙与悬沙在河床底部交换平衡原理得到[24]：

$$p_i^* = \frac{i_0\dfrac{1-A_i}{\omega_i}(1-e^{-6z_*})}{\sum\limits_{i=1}^{n} i_0\dfrac{1-A_i}{\omega_i}(1-e^{-6z_*})} \tag{3-90}$$

$$A_i = \frac{\omega_i}{\left[\dfrac{\sigma}{\sqrt{2\pi}}e^{-\frac{1}{2}\left(\frac{\omega_i}{\sigma}\right)^2} + \omega_i\phi\left(\dfrac{\omega_i}{\sigma}\right)\right]} \tag{3-91}$$

式中 $\phi\left(\dfrac{\omega}{\sigma}\right)$ 可用式(3-40)计算。

从理论上讲式(3-90)的推导比较严格,但是在推演过程中采用了 Lane-Kalinske 公式(3-28)是否合理,以及平均含沙量用积深法与挟沙能力(输沙率法)不一致等问题,使得公式的可靠性受到一定影响。

2)全沙模式

床沙模型实际上有两个假定:一是假定冲泻质不消耗水流能量,全沙挟沙能力就等同于床沙质挟沙能力。若冲泻质是细粉沙,如 $d<0.01$mm,沉速小,挟沙能力极大,而在悬沙中含量又不多(含量多水流不再是牛顿体),无疑可以忽略不计;若冲泻质是极细沙,如 $d<0.1$,其沉速是 $d=0.01$mm 泥沙 90 余倍,将其忽略就不适宜,因此,如何确定冲泻质即是关键;另一假定就是认为床沙质挟沙能力级配只是由床沙级配决定的。后一假定的正确性是有条件的,若来沙粗于床沙,不论饱和与否,由于悬沙与床沙交换,粗沙会置换细沙,淤粗冲细,挟沙能力级配确乎由较细的床沙决定。反之,来沙细于床沙,若来沙过饱和或饱和,其级配均由来沙级配决定,与床沙无关;若来沙次饱和,水流除挟带已有的较细的来沙外,还会以其剩余的能力挟带较粗的床沙,挟沙能力级配由来沙和床沙共同组成。

全沙模型既考虑床沙级配,又考虑来沙级配,将床沙级配与来沙级配有机地联系在一起。在这里冲泻质划分不重要,不必严格。韩其为自 1972 年起就一直致力于非均匀沙输沙问题的研究,提出了一些新的概念,对促进非均匀沙研究作出重要贡献,他由水量百分比假定(1972年)获得了非均匀沙分组挟沙能力公式,其 1990 年公式为[23、25]:

$$S_i^* = SP_{4,1}P_{4,l,1} + SP_{4,2}P_{4,l,2}\frac{S^*(l)}{S^*(\omega_{1,1}^*)} + \left[1 - \frac{P_{4.1}S}{S^*(\omega_1)} - \frac{P_{4,2}S}{S^*(w_{1,1}^*)}\right]P_nP_{4,l,1,1}S^*(w_{1,1}^*) \tag{3-92}$$

全沙挟沙力公式为:

$$S^*(w_*) = \sum S_i^* = SP_{4,1} + SP_{4,2}\frac{S^*(w_2^*)}{S^*(w_{1,1}^*)} + \left[1 - \frac{P_{4,1}S}{S^*(w_1)} - \frac{P_{4,2}S}{S^*(w_{1,1}^*)}\right]P_nS^*(w_{1,1}^*) \tag{3-93}$$

式中,$P_{4,1}$ 为冲泻质含量百分数;$P_{4,2}$ 为床沙质含量百分数;P_n 为床沙可悬百分数,即床沙中 $l\leqslant n$ 组泥沙均可悬,m 为床沙总分组数,$m>n$;脚标 l 为粒径 D_L 分组序号,角标 * 为挟沙能力与挟沙能力级配的标记;$S^*(l)$ 为粒径 D_L 的均匀沙挟沙能力,其余参数分别为:

$$P_{4,l,1} = \begin{cases} \dfrac{P_{4,l}}{P_{4,1}} = \dfrac{P_{4,l}}{\sum\limits_{i=1}^{k}P_{4,l}} & (l\leqslant k) \\ 0 & (l>k) \end{cases} \tag{3-94}$$

$$P_{4,l,2} = \begin{cases} \dfrac{P_{4,l}}{P_{4,2}} = \dfrac{P_{4,l}}{\sum\limits_{l=k+1}^{n}P_{4,l}} & (k<l\leqslant n) \\ 0 & (l>n) \end{cases} \tag{3-95}$$

$$P_{1,l,1,1} = \begin{cases} \dfrac{P_{1,l,1}}{P_1} = \dfrac{P_{1,l,1}}{\sum\limits_{l=1}^{m}P_{1,l,1}} & (l\leqslant m, m\geqslant n) \\ 0 & (l>m) \end{cases} \tag{3-96}$$

$$\frac{1}{S^*(\omega_1)} = \sum_{l=1}^{k} \frac{P_{4,L,1}}{S^*(l)} \tag{3-97}$$

$$S^*(\omega_{1,1}^*) = \sum_{l=1}^{m} P_{1,l,1,1} S^*(l) \tag{3-98}$$

$$S^*(\omega_2^*) = \sum_{l=k+1}^{n} P_{4,l,2} S^*(l) \tag{3-99}$$

$$P_{4,l,1,1}^* = \frac{S^*(l)}{S^*(\omega_{1,1}^*)} P_{1,l,1,1} \tag{3-100}$$

当 $P_{4,1}=0$(无冲泻质)，$P_{4,2}=1$ 及 $P_n=1$(全部床沙均可悬)时，式(3-93)即为：

$$S^*(\omega_*) = S^*(\omega_{1,1}^*) - S\left[1 - \frac{S^*(\omega_2^*)}{S^*(\omega_{1,1}^*)}\right] \tag{3-101}$$

式(3-101)有三种可能：

(1)当 $S^*(\omega_2^*) > S^*(\omega_1^*)$ 即来沙细于床沙时，由式(3-101)可得 $S^*(\omega_*) > S^*(\omega_{1,1}^*)$，且 S 越大 $S^*(\omega_*)$ 也越大。

①来沙过饱和，即 $S > S^*(\omega_2^*)$，发生淤积，挟沙能力应为 $S^*(\omega_2^*)$，与床沙级配无关，也不会出现来沙含沙量越大，挟沙能力越大的情况，式(3-101)不合理。

②来沙次饱和，即 $S < S^*(\omega_2^*)$，水流除能挟带全部来沙外，尚有剩余能力挟带(冲起)床沙，挟沙能力应由来沙与有效床沙挟沙能力构成，也不是式(3-101)。

(2)当 $S^*(\omega_2^*) < S^*(\omega_{1,1}^*)$，即来沙粗于床沙时，由式(3-102)可得 $S^*(\omega_*) < S^*(\omega_{1,1}^*)$，且 S 越大 $S^*(\omega_*)$ 越小，甚至有可能出现负值，显然不合理。

来沙粗，不论饱和与否，悬沙中粗沙必将为床沙中比其细的泥沙所置换，决定挟沙能力由床沙级配决定，挟沙能力应为 $S^*(\omega_{1,1}^*)$，与来沙及其级配无关。因而式(3-101)也是不合理的。

(3)当 $S^*(\omega_2^*) = S^*(\omega_{1,1}^*)$ 时，即来沙 ω_2^* 等于床沙 $\omega_{1,1}$，无论来沙饱和与否，由式(3-101)均可得 $S^*(\omega_*) = S^*(\omega_{1,1}^*)$，即挟沙能力由来沙和床沙决定是一致时，此时式(3-101)才是唯一正确的，事实上这种情况出现的机遇极小。

综上所述，全沙挟沙能力公式(3-93)值得商榷。

3.5.2　饱和度与非均匀沙挟沙能力[26]、[27]

1)非均匀沙的饱和含沙量

水流挟沙能力是表征水流搬运悬移质泥沙的一种"功能"的物理量，它是指一定的水力条件，输移一定粗细的泥沙，而水体中的含沙浓度恰恰处于"饱和状态"的那个一定的"临界值"。该临界值即挟沙能力，等价于饱和含沙量。设水流中的含沙量为 S，与该含沙量相应条件下的水流挟沙能力为 S_*，定义：

$$N = \frac{S}{S_*} \tag{3-102}$$

式中，N 为饱和度。根据挟沙能力的定义，当 $N=1$ 时为饱和状态，$N<1$ 时为次饱和状态，$N>1$ 时为过饱和状态。

设水流中含有 n 组粒径粗细不等的混合沙，其总含沙量为 S；其中第 i 组，粒径为 d_i 的含沙量为S_i；d_i粒径在该水流中单独输移时的挟沙能力为ρ_i，饱和度为N_i；当混合沙总体恰恰饱和时应有：

$$N=\sum_{i=1}^{n}N_i=\sum_{i=1}^{n}\left(\frac{S_i}{\rho_i}\right)=1 \tag{3-103}$$

令：

$$p_i=\frac{S_i}{S} \tag{3-104}$$

由式(3-103)可得$N=1$时：

$$S_*=\left(\sum_{i=1}^{n}\frac{p_i}{\rho_i}\right)^{-1} \tag{3-105}$$

式(3-105)即为非均匀沙组合挟沙能力的基本公式。其中ρ_i是粒径为d_i的均匀沙挟沙能力，用不同公式代入式(3-105)便可得到不同形式的非均匀沙组合挟沙能力公式。用张瑞瑾公式，即：

$$\rho_i=K\left(\frac{U^3}{gh\omega_i}\right)^m$$

代入式(3-105)可得：

$$S_*=K\left(\frac{U^3}{gh\omega}\right)^m \tag{3-106}$$

式中：

$$\omega=\left(\sum_{i=1}^{n}p_i\omega_i^m\right)^{\frac{1}{m}} \tag{3-107}$$

式(3-106)即为非均匀沙组合挟沙能力公式，结构形式与式(3-80)完全相同，其中ω为组合沉速，不同于重量加权平均沉速，与韩其为用“水量百分比”假定所得结果完全一致[6]。

对若干天然河流，用式(3-107)的沉速，并取$m=0.92$，点绘出实测含沙量与挟沙能力因子$U^3/h\omega$关系如图3-10[21]。图中各河点群中线的斜率恰好均为0.92，而系数K_o却不同，换算成式(3-106)中的$K(=g^{0.92}K_o)(\mathrm{kg/m^3})$，长江汉口（1975～1987年，测次371）$K=0.14$；汉江仙桃（1975～1987年，测次307）$K=0.14$；塔里木河阿拉尔站（1990～1995年，测次528）$K=0.16$；黄河（1966～1989年）$K=0.24$；此外，三门峡库区潼关站（1960～1987年）$K=0.33$。为什么K相差如此之大，显然与含沙量饱和与否有关，过饱和含沙量大于挟沙能力，次饱和含沙量小于挟沙能力，只有饱和时含沙量才等于挟沙能力。长江和汉江微冲微淤，含沙量接近饱和，故其中线可视为不冲不淤，其$K=0.14$可视为挟沙能力系数；三门峡库区总是淤积的，含沙量过饱和，其中线仍然是过饱和，其$K>0.14$是必然的，不是挟沙能力系数；同样，黄河1966年以后三门峡水库排沙运用，河床大量淤积，汛期有冲有淤，以淤为主，非汛期为单纯淤积，枯季小含沙量偏于中线上方，而汛期大沙更多点据偏于中线下方，实际中线的斜率并不是0.92，而是更小，该中线也是过饱和线。饱和线应是唯一的，并不存在淤积饱和和冲刷饱和的多值关系，只是恢复缓慢，尚未达到极值而已。

2)床沙质有效挟沙能力

悬沙通常有两个组成部分：一是冲泻质，通常来自流域，其组成较细，“不参与造床”，即该粒径泥沙在河床上一般不存在；二是床沙质，一般来自流域较粗的泥沙在与上游河段床沙发生

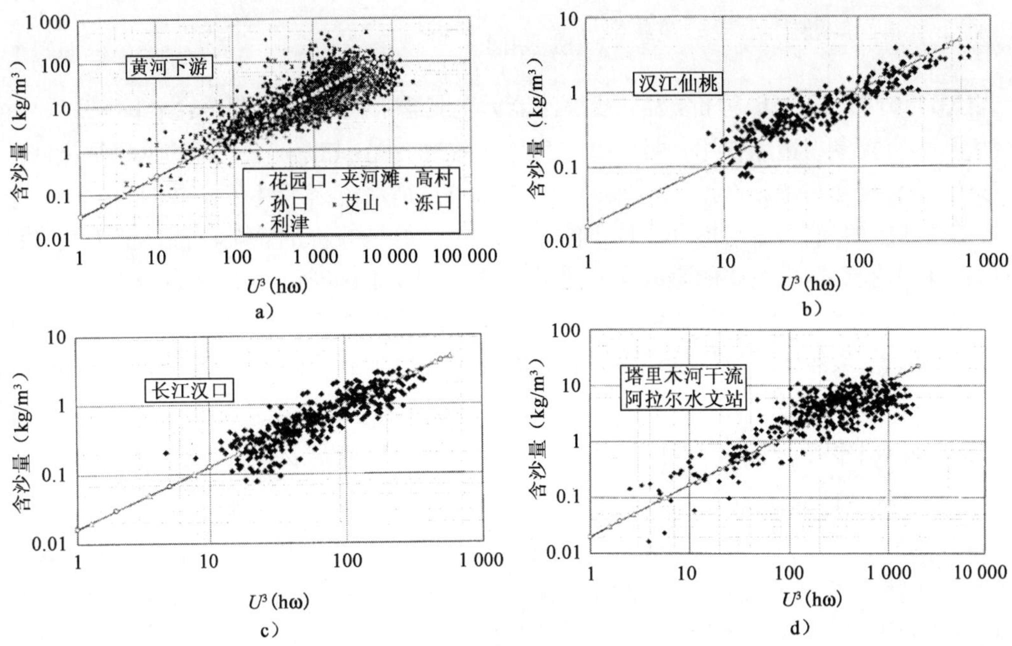

图 3-10　全沙含沙量与挟沙能力因子 $U^3(h\omega)$ 关系[21]

交换后携下，或者由当地河床补给，与床沙关系极为密切。设悬沙中 n 级粒径组成按由细到粗的次序排列，其中 $1\sim k$ 组为冲泻质，$k+1\sim n$ 组为床沙质，在饱和条件下由式(3-103)可写出：

$$\sum_{i=1}^{k}\left(\frac{S_i}{\rho_i}\right)+\sum_{i=k+1}^{n}\left(\frac{S_i}{\rho_i}\right)=1 \tag{3-108}$$

令：

$$\rho_w=K\left(\frac{U^3}{gh\omega_w}\right)^m,\omega_w=\left[\frac{\sum\limits_{i=1}^{k}p_i\omega_i^m}{\sum\limits_{i=1}^{k}p_i}\right]^{\frac{1}{m}}$$

$$\rho_b=K\left(\frac{U^3}{gh\omega_b}\right)^m,\omega_b=\left[\frac{\sum\limits_{i=k+1}^{n}p_i\omega_i^m}{\sum\limits_{i=k+1}^{n}p_i}\right]^{\frac{1}{m}}$$

代入式(3-108)则得：

$$\frac{S_w}{\rho_w}+\frac{S_b}{\rho_b}=1 \tag{3-109}$$

式中，S_w 及 ρ_w 为冲泻质含沙量及挟沙能力；S_b 及 ρ_b 为床沙质含沙量及挟沙能力。

$$S_w=\sum_{i=1}^{k}S_i=S\sum_{i=1}^{k}p_i=SP_w$$

$$S_b=\sum_{i=k+1}^{n}S_i=S\sum_{i=k+1}^{n}p_i=SP_b$$

$$S_w+S_b=S \tag{3-110}$$

将式(3-109)代入式(3-110)可得：

$$S_* = S_w + \left(1 - \frac{S_w}{\rho_w}\right)\rho_b \tag{3-111}$$

式(3-111)与式(3-106)等价，为全沙挟沙能力。其含有两个组成部分：一部分 S_w 是冲泻质含沙量，不直接参与造床作用，对河床演变是“无效”的；另一部分 $(1-S_w/\rho_w)\rho_b$ 是床沙质有效挟沙能力，直接参与造床作用，对河床演变是有效的，是水流因消耗于挟带冲泻质所剩余的用来挟带床沙质的“能力”，与饱和条件下的床沙质含沙量是等价的。全沙挟沙能力这样的分解不仅具有理论意义，更重要的是有实际意义，它把以往人们在全沙挟沙能力与床沙质挟沙能力的应用上的分歧统一了起来，也纠正了以往认为床沙质挟沙能力就等于饱和条件下的床沙质含沙量的认识，虽然床沙质挟沙能力与其有效挟沙能力一般相差不大，即 S_w/ρ_w 一般很小，但在概念上毕竟是有差异的。

3)床沙有效掀沙能力

在输沙平衡条件下，河床沿程不发生冲淤变化，含沙量沿程不变，处于饱和状态。就均匀流而言，含沙量沿程不变，意味着含沙量组成亦不变。事实上悬沙和床沙均在重力和紊动的双重作用下不时地发生相互交换，若含沙量及其组成均不变，意味着其交换只能是等质等量的。

设悬沙分级同上，床沙分 $k+1\sim n$ 级(无冲泻质)。在平衡条件下，悬沙与床沙发生等质等量交换，即从河床上掀起的床沙与从水流中落入河床的悬沙在数量上和粒径粗细上恰恰相等。对于第 i 组泥沙应有：

$$p_{b,i}^* \rho_* = i_0 \rho_i \tag{3-112}$$

此即式(3-86)，ρ_* 为水流综合掀沙能力；$p_{b,i}^*$ 为水流掀沙能力级配，$\sum\limits_{i=k+1}^{n} p_{b,i}^* = 1$；$i_0\rho_i$ 为水流掀起床面第 i 组泥沙的部分掀沙能力，其中 i_0 为床沙中第 i 组泥沙占床沙总量的重量百分数。对式(3-112)求和得：

$$\rho_* = \sum_{i=k+1}^{n} i_0 \rho_i \tag{3-113}$$

故掀沙能力级配为：

$$p_{b,i}^* = \frac{i_0 \rho_i}{\rho_*} = \frac{\dfrac{i_0}{\omega_i^m}}{\sum\limits_{i=k+1}^{n}\left(\dfrac{i_0}{\omega_i^m}\right)} \tag{3-114}$$

此即式(3-88)：

$$\omega_*^m = \sum_{i=k+1}^{n} p_{b,i}^* \omega_i^m$$

由式(3-114)可得掀沙能力为：

$$\rho_* = K\left(\frac{U^3}{gh\omega_*}\right)^m \tag{3-115}$$

在平衡条件下，掀沙能力等价于床沙质挟沙能力，即：

$$\rho_* = \rho_b$$

故全沙挟沙能力为：

$$S_* = S_w + \left(1 - \frac{S_w}{\rho_w}\right)\rho_* \tag{3-116}$$

式中，$(1-S_w/\rho_w)\rho_*$ 为有效掀沙能力。

以上所讨论的问题是床沙全部可悬的情况。若床沙中只有 P_k 部分参悬，$1-P_k$ 部分不参悬，只可能掀起 $P_k\rho_*$，水流尚未达到饱和。

以来沙次饱和为例，将床沙按可悬和不可悬两部分重新排列，可悬部分占河宽比率为 P_k，不可悬部分占河宽比率为 $1-P_k$。设来沙中 S_w 为冲泻质，S_b 为床沙质，全沙为 S，相应的挟沙能力分别为 ρ_w，ρ_b 和 ρ。由于 $1-P_k$ 部分床沙不能悬浮，即无床沙补给，水体中含沙量即为来沙含沙量 S；P_k 部分水体中除保持来沙含沙量 S 外，还要从床沙中补给 $(1-S_w/\rho_w-S_b/\rho_b)\rho_*$，因此恢复后全断面平均含沙量为：

$$\begin{aligned} S_* &= S(1-P_k) + \left[S + \left(1 - \frac{S_w}{\rho_w} - \frac{S_b}{\rho_b}\right)\rho_*\right]P_k \\ &= S + \left(1 - \frac{S_w}{\rho_w} - \frac{S_b}{\rho_b}\right)P_k\rho_* = S + \left(1 - \frac{S}{\rho}\right)P_k\rho_* \end{aligned} \tag{3-117}$$

由式(3-117)可见，次饱和时，床沙质也可视作冲泻质；在床沙补给不充分时有效掀沙能力为 $(1-S/\rho)P_k\rho_*$；当 $P_k<1$ 时，S_* 不是饱和含沙量，也就不是真正意义上的挟沙能力，但它又是当地含沙量恢复的极限值，定义为冲刷条件下的“准挟沙能力”；由于床沙沿程不断加盟，S_b 沿程加大，S_* 也沿程加大，不断趋于饱和，使恢复距离加长。计算中应根据 S_b 的变化，随时随地作调整。

至此，便获得在不平衡输沙时不同的交换条件下三种挟沙能力表达式，即式(3-111)、式(3-116)和式(3-117)，下面将进一步讨论其应用条件。

顺便指出，上述三式与式(3-93)相比较，其中 $S_w=SP_{4,1}$，$S_b=SP_{4,2}$，$\rho_w=S\cdot(\omega_1)$，$\rho_b=S\cdot(\omega_2^*)$，$S_*=S\cdot(\omega^*)$，$\rho_*=S\cdot(\omega_{1,1}^*)$。比较式(3-117)(当 $P_n=P_k=1$ 时)与式(3-101)就不难看出它们在形式上和概念上都有重大的不同。

4)悬沙与床沙交换基本形式[26]

均匀沙的悬沙与床沙交换(严格地说是以推移质为中介)会产生三种结果：一是交换结果河床表现为淤积；二是交换结果河床表现为冲刷；三是不冲不淤的等量交换，也是等质交换。前二者属于不平衡输沙，后者为平衡输沙。非均匀沙由于来沙的数量、组成及床沙的组成千差万别，等质等量交换的输沙实际上是不存在的，不平衡输沙则是绝对的。不平衡输沙的交换形式也有三种，即：

(1)单纯淤积

当来沙中床沙质含沙量大于床沙质有效挟沙能力(过饱和)，且掀沙能力小于床沙质挟沙能力(来沙细于床沙)，即：

$$S_b > (1 - S_w/\rho_w)\rho_b;\ \rho_* < \rho_b$$

时，床沙质中各级泥沙均表现为淤，只是粗沙相对淤积较多。床沙因为较粗，不易被掀起，即使有少量被掀起也因水流中含沙量过剩，复而又沉下。这种情况通常出现于水库的壅水区。

(2)单纯冲刷

当来沙中床沙质含沙量小于床沙质有效挟沙能力(次饱和),且掀沙能力也小于床沙质挟沙能力(来沙细于床沙),即:

$$S_b < (1 - S_w/\rho_w)\rho_b; \qquad \rho_* < \rho_b$$

时,床沙中可悬的各级泥沙均表现为冲,只是细沙冲起量相对较大。悬沙因为较细,不易下沉,即使有少量下沉,也因水流挟沙能力过剩,又被掀起。这种情况通常出现在水库下游的近坝段,清水冲刷则是其特例。

(3)淤粗冲细

不论来沙饱和与否,只要来沙组成粗于可以被水流掀起的床沙组成,即水流掀沙能力大于床沙挟沙能力,亦即:$\rho_* > \rho_b$ 时,都会发生淤粗冲细情况。悬沙与床沙这种不等质交换,必然导致不等量交换,即下沉量少,上冲量多,河床一般呈现为净冲,床沙变粗,悬沙变细。此种情况通常出现在水库下游远离大坝的河段。因为天然河道床沙总是沿程变细,由坝下河段冲刷补给的沙量一般组成较粗,行至其下游因水力条件的变化,可能呈现不同的饱和状态,但不论饱和与否,都会因不等质不等量的交换而发生冲刷。这就是坝下冲刷能够延续长达数百公里的原因之一。

5)不平衡输沙时水流挟沙能力的应用

水流挟沙能力既然是表征水流挟运悬移质泥沙的一种“功能”的物理量,当然可以挟运来自河段上游的悬沙,也可以挟运本河段从河床上掀起的床沙。究竟水流选择挟运哪一部分,这就要看哪一部分最易于悬浮而不易下沉。如果来沙中的床沙质粗于可以被掀起的床沙,无疑水流将选择后者挟带,不论来沙饱和与否,终将逐渐被从河床上掀起的床沙所替换,这种替换可能是部分的,也可能是全部的,此时水流挟沙能力取决于床沙;反之,如果来沙细于可以被掀起的床沙,将因水流中来沙的饱和状态不同,或者由部分床沙被掀起转化为悬沙,成为悬沙的一部分,或者由部分悬沙下沉转化为床沙,成为床沙的一部分。这种转化既受制于水流挟沙能力,又反过来制约水流挟沙能力。因此,不平衡输沙的挟沙能力构成不是唯一的,而是随悬沙与床沙交换形式而异,但是这并不能理解为挟沙能力是多值关系。

(1)单纯淤积

单纯淤积时在来沙处于过饱和而床沙又较粗的条件下发生的,床沙难以掀起,悬移质含沙量是由来沙决定的,因此,挟沙能力应采用式(3-111),即:

$$S_* = S_w + \left(1 - \frac{S_w}{\rho_w}\right)\rho_b$$

(2)单纯冲刷

单纯冲刷是在来沙处于次饱和而床沙也较粗的条件下发生的。由于是次饱和,挟沙能力有富余;由于床沙较粗,较细的悬沙难以置换床沙,相当于冲泻质。挟沙能力亏空部分只能由掀起床沙来补缺,悬移质含沙量由来沙与床沙补给共同组成,因此挟沙能力应用式(3-117):

$$S_* = S + \left(1 - \frac{S}{\rho}\right)P_k\rho_*$$

清水冲刷时，$S=0$，式(3-117)即为：

$$S_* = P_k \rho_*$$

(3)淤粗冲细

水库下泄清水或冲泻质，由坝下河床冲刷所恢复的床沙质，当其向下游运行时，其组成有可能比其下游床沙为粗，必与比其细的床沙发生置换。此时床沙质含沙量由床沙掀沙所决定，挟沙能力公式应采用式(3-116)，即：

$$S_* = S_w + \left(1 - \frac{S_w}{\rho_w}\right)\rho_*$$

6)分组挟沙能力表达形式

由于挟沙能力与悬沙及床沙组成密切相关，要知道冲淤过程中挟沙能力的调整必须首先知道悬沙和床沙粒径组成的变化，即需要知道分组粒径挟沙力，以进行分组粒径冲淤计算。根据式(3-111)、式(3-116)和式(3-117)，可得分组粒径挟沙能力分别为：

(1)单纯淤积

判别条件：$S_b > \left(1 - \frac{S_w}{\rho_w}\right)\rho_b$；$\rho_* < \rho_b$

分组挟沙力：

$$S_i^* = p_{w,i} P_w S + \left(1 - \frac{S_w}{\rho_w}\right) p_{b,i} P_b \rho_b \tag{3-118}$$

式中，S_i^* 为第 i 组粒径挟沙力；$p_{w,i}$ 和 $p_{b,i}$ 分别为冲泻质和床沙质中第 i 组泥沙占其总量的百分数，即：

$$p_{w,i} = \begin{cases} \dfrac{p_i}{P_w} & (i \leqslant k) \\ 0 & (i > k) \end{cases}$$

$$p_{b,i} = \begin{cases} \dfrac{p_i}{P_b} & (i > k) \\ 0 & (i \leqslant k) \end{cases}$$

(2)单纯冲刷

判别条件：$S_b < \left(1 - \frac{S_w}{\rho_w}\right)\rho_b$；$\rho_* < \rho_b$

分组挟沙力：

$$S_i^* = p_i S + \left(1 - \frac{S}{\rho}\right) P_k p_{b,j}^* \rho_* \tag{3-119}$$

(3)淤粗冲细

判别条件：$\rho_* > \rho_b$

分组挟沙力：

$$S_i^* = p_{w,i} P_w S + \left(1 - \frac{S_w}{\rho_w}\right) p_{b,j}^* \rho_* \tag{3-120}$$

7)挟沙能力级配

挟沙能力级配是分组粒径挟沙能力与综合挟沙能力的比值，即：

(1)单纯淤积

$$p_i^* = \frac{S_i^*}{S_*} = p_{w,i} P_w \frac{S}{S_*} + \left(1 - \frac{S_w}{\rho_w}\right) p_{b,i} P_b \frac{\rho_b}{S_*} \tag{3-121}$$

对式(3-121)求和,得:

$$1 - P_w \frac{S}{S_*} = \left(1 - \frac{S_W}{\rho_W}\right) P_b \frac{\rho_b}{S_*}$$

代入式(3-121)得:

$$p_i^* = p_{b,i} + (p_{w,i} - p_{b,i}) \frac{S_w}{S_*} \tag{3-122}$$

由式(3-122)可见,在单纯淤积情况下,挟沙力级配与床沙无关。无冲泻质,即当 $S_w = 0$ 时,床沙质级配就是挟沙能力级配。

(2)单纯冲刷

$$p_i^* = p_i \frac{S}{S_*} + \left(1 - \frac{S}{\rho}\right) P_k p_{b,j}^* \frac{\rho_*}{S_*} \tag{3-123}$$

同样,对式(3-123)求和,经运算可得:

$$p_i^* = p_{b,i}^* + (p_i - p_{b,i}^*) \frac{S}{S_*} \tag{3-124}$$

单纯冲刷,挟沙能力级配既与来沙有关,也与床沙有关。当 $S=0$,即清水冲刷时,掀沙能力级配就是挟沙能力级配,亦即挟沙能力级配只与床沙有关。

(3)淤粗冲细

$$p_i^* = p_{w,i} P_w \frac{S}{S_*} + \left(1 - \frac{S_w}{\rho_w}\right) p_{b,i}^* \frac{\rho_*}{S_*} \tag{3-125}$$

同理,由式(3-125)可得:

$$p_i^* = p_{b,i}^* + (p_{w,i} - p_{b,i}^*) \frac{S_w}{S_*} \tag{3-126}$$

淤粗冲细,挟沙能力级配同时与来沙及床沙级配有关。

上述分析表明,全沙挟沙能力及其级配与来沙及床沙级配有不相同的关系。来沙与床沙交换有三种形式:即单纯淤积、单纯冲刷和淤粗冲细。不同交换形式的挟沙能力及其级配表述形式虽然一样,但内涵不同,企图用一个通式来表达,似乎不可能。

3.6 冲泻质与床沙质

3.6.1 悬移质、推移质和床沙的关系

水流中的泥沙运动一般可分为两类:一类是悬移质,包括冲泻质和床沙质;另一类是推移质,是床沙质的一部。床沙质既可作悬移运动,也可作推移运动,作悬移运动位于主流区,称"悬沙",作推移运动位于床面附近,又称"底沙"。悬沙与底沙在相当大的粒径范围内相互重叠,见图 3-11。冲泻质在床沙中含量极少,基本不参与造床,故又称"非造床质",床沙质是造床的主体,又称"造床质"。

图 3-11 为黄河花园口及长江新厂实测的悬移质、推移质和河床质级配对照。该图为两种典型,图 a)为部分床沙可悬,图 b)为全部床沙均可悬,其共同点是两图中床沙级配曲线上均有一个下拐点 D_{k1}。$D<D_{k1}$ 的泥沙在床沙中含量发生突变,总量大体在 5%左右,一般不超过 10%,其存在主要是受粗沙的庇护,通常称 D_{k1} 为冲泻质与床沙质的分界粒径。悬沙级配曲线上有一个上拐点 d_{k2},$d>d_{k2}$ 的泥沙在悬沙中含量极少,一般不超过 1%,其与悬沙最大粒径 d_M 可能相差悬殊,其原因是水流紊动随机性,d_M 的值大小也有较大的随机性。

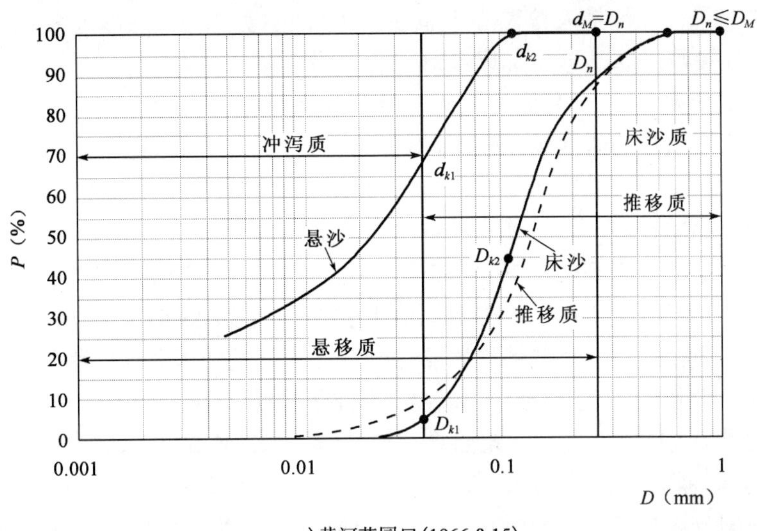

a) 黄河花园口(1966.8.15)

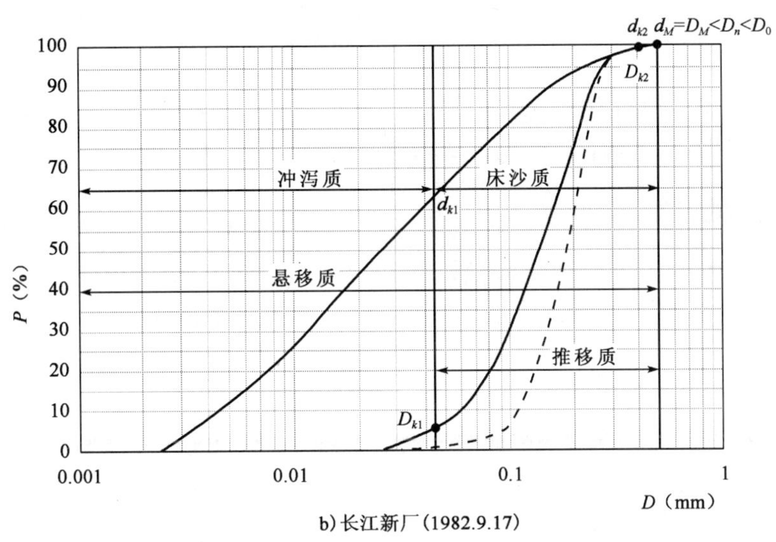

b) 长江新厂(1982.9.17)

图 3-11　悬移质、推移质和河床质级配对照

当床沙最大粒径 $D_M>d_M$ 时,d_M 理应就是床沙临界可悬粒径 D_n,考虑到 d_M 具有不确定性,且 $d>d_{k2}$ 出现几率很小,以 d_{k2} 取代 d_M,其含沙量误差不超过 1%,即近似以 D_{k2} 作为临界可悬粒径更具实用意义,为区别于 D_n,定义 D_{k2} 为临界参悬粒径,$D\leqslant D_{k2}$ 的泥沙占床沙总量百分数为参悬百分数 P_k。

比较图 3-11 中 a)、b)两图，除存在上述 D_{k1} 和 d_{k2} 两个共性外，还有以下异同点：

①床沙部分可悬。床沙最大粒径大于悬沙最大粒径，见图 a)，悬沙最大粒径理应等于床沙可悬粒径 D_n，即 $D_M > d_M = D_n$，床沙中 $D > D_n$ 的泥沙不可悬，只作推移运动。$D < D_n$ 的泥沙既可作推移运动又可作悬移运动，其中 $D < D_{k2}$ 的泥沙以作悬移运动为主，$D_{k2} < D < D_n$ 的泥沙主要作推移质运动，作悬移运动几乎可以忽略，即参悬几率很小。d_M 与 d_{k2} 差距较大，是水流紊动的随机所致。

②床沙全部可悬。床沙最大粒径等于悬沙最大粒径，见图 b)，悬沙最大粒径一般小于床沙可悬粒径，即 $d_M = D_M \leqslant D_n$，即全部床沙既可作悬移运动又可作推移运动。由于 $D > D_{k2}$ 的泥沙在床沙中含量很少，故该部分泥沙无论是悬移质还是推移质也都是含量很少。d_M 与 d_{k2} 差距较小，是因为 $D > D_{k2}$ 的床沙级配较窄，不可能使 d_M 向增大方向扩展。

③可悬粒径一般并不是悬移质和推移质的分界粒径，两者在床沙质中不可分，只可能存在床沙质和冲泻质分界粒径，即 D_{k1}。图 b)，悬沙含沙量为 0.85kg/m^3，冲淤基本平衡，推移质中粒径为 D_{k1} 的泥沙接近于零，$D < D_{k1}$ 作悬移运动；图 a)，悬沙含沙量为 52.4kg/m^3，属淤积情况，推移质中粒径 $D < D_{k1}$ 的沙量仍约占 10%，因为除了黄河水深小(1.22m)推移质取样可能含有浓度大的悬移质在内，使实测“推移质”级配偏细外，就是淤积会使推移质变细。

④推移质最小粒径是不确定的，饱和输沙条件下是 D_{k1}；清水冲刷条件下是 D_{k2}。因为 $D < D_{k2}$ 的泥沙在水流中次饱和，都可充当悬移质，不参与交换，似广义的“冲泻质”。只有 $D_0 > D > D_{k2}$(D_0 为床沙临界起动粒径)的泥沙作推移运动，此时 D_{k2} 既是“冲泻质”与床沙质又是悬移质和推移质的分界粒径。一般而言，床沙质(推移质)与冲泻质(“冲泻质”)之间的分界粒径可表示为：

$$D_k = D_{k2} - (D_{k2} - D_{k1})\left(\frac{S_b}{\rho_b}\right)^{\alpha} \tag{3-127}$$

式中指数 $\alpha(>0)$ 为待定数。该式表明：清水冲刷时，$S_b = 0$，$D_k = D_{k2}$；饱和输沙时，$S_b = \rho_b$，$D_k = D_{k1}$；一般冲刷时，$S_b < \rho_b$，$D_{k1} < D_k < D_{k2}$；淤积时，$S_b > \rho_b$，$D_k < D_{k1}$。

3.6.2 D_{k1}的确定

冲泻质概念的提出可追溯到 70 年前，Vetter(1937 年)和 Einstein(1940 年)等西方学者的早期研究[3]，至今已有不少学者提出了不同研究成果，为确定 D_{k1} 所提供的方法大体可分为三类：

(1)拐点法

如前所述，在图 3-11 的床沙级配曲线上取下拐点 D_{k1} 作为区分床沙质和冲泻质的临界粒径。理由是，曲线中拐点出现，表明粒径在这里发生了质变，比拐点相应粒径稍大的粒径在床沙中含量较大，而比拐点相应的粒径稍小的粒径在床沙中含量突然变小。意味着悬沙中大于此粒径的泥沙大量存在，即属于床沙质，而小于此粒径泥沙在床沙中少有，就属于冲泻质。如果级配曲线下端无拐点，就取 $P = 5\%$ 的相应粒径作为 D_{k1}[3、14]。

这种方法概念清晰，简便易行，但是很不严格，也不精确，涉及到取样的代表性、精确性，如取样的位置、深度、时机，取样时河床冲淤情况，取样时河床的扰动情况等。

(2)用沙粒沉降和抗拒沉降力(能)的对比来判别

这方面最具代表性的是“自动悬浮”概念。所谓“自动悬浮”，就是泥沙向水流提供的额外势能足以抵消因保持泥沙悬浮而付出的能量，即：

$$UJ \geqslant \omega \tag{3-128}$$

泥沙就能自动悬浮，不论流域来多少这样的泥沙都可一泻千里。提出这一概念的是王尚毅(1957 年)[28]和 Bagnold(1962 年)[29]。

式(3-128)同时表明，只要泥沙重力惯性力比(ω/UJ)小于某一数值就是冲泻质，与此相类似的还有用泥沙重力紊动力比，即悬浮指标 Z_* 小于某一数值作为冲泻质判别指标。Z_* 越小，意味托持泥沙的紊动力量相对越强，下沉几率越小，含沙量垂线分布越均匀，床面附近泥沙上下交换甚少。当 Z_* 小于某一数值，就可认为是冲泻质。通常取[30]：

$$Z_* = \frac{\omega}{ku_*} = 0.06$$

即：

$$\omega_k = 0.024U_* \tag{3-129}$$

还有些学者把冲泻质粒径与湍流的漩涡运动联系起来，认为粒径 D_{k1} 与耗能漩涡几何尺度 η 相当[4]，有充分跟随性($\omega = u$，u 为各向同性涡团的速度尺度)[31]，即为冲泻质。钟德钰认为上述两者的乘积就是颗粒雷诺数，根据各向同性的耗能漩涡的定义 $R_{e\eta} = 1$，可得冲泻质的条件就是[32]：

$$R_{eD} = \frac{\omega D_{k1}}{v} = R_{e\eta} = \frac{u\eta}{v} \leqslant 1 \tag{3-130}$$

(3)以与床沙零交换来判别

钟德钰等认为在床面附近有一种升力，当升力大于泥沙颗粒水下重力时，该粒径泥沙浓度在床面为零，具有正浓度梯度。因此，将冲泻质重新定义为在床面附近具有正浓度梯度，在床沙中比例为零，但在悬沙中大量存在的细颗粒；而在床面附近正浓度梯度，在床沙中少量存在的较细泥沙定义为冲泻型床沙质，上述两者就是传统意义上的冲泻质[22]。因此他们认为保持冲泻质状态有两个条件：

①水流强度足够大，使得在床面附近作用在颗粒上的升力大于其水下重力，这是充分必要条件；

②来流细颗粒输沙率小于等于水流对其最大输沙能力，即：

$$S_w \leqslant \rho_w \tag{3-131}$$

上述各种区分办法都是基于冲泻质粒径细这一特点，由于粒径细，沉降几率小，与床沙不发生交换，床沙中没有或少有这样颗粒。由于粒径细，悬浮几率大，床沙中该种颗粒为比其粗的沙粒所“置换”，仅有少量细沙因受粗沙庇护而存在。由于粒径细，该粒径的挟沙能力大，来沙常处于次饱和状态。由于沙细，在河床上不存在，床面含沙量为零，近壁区才会出现正浓度梯度。此外，耗能涡体对其包容性，泥沙对涡体的跟随性，含沙量垂线分布的均匀性，以及泥沙的“自动悬浮”性等无不与泥沙粒径细有关。但是这些都是细沙的物理和运动特性，与是否是冲泻质并无必然联系，只能说有一定关系，并不是判别条件，以图 3-11 为例作为定性分析，按不同方法得到 D_{k1} 见表 3-4，可见只有式(3-129)计算结果与拐点法相近，其他各式相差较大，而式(3-130)是与水流条件无关的定值。

不同方法确定的 D_{k1}(mm) 表 3-4

站名	拐点法	式(3-128)	式(3-129)	式(3-130)
长江新厂	0.050	0.03	0.055	0.130
黄河花园口	0.040	0.025	0.040	0.130

综上所述,冲泻质临界粒径的必要和充分条件应该是:来沙中小于该粒径的泥沙不淤,即满足式(3-131);床沙中小于该粒径的泥沙几乎不存在,水流有冲刷要求,但无冲刷可能,即不冲。就全沙输沙而言,冲泻质临界粒径确定准确与否并不重要,可以选择简便易行的拐点法或式(3-129)。拐点法适用于饱和输沙情况,式(3-129)中的系数 0.024 应由拐点法所得结果相一致,经大量实测资料率定最后确定。

3.6.3 D_{k2}的确定

(1)悬浮高度法

悬移质运动与推移质运动在物理本质上有重大区别,钱宁认为区分悬移质和推移质具有重要意义[3]。但是如何区分,是否存在临界粒径,迄今还没有一种完善理论或划分标准。目前所流行的方法就是按 Rouse 含沙量垂线分布公式中悬浮指标 Z_* 大小来分。爱因斯坦认为当 $Z_* \geqslant 5$ 时悬移质悬浮高度已很小,可以认为主要为推移状态。但是不同学者所规定的临界判别标准不一样,例如,拜格诺取 $Z_*=3$,恩格隆则取 $Z_*=2$[3]。

用所谓悬浮高度作为判别标准并不确切,因为不同的公式所得悬浮高度会不一样。例如采用式(3-48),当 $Z_*=5$ 时,$Z'_*=2$,其悬浮高度比式(3-27)要大得多,而按图 3-2 和图 3-3 所得的 Z'_* 其悬浮高度会更大。

由临界悬浮指标 Z_* 可求出相应的临界悬浮粒径 D_n,即床沙中 $D>D_n$ 的泥沙基本不悬,主要作推移运动,$D<D_n$ 的泥沙可悬,以悬移运动为主。由于临界 Z_* 确定有一定任意性,所得 D_n 不一定符合实际,需由实际资料检验。

(2)悬沙级配上拐点法

如前所述,悬沙级配上拐点 d_{k2} 与 d_M 或 D_n 相差悬殊,而 $d_{k2}<d<d_M$ 的含量不足 1%,在悬沙中可以忽略。以与 d_{k2} 相对应的 D_{k2} 作为床沙实际参悬临界粒径切实可行。统计长江新厂 40 组实测资料,与 $d_{k2}(=d_{(99,100)})$ 相对应的 Z_* 的频率分布如图 3-12,图中 $Z_*=2\sim3$ 占 90%,$P=50\%$的 $Z_*=2.6$;与 $d_M(d_{100})$ 相对应的 Z_* 的频率分布如图 3-13,图中 $Z_*=2\sim3$ 占 70%,$P=50\%$的 $Z_*=2.85$。

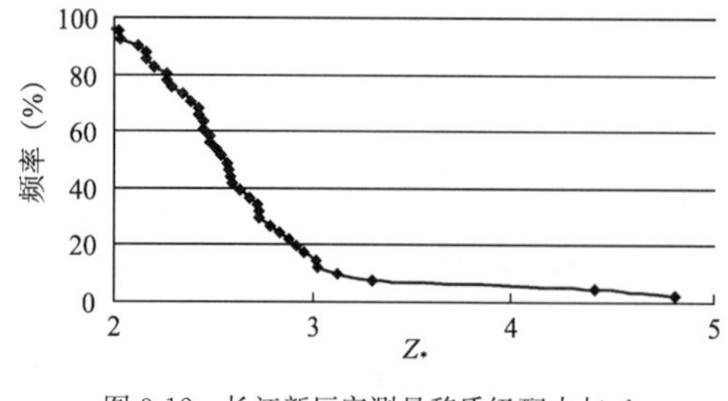

图 3-12 长江新厂实测悬移质级配中与 d_{k2} 相对应 Z_* 的频率分布

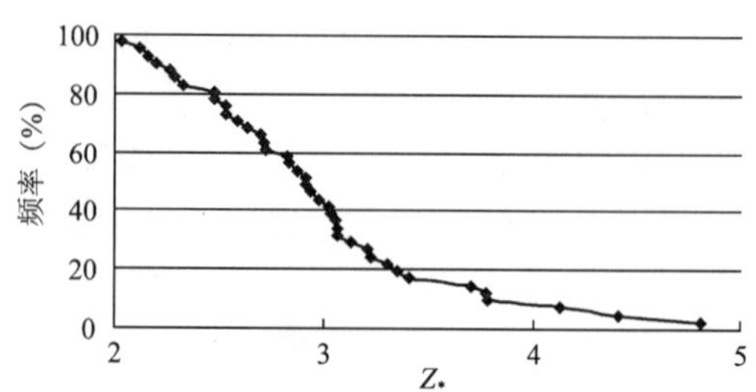

图 3-13 长江新厂实测悬移质级配中与 d_M 相对应 Z_* 的频率分布

图3-14是长江新厂和黄河铁谢及花园口共180组悬沙级配资料中与 d_M 相应的的 Z_* 频率分布，其中 $P=50\%$ 的 $Z_*=2.28$，小于图3-14的2.85，偏小的原因主要是黄河水深小，临底含沙量常常漏测，而这部分漏测含沙量又是最粗的；其次是黄河含沙量大，其中粗沙部分含沙量少，在作颗分时也难称准。

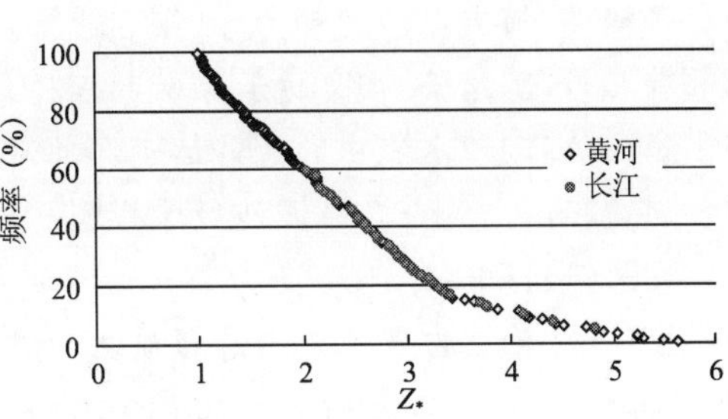

图3-14　黄河（铁谢、花园口）、长江（新厂）悬沙级配中与 d_M 相对应 Z_* 的频率分布

综上所述，无论是冲刷、淤积还是冲淤基本平衡，从总体上看，与 d_{k2} 相应的 Z_* 大体是在2与3之间，变化范围不大，产生变化的原因应与水流紊动随机性、含沙量取样误差的随机性以及比降测验误差的随机性均有密切关系，取其中值 $Z_*=2.5$ 应是适宜的，这也和恩格隆、拜格诺建议的取值基本一致。

本章参考文献

[1] 谢鉴衡. 河流模拟[M]. 北京：中国水利电力出版社，1990，192.

[2] 乐培九. 悬移质扩散方程的应用[J]. 水道港口，2000(3)：7-12.

[3] 钱宁，万兆惠. 泥沙运动力学[M]. 北京：科学出版社，1986，336-338；315-321，324-328.

[4] 侯晖昌. 河流动力学基本问题[M]. 北京：水利出版社，1982，157-185.

[5] 张启舜. 明渠水流泥沙扩散过程的研究及其应用[J]. 泥沙研究，1980，37-52.

[6] 韩其为. 水库悬移质不平衡输沙的初步研究[R]. 水库泥沙报告汇编，黄河泥沙研究协调小组编印，1973，145-168.

[7] 倪晋仁，王光谦，张红武. 固液两相流基本理论及其最新应用[M]. 北京：中国科学出版社，1991，195-254.

[8] S. Tanaka and S. Suglmato. On the distribution of suspended sediment in experimental flow-memoirs of the faculty of engineering. Kobe university, Japan, NO. 5, 1958.

[9] K. Zagustin. Sediment distribution in turbulent flow. Jour. of Hydraulic research, Vol 6 NO. 2, 1968, PP. 163-171.

[10] Laursen, E. M.. A Concentration distribution formula from the rexised prandtl mixing length Theory//Proceedings of the frist international symposium on river sedimention, Vol. 1, BeiJing, China, 1980.

[11] Brush, L. M. Jr.. Exploratory study of sediment diffusion. J. Geophys. pes. , Vol. 67, No. 4, 1962, PP. 1427-1433.

[12] Montes. J. S. and Ippen. A. T.. Interaction of two-dimensional turbulent flow with suspended particles. R. M. Parsons boratory for water resources and hydrodynamics, Report. NO. 164, M. I. T. Department of civil Engineering, 1973.

[13] 谢鉴衡，邹礼泰."关于扩散理论含沙量沿垂线分布的悬浮指标问题"[J]. 武汉水利电力学院学报，1980(3).

[14] 张瑞瑾.河流泥沙运动力学[M].北京:中国水利水电出版社,1998,165-169;175-188.

[15] 韩其为,陈绪坚.恢复饱和系数的理论计算方法[J]泥沙研究,2008(6):8-16.

[16] 窦国仁.潮汐水流中的悬沙运动和冲淤计算[J].水利学报,1963(4):13-23.

[17] 周建军,林秉南.二维泥沙数学模型——模型理论与验证[J].应用基础与工程科学学报,1995(1):78-88.

[18] 张瑞瑾.论重力理论兼论悬移质运动过程[J].水利学报,1963(3).

[19] Bagnold,R. A.. An approach to the sediment transport problem from general physics. U. S. Geol. Survey,prof. Paper 422-1,1966,P. 37

[20] 杨志达.泥沙输送理论与实践[M].李文学,等译,北京:中国水利水电出版社,2004,87-177.

[21] 郭庆超,毛继新,韩其为.挟沙能力公式在天然河流的适应性研究//非均匀沙不平衡输移理论研究研讨会论文集[C].中国水利学会泥沙专业委员会,天津大学建筑工程学院,2009,20-30.

[22] Feldmad,A. D.. Hec models for water resources system simulation,theory and experience. The Hydraulic Engineering Center,Davis,California,1981.

[23] 韩其为.非均匀悬移质不平衡输沙理论研究[R].北京:中国水利水电科学院,2006.

[24] 李义天.冲淤平衡状态下床沙质级配的初探[J].泥沙研究,1987(1):82-87.

[25] 何明民,韩其为.挟沙能力级配及有效床沙级配的确定[J].水利学报,1990(3):1-12.

[26] 乐培九.悬移质不平衡输沙水流挟沙能力[J].水道港口,1992(2):1-8.

[27] 乐培九.关于非均匀沙悬移质不平衡输沙问题[J].水道港口,1996(4),1-8.

[28] 王尚毅.冲泻质与床沙质[J].泥沙研究,1988(2):29-40.

[29] Bagnold,R. A.. Auto-Suspension of transported sediment,Turbility curents//Proc.,Royal soc. London,Ser. A,Vol. 265,NO. 1322,Jan. 1962,PP. 314-319.

[30] 中国水利学会泥沙专业委员会.泥沙手册[M].北京:中国环境科学出版社,1992,220-223.

[31] 张宏武.床沙质与冲泻质概念的说明[J].武汉水利电力学院学报,校庆专辑,1984.

[32] 钟德钰,王士强,王光谦.水流的冲泻质输沙机理研究与理论分析[J].水利学报,2000(11):1-8.

第4章　推移质输沙基本问题

推移质输沙,包括平衡输沙和不平衡输沙两种类型。

坝下冲刷,对于沙质河床而言,既有悬移质冲刷,又有推移质冲刷,初期以悬移质冲刷为主,中、后期以推移质冲刷为主。对于卵石及卵石夹砂河床,主要是推移质冲刷,由于床沙不可悬,几乎没有悬移质,直至形成抗冲保护层,冲刷便停止。在冲刷过程中,由于床沙条件和水流条件不断变化,推移质输沙率是非恒定的,随着时间和空间而变化,是一种非平衡非饱和输沙过程。

推移质运动是否存在非饱和输沙问题一直存在争议,一般认为推移质活动空间小,恢复饱和的速度很快,恢复距离很短,基本上可以看成是饱和输沙。对于均匀流和均匀沙,在悬移质饱和条件下,推移质和悬移质等价置换,这种看法无疑是正确的。然而由于推移质饱和输沙率(即输沙"能力")随水力因素及泥沙级配的变化,比悬移质水流挟沙力更为敏感,在低输沙强度时尤为突出,天然河流一般都是非均匀流和非均匀沙,床沙级配沿程不断发生变化,因而饱和输沙状态不断遭受破坏,输沙一直在重建平衡的过程之中;此外对于细沙河床,当悬移质处于非饱和状态时,由于悬移质与推移质之间的不等价交换,也必然导致推移质输沙失去饱和;还有推移质运动时空滞后效应也是一种非饱和输沙过程。凡此种种,推移质非饱和而导致不平衡输沙问题在理论上和河床变形计算中都应受到重视。

4.1　推移质输沙质量守恒方程

推移质不平衡输沙可以从沙量守恒方程得到阐明。

如图4-1所示,在一维微小河段Δx内,推移层有4个界面,每个界面一般都有泥沙交换。上界面是推移质和悬移质相衔接的共同交界面,下界面是推移质与河床交界面。由图3-12可见,同一粒径既可为悬移质,又可为推移质。

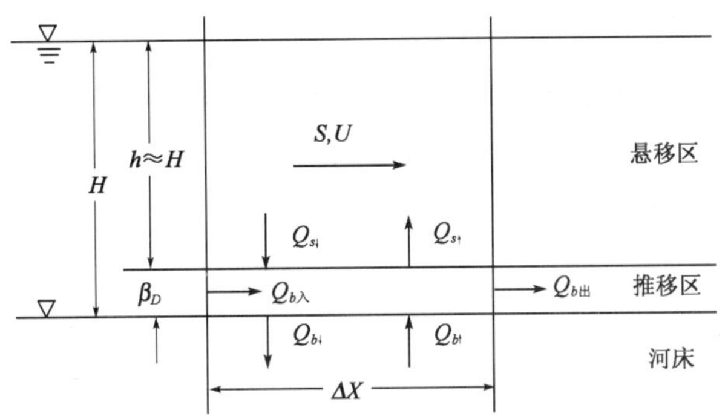

图4-1　推移质输沙守恒示意图

设推移层的厚度为 βD，β 为系数，D 为床沙粒径；河宽为 B；推移质平均运动速度为 u_b；推移层在 Δx 河段内平均含沙量为 S_b，则推移层的平均输沙率为：

$$Q_b=\beta DBu_bS_b$$

进口断面单位时间的来沙量为：

$$Q_{b入}=Q_b-\frac{1}{2}\frac{\partial Q_b}{\partial x}\Delta x$$

出口断面单位时间的排沙量为：

$$Q_{b出}=Q_b+\frac{1}{2}\frac{\partial Q_b}{\partial x}\Delta x$$

下界面落至河床的单位时间落淤量为：

$$Q_{b\downarrow}=\alpha_bS_b\omega_bB\Delta x=\alpha_bQ_b\omega_b\Delta x/\beta Du_b$$

式中，α_b 为下界面的含沙量与平均含沙量 S_b 的比值，ω_b 为推移质泥沙沉速。

下界面单位时间从河床上冲起的沙量为：

$$Q_{b\uparrow}=\alpha_b*S_b^*\omega_bB\Delta x=\alpha_b*Q_b^*\omega_b\Delta x/\beta Du_b$$

式中，S_b^* 为推移质饱和含沙量，Q_b^* 为推移质有效输沙率，α_b* 为饱和条件下，推移层下界面含沙量与平均含沙量 S_{b*} 的比值。考虑到推移层厚度 βD 很小，在下文里假定 $\alpha_b*\approx\alpha_b\approx1$。

下界面净流入沙量为：

$$\Delta Q_{b\uparrow}=Q_{b\uparrow}-Q_{b\downarrow}=\frac{\omega_b}{\beta Du_b}(Q_b^*-Q_b)\Delta x$$

上界面单位时间从悬移区下沉（进入）的沙量为 $Q_{s\downarrow}$；从推移区上扬（排出）的沙量为 $Q_{s\uparrow}$，上界面净流出沙量为：

$$\Delta Q_{s\uparrow}=Q_{s\uparrow}-Q_{s\downarrow}$$

河床发生冲刷时，冲起的泥沙来自河床，$\Delta Q_{b\uparrow}>\Delta Q_{s\uparrow}$；河床发生淤积时，淤积泥沙来自水体，也是 $|\Delta Q_{b\uparrow}|>|\Delta Q_{s\uparrow}|$。假定 ΔQ_s 与 ΔQ_b 成比例，即：

$$\Delta Q_{s\uparrow}=k_1\Delta Q_{b\uparrow}$$

式中，$k_1(\leqslant1)$为比例系数，是悬浮指标 Z_* 的函数。Z_* 越大，k_1 越小，泥沙不可悬，$k_1=0$；冲泻质，$k_1=1$。

根据推移层沙量守恒原理，可获得泥沙连续方程为：

$$\frac{\partial}{\partial t}\left(\frac{Q_b}{u_b}\right)+\frac{\partial Q_b}{\partial x}+(1-k_1)\frac{\omega_b}{\beta Du_b}(Q_b-Q_b^*)=0 \tag{4-1}$$

式中，ω_b，β，u_b 及 k_1，可作如下处理：

①假定 $\omega_b=k_2\omega_o$

式中，ω_o 为泥沙静水沉速，k_2 为小于1的比例系数。推移质位于床面附近，受湍流猝发升力、泥沙撞击的离散力等影响，其沉速小于静水沉速。

②根据 Bagnold（1973年）[1]及惠遇甲（1996年）[2]的试验研究

$$\beta=k_3(U_*/U_{*c})^{0.52\sim0.6} \tag{4-2}$$

式中，U_* 为摩阻流速；U_{*c} 为泥沙起动时的临界摩阻流速。

③根据 Engelund[3]的研究

$$u_b=9.3U_*(1-0.7U_{*c}/U_*) \tag{4-3}$$

④假定 k_1 为：

$$k_1=e^{-cZ_*}$$

式中，c 为常数。

令：

$$K=(1-k_1)\frac{\omega_b}{\beta D u_b}\approx k(1-\mathrm{e}^{-cz_*})\left(\frac{U_{*c}}{U_*}\right)^{0.6}z_*/D \tag{4-4}$$

式中 k 及 c 为常数，待定。则式(4-1)即为：

$$\frac{\partial}{\partial t}\left(\frac{Q_b}{u_b}\right)+\frac{\partial Q_b}{\partial x}+K(Q_b-Q_b^*)=0 \tag{4-5}$$

为推移质不平衡输沙方程。

4.2 推移质输沙率

推移质输沙率是指平衡输沙时的饱和输沙率，亦即输沙能力，用 g_b^* 表示。

4.2.1 均匀沙输沙率

(1)概述

推移质输沙研究由来已久，早在 1879 年法国杜波依斯(P. DuBoys)首次提出推移质运动的水流拖曳力理论[4]。自此以后，从事这方面研究的人员非常多，所提出的公式数量也非常大，不仅公式的立论基础各不一样，而且结构形式也千差万别。钱宁从研究方法上将其分为 4 类[4]，张瑞瑾用表达公式的水力参数及泥沙运动机理混合分类也将其分成 4 类[5]，杨志达则根据研究方法将其分为 9 类[6]。笔者认为以立论基础来分将更加清晰，可分为 5 类，即：

①根据泥沙运动的力学分析，建立推移质泥沙输沙率与水流运动强度之间的相关关系，这些关系有的是无尺度的，有的是有尺度的；水力参数有的用剪力，有的用平均流速，也有的用能坡、单宽流量，或者是它们的综合。这类公式很庞杂，流派很多，多为以实测资料为依据的经验或半经验公式，其中以著名的 Meyer-Peter 为代表。

②以床沙与推移质之间交换平衡为依据，运用概率统计方法建立推移质输沙强度与水流强度之间的关系，如著名的 Einstein 公式。

③由能量平衡观点建立推移质输沙率关系，如 Bagnold 水流功率理论。

④基于推移质输沙率定义，即推移质平衡输沙率是推移层厚度、含沙量及其平均运动速度的乘积，如前苏联学者所建立的公式。

⑤由沙波运动来推求单宽输沙率。

以上 5 类有关公式可见有关著作[4]、[5]、[6]，这里不再赘述。我们认为基于水流功率原理及按输沙率定义获得输沙率公式，在理论上更为严谨，也更便于应用。

(2)Bagnold 水流功率原理的应用

水流为了维持泥沙作推移运动，需要消耗部分有效势能。Bagnold 令 w' 为单位床面推移质浮重，u_b 为推移平均运动速度，则以水下质量计的单宽输沙率为[1]：

$$g_b'=w'u_b \tag{4-6}$$

水流在推移质运动方向上搬运泥沙需要作功，即推移质输移功率为：

$$w_b=w'u_b\tan\alpha=g_b'\tan\alpha \tag{4-7}$$

式中，$\tan\alpha$ 为摩擦系数。

单位床面水流对推移质泥沙作功所提供的有效势能为：

$$E_b = \tau_o U e_b \tag{4-8}$$

式中，τ_o 为水流作用在床面上的剪力；U 为平均流速；e_b 为水流势能损耗（$\tau_o U$）用于推移泥沙的比例，即效率系数。

在能量平衡条件下，$w_b = E_b$，即：

$$g_b' = \tau_o U e_b / \tan\alpha \tag{4-9}$$

Bagnold 进一步根据推移质运动的力学分析认为，在单位时间里单位床面水流对推移质泥沙所做的功为 Tu_b [1]，其中 T 为水流作用在泥沙颗粒的水平剪力，称颗粒剪力，因此，应有：

$$Tu_b \approx W_b = E_b \tag{4-10}$$

亦即：

$$g_b' = Tu_b / \tan\alpha$$

$$g_b^* = \frac{\gamma_s}{\gamma_s - \gamma} Tu_b / \tan\alpha \tag{4-11}$$

式中，γ_s 及 γ 为泥沙及水的容重；g_b^* 为饱和输沙率，单位为 kg/s·m。

式(4-11)即为 Bagnold 水流功率理论所得到的推移质单宽输沙率公式的雏形，该式具有可靠的理论支撑，是合理的，问题是如何正确确定 T 及 u_b。

①T 的确定

Bagnold 将挟沙水流的剪力 τ 分解为两部分，即：

$$\tau = T + \tau' \tag{4-12}$$

其中 T 为泥沙颗粒相互碰撞通过水流动量交换在水流方向上所产生的颗粒剪力，τ' 为颗粒周围的液体发生变形的液体剪力。τ' 为因产生紊动而发生的消耗，T 则是水流推移泥沙作机械功的力，其不产生紊动，而是直接通过颗粒撞击和摩擦散发为热能。

由式(4-12)可知，当床面处于临界起动时，$T=0$，此时 $\tau=\tau'$，由于推移层厚度很小，临近床面，$\tau = \tau' \approx \tau_0 = \tau_c$，故有：

$$T = \tau_0 - \tau_c = (1 - \tau_c/\tau_0)\tau_0 = \left[1 - \left(\frac{U_{*c}}{U_*}\right)^2\right]\tau_0 = (1 - \theta_c/\theta)\tau_0 \tag{4-13}$$

式中，τ_c 为临界起动剪力。

$$\theta = \tau_0/(\gamma_s - \gamma)D; \theta_c = \tau_c/(\gamma_s - \gamma)D$$

Bagnold 假定：

$$T = \alpha\tau_0 = \left(1 - \frac{U_{*c}}{U_*}\right)\tau_0 = (1 - \sqrt{\theta_c/\theta})\tau_0 \tag{4-14}$$

与式(4-13)有所偏离。

② u_b 的确定

Bagnold 在确定 u_b 时，绕道太多，假定太多，不如 Engelund 根据推移质沙粒承受推移力和动摩擦力平衡原理确定 u_b 概念清晰。

Engelund 给出推移质在床面运动时能承受的推移力为[3]：

$$C_D \frac{1}{2}\rho[\alpha U_* - u_b]^2 \frac{\pi}{4} D^2$$

式中，C_D 为阻力系数；αU_* 为床面附近推移层的水流运动速度，α 为系数。

推移质在运动中能承受的动摩擦力为：

$$(\gamma_s - \gamma)\frac{\pi D^3}{6}\beta$$

式中，β 为动摩擦因数。在平衡情况下，上述两式恒等，便可求得：

$$u_b = \alpha U_*(1 - \sqrt{\theta_o/\theta}) \tag{4-15}$$

$$\theta_0 = 4\beta/3\alpha^2 C_D \tag{4-16}$$

θ_o 为推移质泥沙止动（$u_b = 0$）时的相对剪力，相当于突出于床面上的泥沙的相对起动剪力，理应小于受周围颗粒钳制时临界起动相对剪力 θ_c。Engelund 由试验资料确定 $\theta_0 = \frac{1}{2}\theta_c$，即 $\sqrt{\theta_0} = 0.7\sqrt{\theta_c}$。如取 $\alpha = 9.3$，$\beta = 0.8$，$C_D = 0.45$，即与紊流状态泥沙沉降阻力系数一致。由式(4-16)可求得 $\theta_0 = 0.027$，其 2 倍 0.054 就是 Shields 临界起动条件 θ_c。前苏联冈恰诺夫取止动流速 $U_o = \frac{1}{1.4}U_c$ 与此相当。因此，以 $\theta_0 = \frac{1}{2}\theta_c$ 代入式(4-15)即得：

$$u_b/U_* = \alpha(1 - 0.7\sqrt{\theta_c/\theta}) \tag{4-17}$$

将式(4-13)及式(4-17)代入式(4-11)即得：

$$g_b^* = \frac{\alpha}{\tan\alpha}\gamma_s D U_*(\theta - \theta_c)\left(1 - 0.7\sqrt{\frac{\theta_c}{\theta}}\right) \tag{4-18}$$

此式基于 Bagnold 水流功率原理，并引用 Engelund 提出的推移质运动平均速度，最终演绎出区别于 Bagnold 公式而等同于 Engelund 公式的结果[3]。理论较缜密，逻辑较合理，更具可靠性。

(3)由推移质输沙率定义出发，求输沙率公式

根据定义，推移质单宽输沙率可表达为：

$$g_b = S_b u_b h_b \tag{4-19}$$

式中，S_b 为单位水体中泥沙以重量计的推移质含沙量；h_b 为推移质厚度。假定：

①
$$h_b = \beta D \tag{4-20}$$

式中，β 为比例系数，Einstein 认为 $\beta = 2$，沙莫夫和列维也假定其为常数，拜格诺和惠遇甲则认为：

$$\beta = k_1\left(\frac{U_*}{U_{*c}}\right)^{\alpha}$$

其中拜格诺和惠遇甲分别由试验资料得到 α 分别为 0.6 和 0.52。

②
$$S_b = k_2\rho_s\left(\frac{U}{U_c}\right)^m \tag{4-21}$$

式中，k_2 为系数；ρ_s 为泥沙密度；m 为待定指数，前苏联沙莫夫和列维都取 $m=3.0$，冈恰洛夫取 $m=2$[5]。

③ u_b 采用式(4-17)。

对于平整床面，由曼宁—史觉克公式可得：

$$\frac{U}{U_*} = \frac{A}{\sqrt{g}}\left(\frac{R}{D}\right)^{\frac{1}{6}} \tag{4-22}$$

式中，A 为系数，因次为 $m^{\frac{1}{2}} \cdot s^{-1}$；$R$ 为水力半径，于是有：

$$\theta/\theta_c = \frac{\tau}{\tau_c} = \left(\frac{U_*}{U_{*c}}\right)^2 = \left(\frac{U}{U_c}\right)^2 \tag{4-23}$$

代入式(4-17)即得：

$$u_b = \alpha U_*(1-0.7U_c/U) = k_3(U-0.7U_c)(D/R)^{1/6} \tag{4-24}$$

式中，$k_3 = \alpha\sqrt{g}/A$ 。

将式(4-20)～式(4-24)各式带入式(4-19)即得：

$$g_b^* = k\rho_s D(U-0.7U_c)\left(\frac{U}{U_*}\right)^n (D/R)^{1/6} \tag{4-25}$$

式中，$k = k_1k_2k_3$ ；$n = m+\alpha$ ，应由实测资料求得。前苏联学者[5]沙莫夫和列维取 $\alpha = 0$ ，$m=3$，即 $n = 3$ ；冈恰洛夫取 $m = 2$ ，但其 $\alpha > 0$ ，n 也应与 3 相差不远。式(4-21)理论上并不十分严谨，即式(4-25)应不如式(4-18)。

(4)剪力与流速的互换

由式(4-23)可见，平整床面的剪力与平均流速是可以互换的，因此式(4-18)又可演绎成：

$$g_b^* = k\frac{\gamma_s\gamma}{\gamma_s-\gamma}(U-0.7U_c)(U^2-U_c^2)\left(\frac{D}{R}\right)^{1/2} \tag{4-26}$$

式中，$k = \alpha g^{1/2}/A^3\tan\alpha$ ，为有尺度系数，其因次为 s^2/m；g_b 的因次为 kg/m · s；其余参数的因次为 m、s、kg。

比较式(4-26)及式(4-25)，当 $g_b^* = 0$ 时，前者有 $U \leqslant U_c$ ，是合理的；后者有 $U \leqslant 0.7U_c$ ，是不合理的，意味临界起动粒径比前者要大，也就是说式(4-26)比式(4-25)在概念上要合理。

以流速为主要参数的输沙率公式，资料易于取得，且其测验精度也较高，便于应用。但是无论是以流速为主要参数还是以剪力为主要参数，在公式演绎过程中都是对平整床面平衡输沙而言，对于有沙波的不平整床面，阻力要复杂得多，公式中的 θ、R、U 等参数应由与沙粒阻力有关的参数取代。

4.2.2 非均匀沙输沙率

天然河流的床沙几乎无一例外都是非均匀沙，只是有些河段床沙级配较窄，如平原河段；有的河段的较宽，如丘陵地区河段。级配较窄可以近似作均匀沙处理，级配较宽则应作非均匀沙处理，特别是当需要了解推移质级配时更是如此。按非均匀沙处理一般有两类方法，即

(1)分组粒径法

分组粒径法就是将床沙级配分成若干级，每一级都视为均匀沙；然后沿用均匀沙输沙率公式求出各粒径级输沙率，其基本原理就是能量分割法。即设床面共有 n 级粗细不等的泥沙，各粒径级泥沙粒径为 D_i，在床沙中相应含量为 i_0。如果将床沙沿河宽 B 重新排列成 n 条均匀沙小条，各小条宽度为 b_i；对二度均匀流来说就成了 n 条宽度为 b_i 的流管，各流管均为均匀输沙，可沿用均匀沙输沙率公式。如：

①以剪力表示的非均匀沙输沙率[7]

沿用式(4-18)，则第 i 条流管输沙率为：

$$g_{bi}^* = \varphi_i\gamma_s D_i U_*(\theta_i-\theta_{ci})\left(1-0.7\sqrt{\frac{\theta_{ci}}{\theta_i}}\right)\frac{b_i}{B} \tag{4-27}$$

式中：
$$\varphi_i = \alpha/\tan\alpha$$
$$b_i/B = i_0$$
$$\theta_{ci} = \tau_{ci}/(\gamma_s - \gamma)D;\theta_i = \tau/(\gamma_s - \gamma)D$$

若床沙中含有冲泻质，在其起动后就变成悬移质，不再与推移质发生交换，对于悬沙次饱和的河段，有些较细的泥沙起动后也直接变成悬移质，不再返回河床，不与推移质发生交换，这部分泥沙可视为广义的"冲泻质"。我们定义冲泻质的最大临界粒径为 D_k，即 $i \leqslant k$ 的粒径级，均不发生推移质运动，因此非均匀沙全断面平均输沙率也称综合输沙率，为：

$$g_{bn}^* = \sum_{i=k+1}^{n} g_{bi} = \varphi\gamma_s U_* \sum_{i=k+1}^{n} i_0 D_i(\theta_i - \theta_{ci})(1 - 0.7\sqrt{\frac{\theta_{ci}}{\theta_i}}) \tag{4-28}$$

②以平均流速表示的非均匀沙输沙率

沿用式(4-26)，则第 i 条流管单宽输沙率为：

$$g_{bi}^* = k\frac{\gamma_s\gamma}{\gamma_s - \gamma} i_o (U - 0.7U_{ci})(U^2 - U_{ci}^2)\left(\frac{D_{50}}{R}\right)^{1/2} \tag{4-29}$$

全断面综合输沙率为：

$$g_{bn}^* = k\frac{\gamma_s\gamma}{\gamma_s - \gamma}\left(\frac{D_{50}}{R}\right)^{1/2}\sum_{i=k+1}^{n}(U - 0.7U_{ci})(U^2 - U_{ci}^2) i_0 \tag{4-30}$$

用能量分割法将均匀沙输沙率公式移植于非均匀沙，在理论上和逻辑上都应不成问题，但是非均匀沙与均匀沙的运动最大不同点是粗细泥沙的相互影响问题，早先 Einstein 和钱宁(1950 年)提出了粗沙对细沙庇护[4]，使之难以起动，而后人研究发现不仅细沙受到粗砂庇护，而且粗沙本身也易于暴露，突出于床面，比同粒径的均匀沙易于起动，将二者统一起来称之为粗细沙的隐暴作用。用一个统一的隐暴系数 ε_i 对不同粒径的起动进行修正，一时成了国内的研究热点，最具代表性的应是孙志林的研究成果[8]。孙志林等运用概率理论和力学分析相结合的方法，用分级起动的试验资料，建立了非均匀沙分级起动剪力表达式，即：

$$\tau_{ci} = 0.032(\gamma_s - \gamma)D_i/\varepsilon_i \tag{4-31}$$
$$\varepsilon_i = (D_i/D_m)^{1/2}\sigma_g^{1/4} \tag{4-32}$$

式中，D_m 为非均匀沙平均粒径；$\sigma_g = \sqrt{D_{84.1}/D_{15.9}}$ 为床沙粒径取对数分布的均方差，习惯称几何标准偏差；ε_i 为隐暴系数。

以式(4-22)及式(4-23)代入式(4-31)，并取 $A=20$，可得非均匀沙分级起动流速为：

$$U_{ci} = 1.14\sqrt{\frac{\gamma_s - \gamma}{\gamma} g D_i/\varepsilon_i}\left(\frac{R}{D_m}\right)^{1/6} \tag{4-33}$$

当 $D_i = D_m = D$，$\varepsilon_i = 1$ 时，即均匀沙，式(4-33)就自动转化为著名的沙莫夫起动流速公式，使得非均匀沙起动与均匀沙起动相统一。对于非均匀沙而言，由于 $\sigma_g > 1$，使得当 $D_i > D_m/\sigma_g^{1/2}$ 时，非均匀沙比同等粒径的均匀沙易于起动；$D_i < D_m/\sigma_g^{1/2}$ 时，非均匀沙比同等粒径的均匀沙难以起动。但是就式(4-31)而言，对于均匀沙，$\theta_c = 0.032$，是 Shields 曲线的最低点，比常用的 0.04～0.06 要小，对此有待进一步研究。

用 1982～1985 年长江新厂中、细沙河床 40 组实测资料，按式(4-29)及式(4-30)进行计算，其中 U_{ci} 采用式(4-33)，结果见图 4-2 及图 4-3，确定出系数 K=0.011 8。由图 4-2 可见，较粗颗粒级在河床中含量很少，受测验精度影响比较散乱，较细粒径级则相对集中。

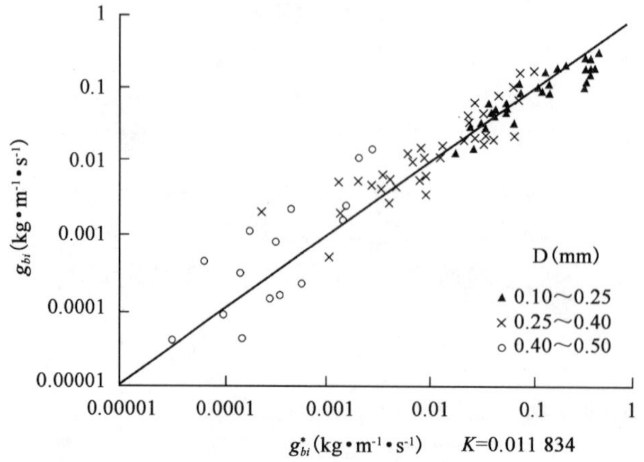

图 4-2　式(4-29)计算与实测对比

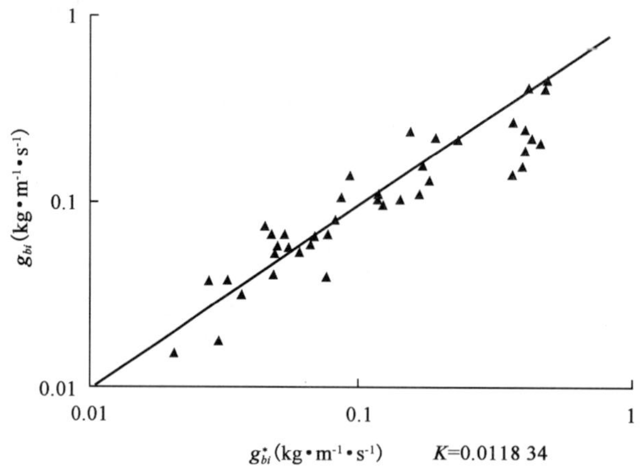

图 4-3　式(4-30)计算与实测对比

(2)代表粒径法

代表粒径法就是取床沙中某一特征粒径,如中值粒径 D_{50} ,或平均粒径 D_m 作为当量粒径,即假定该粒的输沙效果与非均匀沙综合输沙效果相当。这种方法只能求出输沙总量,难以求出不同粒径输沙量,仅适用于 σ_g 不大的河床。

非均匀沙河床,有可能出现两种情况:一是床沙中可能有部分泥沙是"冲泻质",起动后就变为悬移质,不再返回河床,也不与推移质发生交换,如前述,其最大临界粒径为 D_k ,小于该粒径的泥沙在床沙中含量为 P_k 。另一是床沙中可能有部分泥沙不能起动,即 $U_{ci}>U$ 那部分,其最小临界粒径为 D_0 ,大于该粒径的泥沙在床沙中的含量为 P_0 。由于不动粒径对比其小的泥沙有庇护作用,设其庇护系数为 ξ,因此,能够参加推移质运动的系数的仅是床沙中的 $(1-P_k-\xi P_0)$ 部分,与式(4-30)在概念上是一致的,也就是将 $i=(1-P_k-\xi P_0)$ 那部分泥沙当作一级来处理,取其平均粒径 D_m 或中值粒径 D_{50} 作代表,按均匀沙求得相应的起动流速 U_{cm} 。由式(4-29)可得:

$$g_{bm}^*=K\frac{\gamma_s\gamma}{\gamma_s-\gamma}(1-P_k-\xi P_0)(U-0.7U_{cm})(U^2-U_{cm}^2)\left(\frac{D_{50}}{R}\right)^{1/2} \tag{4-34}$$

如果均匀沙输沙率公式取用式(4-23)则有：

$$g_{bn}^{*}=K(1-P_k-\xi P_0)\rho_s D_m(U-0.7U_{cm})\left(\frac{U}{U_{cm}}\right)^n\left(\frac{D_{50}}{R}\right)^{1/6} \tag{4-35}$$

同样用上述长江新厂资料，用式(4-34)及式(4-35)计算，得计算与实测对比图4-4及图4-5，其中式(4-34)中的$K=0.0123$，比式(4-30)的$K=0.0118$要大，原因是由D_m求得的均匀沙U_{cm}比用式(4-33)求得的综合U_{ci}要大；式(4-35)中的$K=0.0387$，$n=3$。比较图4-3与图4-4，两图点群密集度相当，原因是推移质级配较均匀；比较图4-4和图4-5两图点群密集度也相当，表明沙质河床在水流强度较大时，式(4-26)及式(4-35)也可取得较好的结果。

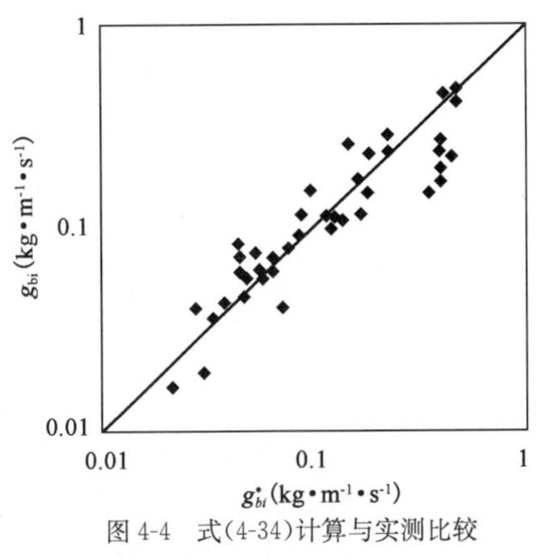

图4-4　式(4-34)计算与实测比较

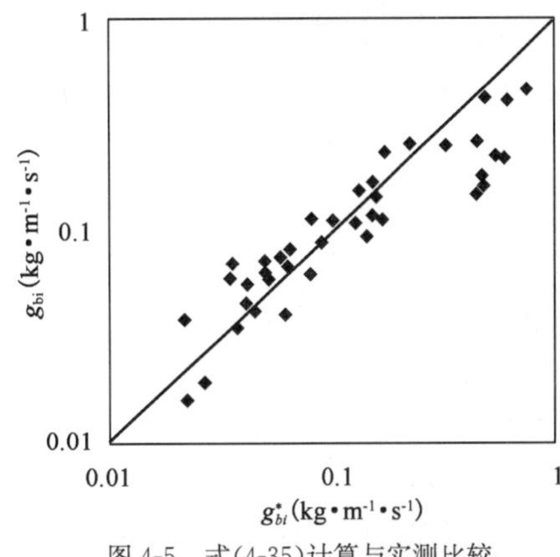

图4-5　式(4-35)计算与实测比较

应该指出，当P_k及P_0不为0时，水流中有P_k或P_0部分没有挟沙，其挟带推移质的能力没有充分发挥，仍潜于水流中，即g_{bn}^{*}并不是饱和输沙能力，而是一种“准输沙能力”。P_k及P_0一般不可能同时出现在同一式中。

图4-2～图4-5点群分布有一定的离散，其原因可能有以下三种：一是公式是建立在平整床面的基础上，实测资料所对应的床面一般并不平整，而是有沙波，对于有沙波的床面应取有效剪力(沙粒剪力)及相应的水力条件，这方面尚待进一步研究；二是测验数据的代表性及其精度；三是输沙是否平衡，输沙越不平衡点据越离散。

4.3　推移质级配确定方法

4.3.1　概述

推移质级配是非均匀沙推移质输沙率的重要组成部分，它与推移质输沙率、床沙起动、床沙粗化等同是泥沙运动学中的重要理论问题，而且又相互关联，在河床变形计算中具有重要地位。因此，该问题的研究不仅具有重要理论意义，而且还具有重要的使用价值，受到越来越多的关注。这方面的论文已有数十篇之多，纵观已有成果，大体可分为三类：

(1)床沙级配类比法

该类方法认为推移质源于床沙，床沙是母体，可按床沙级配某种比例确定推移质级配，具有代表性的有韩其为公式[9]：

$$p_{b,i}=i_0\left(\frac{D_m}{D_i}\right)^m \tag{4-36}$$

式中，i_0 为床沙中 D_i 级泥沙所含百分数；D_m 为床沙平均粒径；m 为指数，卵石取 $m=5/6$，泥沙取 $m=9/26$。

式(4-36)是用一种床沙不均匀系数 $\left(\frac{D_m}{D_i}\right)^m$ 来修正床沙级配；张红武[10]用推移质平均粒径和床沙平均粒径的比值来修正床沙级配；李昌华[11]直接在床沙级配中扣除不动粒径百分数，再将其标准化。

这类方法简单、直观、计算方便，抓住了主要矛盾的一个方面，最大缺点是没有或基本没有考虑水流条件的影响，忽略主要矛盾的另一方面。

(2)分组粒径起动概率法

该类方法基于不同粒径泥沙的起动概率，将某粒径起动概率与床沙中各种粒径起动概率总和之比看成是该级泥沙起动的百分数，即推移质级配。

$$p_{b,i}=i_0(1-q_i)/\sum_{i=1}^{n}i_0(1-q_i) \tag{4-37}$$

式中，q_i 是第 i 组泥沙(D_i)的不动概率；n 为床沙的分级总数。

式(4-37)最先是 Gcssler(1965 年)提出的[12]，其临界起动拖曳力基于均匀沙的 Shieleds 曲线。后来的研究者为将其延用到非均匀沙，相继作了大量研究。如董永华(1986 年)[13]，张红武(1986 年)[14]，崔侠(1988 年)[15]，张绪进(1989 年)[16]，张启卫(1990 年)[17]，陆永军(1991 年)[18]，何文社(2002 年)[19]，王涌涛(2004 年)[20]等，他们从不同角度对起动概率进行了修正。就起动概率而言，在理论上似乎有所改善，但是不仅计算繁琐，而且仍然没有考虑水流条件对推移质的主导作用。当然，起动概率包含有一定的水力的作用，但概括不了输沙的数量，而不同粒径的输沙数量恰恰是推移质级配的本质。

(3)分组粒径输沙率法

文献[7]用水流分割法将均匀沙输沙率公式沿用于非均匀中的分组粒径，获得了输沙率级配，即：

$$p_{b,i}=g_{bi}/\sum_{i=k+1}^{n}g_{bi} \tag{4-38}$$

式(4-38)恰恰是输沙率级配的定义，其概念无疑是正确的，这里的问题是如何正确地确定推移质分组粒径部分输沙率 g_{bi} 。

4.3.2 影响推移质级配的主要因素

推移质级配不仅是床沙级配及水流条件的函数，而且还与悬移质来沙条件有关。当来沙处于饱和状态，即平衡输沙时，推移质级配与床沙级配及水流条件才有良好的稳定关系；当来沙处于非饱和状态，微冲、微淤可视为准平衡输沙，冲淤强度大，特别是清水冲刷过程中推移质级配与水流条件及床沙条件之间不存在稳定关系，其关系是变化的，非恒定的。

(1)床沙级配的影响

床沙是推移质母体，与推移质有着密切的关系。因此，将推移质级配与床沙级配直接建立关系就不难理解了。

床沙粒径与水流条件相结合可以获得两个物理量，即不动粒径 D_0 和参悬粒径 D_k 。当水流条件较弱或床沙级配较粗时，床沙中有部分不可动，参加推移质是部分可动泥沙，其级配无疑要比床沙细，如卵石夹沙河床；当水流条件较强或床沙较细，全部床沙均可动，各级泥沙均有可能参加推移，其中较细的会转化为悬移质，少量极细泥沙，起动后就直接变为“冲泻质”，导致推移质级配常常比床沙粗，冲刷型河床更是如此。

(2)来沙条件的影响

来沙包括推移质和悬移质，推移质恢复饱和距离很短，一般可视为饱和或准饱和，对下游影响不大。悬移质则可能有三种状态，即饱和、过饱和和次饱和。

饱和状态下悬移质既不发生冲刷也不发生淤积，其与推移质发生等质等量交换，推移质级配不发生变化。

过饱和状态下发生淤积，由于悬移质比推移质细，淤沙使推移质变细。

次饱和状态下发生冲刷，推移质首先被冲，细沙冲得多，粗沙冲得少，使推移质变粗。

悬沙不饱和输沙导致推移质出现不平衡输沙，以悬移质次饱和及清水冲刷尤为明显，致使推移质级配不恒定，且随悬移质饱和度大小而变化，饱和度越小推移质级配越不恒定。

4.3.3　分组粒径输沙率法[21]

分组粒径输沙率公式可以有不同公式，建议用式(4-35)，于是有：

$$\begin{aligned} p_{bi} &= g_{bi} / \sum_{i=k+1}^{n} g_{bi} = g_{bi} / g_{bn} \\ &= i_0 (U^2 - U_{ci}^2)(U - 0.7U_{ci}) / \sum_{i=k+1}^{n} i_0 (U^2 - U_{ci}^2)(U - 0.7U_{ci}) \end{aligned} \tag{4-39}$$

式中，U_{ci} 采用式(4-33)，该式是沙莫夫公式除以 $\varepsilon_i^{1/2}$。沙莫夫公式只适用于中、粗沙；对于中、细沙因其有一定黏性，沙莫夫公式不再适用，仿照式(4-33)，对适用于黏性泥沙的起动公式，如窦国仁公式进行修正，即得：

$$U_{ci} = 0.74\lg\left(11\frac{h}{K_s}\right)\left(\frac{\gamma_s - \gamma}{\gamma} g D_i + 0.19\frac{gh\delta + \varepsilon_k}{D_i}\right)^{1/2} / \varepsilon_i^{1/2} \tag{4-40}$$

式中，$\delta = 0.213 \times 10^{-3}$cm；$\varepsilon_k = 2.56cm^3 \cdot$ s^{-2}；当 $D_m \leqslant 0.5$mm 时，取 $K_s = 0.5$mm；当 $D_m > 0.5$mm时，取 $K_s = D_m$。

4.3.4　公式验证

天然河流推移质实测资料较少，我们用搜集到的长江新厂 1982～1985 年 40 个测次，黄河花园口 1966 年 6 个测次资料，及钱宁搜集的爱因斯坦 26 组水槽试验资料，对式(4-39)验算结果如下：

(1)长江新厂资料

长江新厂 1982～1985 年 40 个测次中，断面平均流速 0.77～2.09m/s，中值粒径 0.011～0.165mm。验算时，先计算出 U_{ci}，然后用式(4-39)计算出推移质级配。对于中、粗沙，式(4-33)和式(4-40)都可获得较好的计算结果；对于细沙，用式(4-40)所得结果与实测资料吻合更好，见图 4-6。

图 4-7 是新厂推移质 D_5、D_{25}、D_{50}、D_{75} 及 D_{95} 的计算值与实测值对比，由图可见，吻合良好。

(2)黄河资料

黄河资料搜集到很少，其计算结果也是较好地与实测资料相吻合，见图 4-8。图中，用公式(4-40)计算 U_{ci}。

从总体看黄河处于淤积状态，而长江处于基本平衡状态，二者计算结果均与实测资料吻合较好。

(3)Einstein 资料

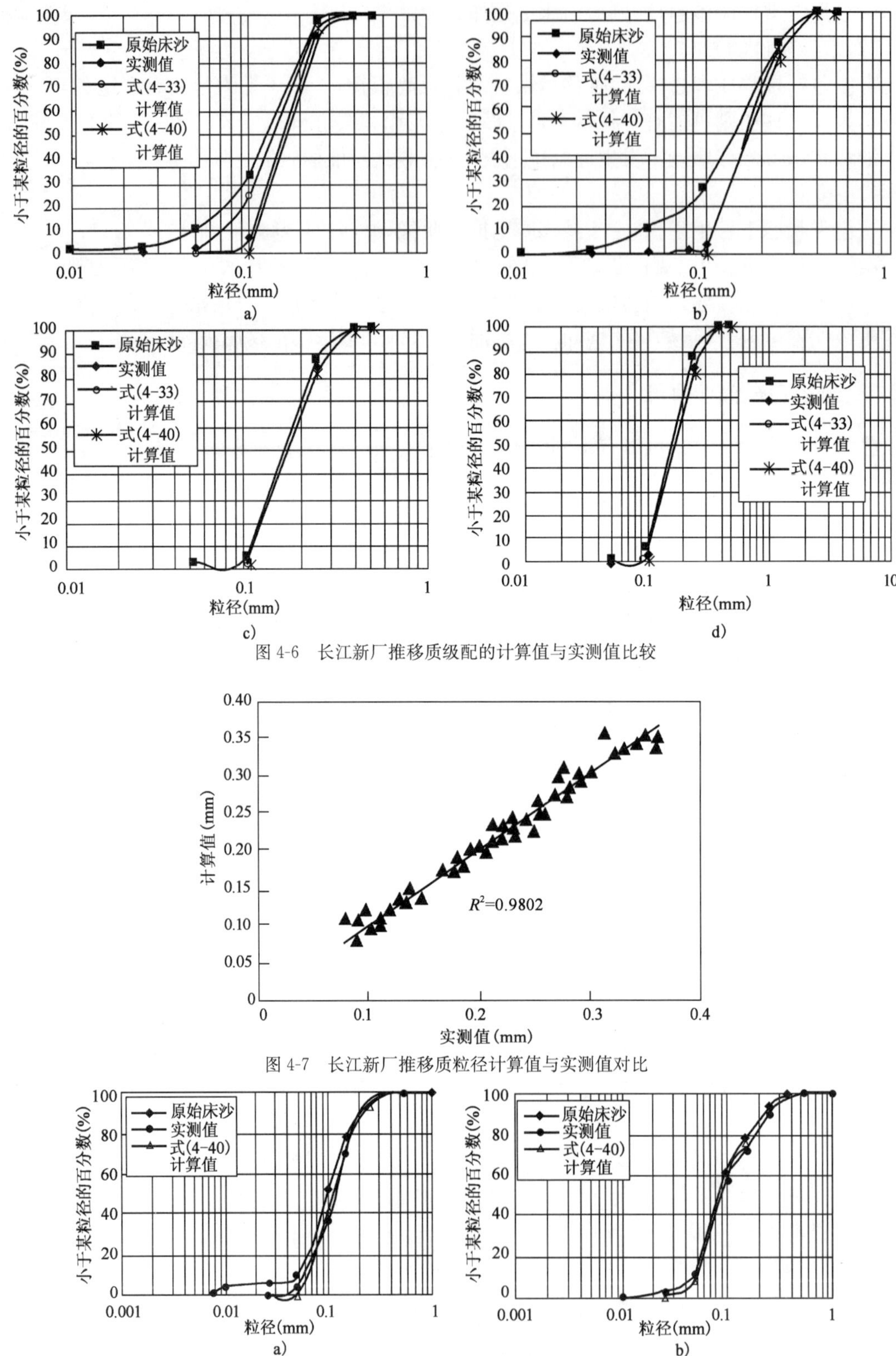

图 4-6 长江新厂推移质级配的计算值与实测值比较

图 4-7 长江新厂推移质粒径计算值与实测值对比

图 4-8 黄河花园口推移质级配的计算值与实测值比较

爱因斯坦水槽试验资料共26组，床沙级配有粗、中、细三类，粒径分别为0.9mm、0.6mm、0.22mm、0.16mm和0.12mm，水流强度很大，流速0.54～1.3m/s。在26组中输沙率级配计算与实测资料关系好的和比较好的有12组，见图4-9a)，关系差的和比较差的有8组，如图4-9b)。产生差异的原因可能与进口加沙量有关，即与悬沙是否饱和有关。图4-9a)和b)，床沙细，可悬泥沙占绝对优势，几乎全部床沙都可能与悬沙交换，当加沙可能使悬沙饱和时，推移质计算级配与实测就吻合较好；当悬沙次饱和时，推移质实测级配比计算值粗。图4-9c)床沙粗，可悬泥沙少，当加沙接近平衡时，计算与实测比较接近。计算 U_{ci} 均用式(4-33)。

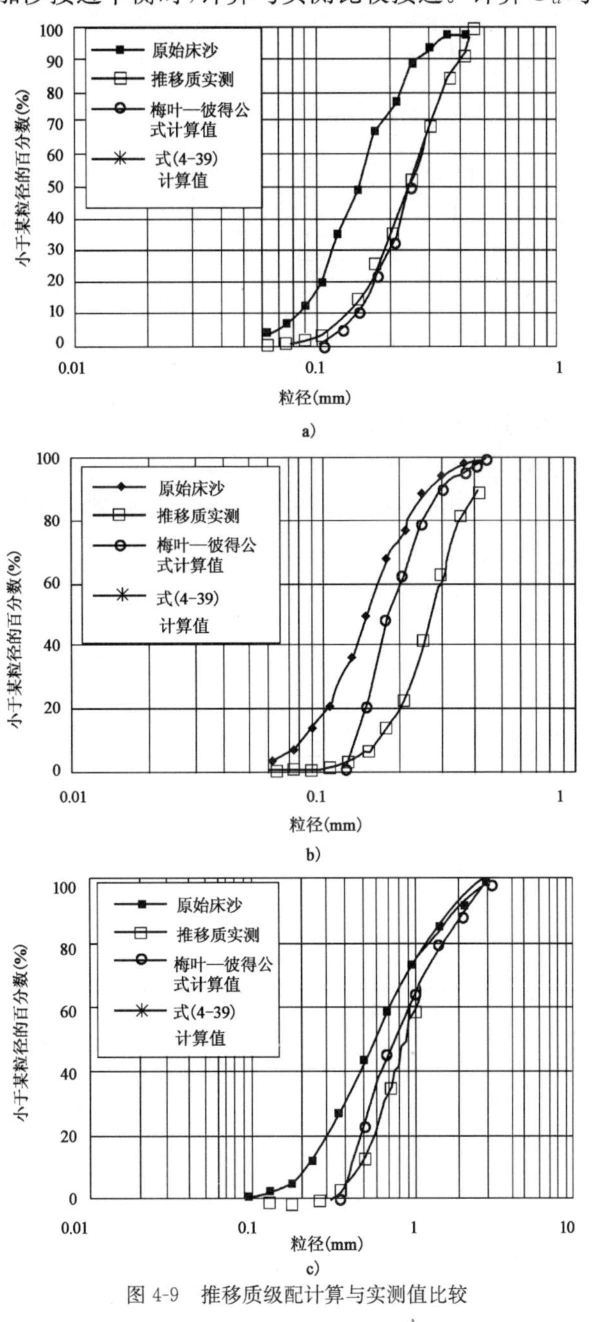

图4-9　推移质级配计算与实测值比较

4.4 冲刷条件下的不平衡输沙

坝下冲刷是一种不平衡输沙问题，即便是恒定流，随着河床冲刷下切，水流动力条件和床沙条件也是随时随地在不断变化，导致输沙率在时间上递减、在空间上递增。非恒定流更是一种不平衡输沙问题。推移质不平衡输沙问题迄今研究还很不充分，这里仅介绍一些初步研究成果。

4.4.1 恒定流冲刷输沙率的变化特性

1)概述

早在 1958 年，钱宁就根据卵石夹沙河床清水冲刷的天然及水槽试验资料获得输沙率 g_b 与冲刷历时 t 的幂函数关系[23]，即：

$$g_b = \alpha t^{-b} \tag{4-41}$$

式中，b 是一个衰减系数。

1991 年杨美卿根据水槽试验资料得到输沙率与冲刷历时的指数函数关系[24]：

$$g_b = g_{b\max} e^{-ct} \tag{4-42}$$

式中，$g_{b\max}$为最大输沙率，c 为常系数。

以上是在水槽某一固定点位置，如尾部，测验所得结果，仅反映输沙率随时间的变化。Ball R. G 和 Sutherland(1983)由水槽试验资料得到时均输沙率与距离及时间的关系如图 4-10，并根据图 4-10 得到下列关系式[25]：

$$g_b(x,t) = g_b^*(x,t)[1-e^{-c(t)(x-x_0)}] \tag{4-43}$$

式中，$g_b^*(x,t)$为平衡输沙率；$c(t)$随时间增大而减小；x_o 是 $g_b(x,t) = g_b^*(x,t)$ 时的距离，也是时间的函数，见表 4-1。

$c(t)$及 x_0 与 t 的关系 表 4-1

t(min)	5	10	15	30	60
$c(t)$(m^{-1})	11	4	2.3	1.17	0.95
x_0(m)	0.11	0.24	0.22	0.19	0.29

尽管图 4-10 试验组次太少，定线不准，但趋势是良好的。在 t 一定时，x_0 为常数，由式(4-43)对距离微分，可得：

$$\frac{\partial g_b}{\partial x} = c(t)(g_b^* - g_b) + \frac{g_b}{g_b^*}\frac{\partial g_b^*}{\partial x} \tag{4-44}$$

式(4-44)为时间一定，输沙率沿程变化方程，在 $g_b^*(x,t)$ 和 $c(t)$确定后可求得输沙率沿程变化。该式是式(4-43)的特定形式，仍然是经验公式，式中 g_b^* 、$c(t)$及 x_0 的变化规律尚未确定，不具可用性。

2)输沙率的变化特点

为研究清水冲刷条件下的输沙变化及其他有关问题，我们曾在原交通部天津水运工程科学研究所循环水槽(长 38m，宽 0.5m)进行过 28 组沙质河床不同固定流量的清水冲刷试验；在四川大学大型水槽(长 60m,宽 1.0m)进行过 9 组砾石夹沙不同固定流量的清水冲刷试验。沙质河床取 10 种不同级配的沙样。D_{50} = 0.27～0.63mm,σ_g = 1.86～2.41,铺沙长度 8～21m,铺沙厚度 15～30cm,U = 0.39～1.10m/s,h = 0.09～0.152m,放水初期为均匀流,随着上、下游不等的冲刷深度,逐渐变为非均匀流,推移质输沙率采用出口段淤积物累计体积法,实测淤积物密度 ρ' = 1.7kg/m³;砾石夹砂河床,D_{50} = 0.95mm,σ_g = 4.85,铺沙长度 12～33m,铺沙厚度 5cm,U = 0.6～1.10m/s,h = 0.133～0.203m,冲刷甚微,放水过程为准均匀流,输沙为定时取样称重,以下系本试验的主要成果。

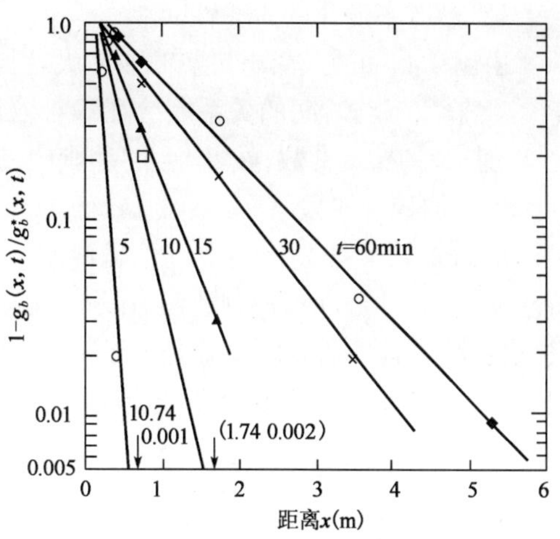

图 4-10 时均输沙率与距离和时间的关系

(1)输沙率的非恒定性

图 4-11 为冲刷过程中沙质及卵石推移质单宽输沙率过程线。在冲刷过程中,虽然流量是恒定的,但由于沙波在空间上不均衡性,在时间上不恒定性,以及底部水流的不稳定性,导致推移质瞬时输沙率的不恒定,特别是卵石推移质输沙率更具有阵发性,大小差别甚巨。

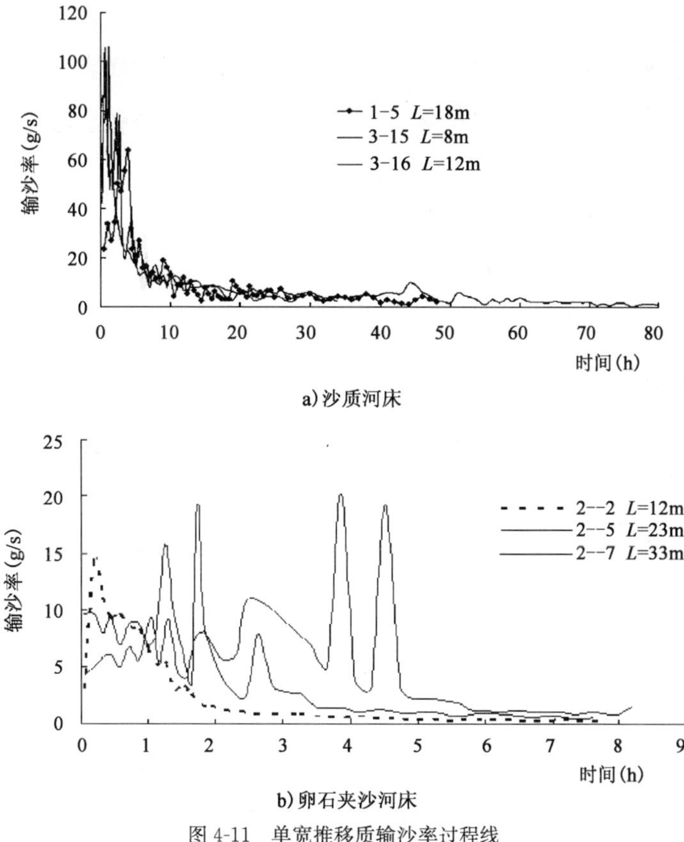

图 4-11 单宽推移质输沙率过程线

(2)输沙率变化的阶段性

由图 4-11 可见,冲刷初期输沙率大,且具有多峰;冲刷中后期输沙率突然变小,逐渐趋近于 0,将输沙率与时间的关系点绘在双对数纸上将看得更明显,见图 4-12a)及 c),在冲刷初期,$t=t_0$ 时,$g=g_{b0}=$常数;在 $t>t_0$ 的冲刷中、后期输沙率变化呈线性衰减,变化规律一致。

①时均稳定阶段

由图 4-12 可见,在 $t\leqslant t_0$ 时,输沙率 $g=g_{b0}=$常数,为平衡输沙阶段,即 $g_{b0}=g_{b0}^{*}$。因为放水初期当 $t<t_0$ 时,冲刷还没有发展到取样地点(出口),出口段河床高程及床沙组成基本未发生变化,水流条件(水深、流速)也不发生变化,形同恒定均匀流的饱和输沙,一旦冲刷发展到出口断面,前期的平衡就会失去,输沙率因床沙变粗和水深变大而不断减小。

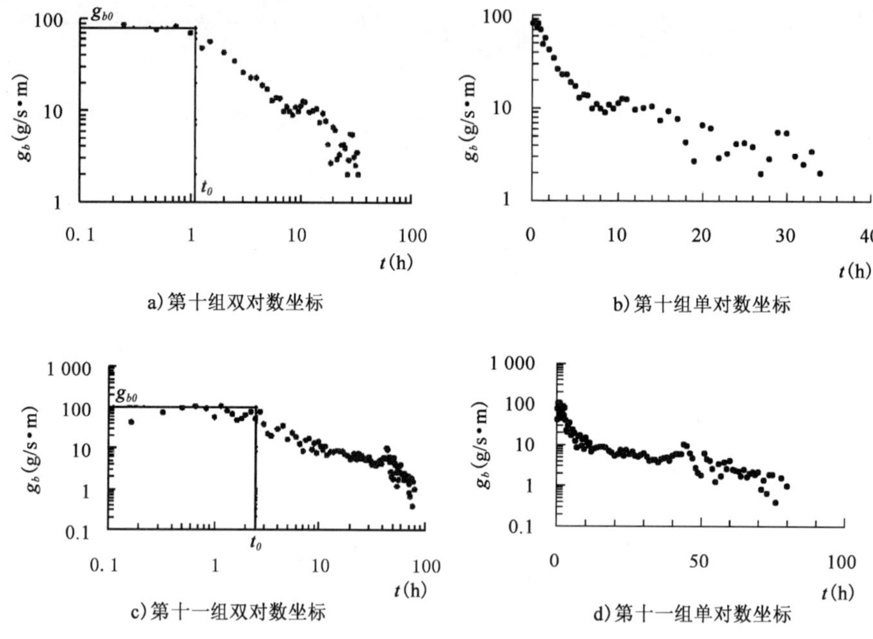

图 4-12 输沙率与冲刷历时关系

②输沙率衰减阶段

当 $t>t_0$ 以后,输沙率在变化中不断衰减,图 4-12 是两组试验资料分别点绘在双对数纸(图 4-12a)和图 4-12c))和单对数纸上(图 4-12b)和图 4-12d))的情况,双对数为 g_b 与 t 呈幂函数关系,即如式(4-41),单对数为 g_b 与 t 呈指数函数关系,即式(4-42)。图中表明当 $t>t_0$ 时用式(4-41)表达远优于用式(4-42)表达,后者不能描述冲刷初期输沙率变化规律。

3)输沙率变化规律的数学描述

由图 4-12 可见,采用的函数关系,以式(4-41)较佳,当 $t\leqslant t_o$ 时,$g_b=g_{b0}$,代入式(4-41)即得:

$$g_b=\begin{cases} g_{b0} & (t\leqslant t_0) \\ g_{b0}\left(\dfrac{t_0}{t}\right)^b & (t>t_0) \end{cases} \tag{4-45}$$

式中 g_{b0} 为初始水流及泥沙条件下的平均输沙率。

(1) g_{b0} 的确定

由式(4-45)可知，g_{b0} 是 $t \leqslant t_0$ 时，$x=l$ 处的时均输沙率，t_0 是进口 $x=0$ 处的泥沙运行到 $x=l$ 处的时间，对于均匀沙，泥沙运动速度一定，恒定条件下的时均输沙率就是饱和输沙率，即 $g_{b0}=g_{b0}^*$；对于非均匀沙，各级泥沙运动速度不一样，t_0 是各级泥沙的一种特征时间，粗砂运行速度慢，当 $t=t_0$ 时尚未运动到 $x=l$ 处，其分组粒径输沙 g_{bi} 不变，而细沙运行动速度快，当 $t=t_0$ 时，部分业已走失，i_0 变小，输沙率 g_{bi} 也变小，其综合输沙率 g_{bn} 并不恒定，$g_{b0} \neq g_{bn0}^*$，这种不恒定性随床沙级配的不均匀性即 σ_g 增大而增大，因此需要修正，即：

$$g_{b0}=f(g_{bn0}^*, \sigma_g)$$

采用式(4-35)由前述水槽试验资料可求得：

$$g_{b0}=0.0353\rho_s(1-P_k-\xi P_0)D_m(U-0.7U_{cm})\left(\frac{U}{U_{cm}}\right)^3\left(\frac{D_{50}}{R}\right)^{1/6}\sigma_g^{-0.15} \tag{4-46}$$

式中系数 $K=0.0353$，比长江新厂所得 $K=0.0387$[式(4-35)]略小，可能是 t_0 取大了的缘故。计算与实测比较见图 4-13，这里 $P_0=0$。

(2)t_0 的确定

如上所述，t_0 是进口 $x=0$ 处泥沙运行到 $x=l$ 处的时间。设泥沙平均推移速度为 u_b，则：

$$t_0=l/u_b \tag{4-47}$$

对于均匀沙，u_b 一定，t_0 也一定；对于非均匀沙，各级泥沙的 u_{bi} 不一样，即 t_0 不再与某一粒径有关，而是各种粒径的某一特征时间，该特征时间应是 $l/(U-0.7U_{cm})$，D_{50}/R 及 σ_g 的函数，其中 U_{cm} 为与 D_{50} 相应的起动流速，由试验资料得：

$$t_0=0.003\frac{l}{U-0.7U_{cm}}\left(\frac{R}{D_{50}}\right)^{0.77}\sigma_g^{-1.06} \tag{4-48}$$

计算与实测资料比较见图 4-14。

(3)b 的确定

b 是输沙率衰减率，b 越大输沙率衰减越快，输沙率衰减是由两方面因素引起的，一是床沙粗化，是最主要因素；另一是水流条件随冲刷而不断减弱。床沙粗化的主要因素是床沙的非均匀性，显然均匀沙没有粗化问题，床沙越不均匀，σ_g 越大，越易于粗化，特别是床沙中有不动颗

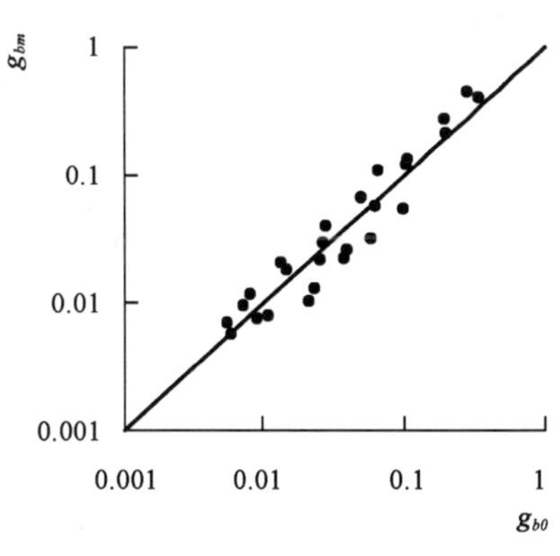

图 4-13　计算输沙率与实测比较

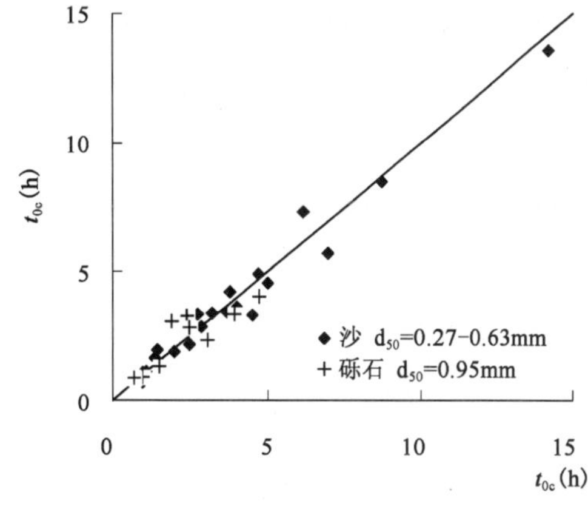

图 4-14　计算 t_0 与实测比较

粒。钱宁认为床沙不动粒径百分数 P_0 越大形成粗化层速度越快，河床冲刷速率减小就越快，即 b 越大[23]。其次是与前期相对冲刷厚度 $\Delta h/h$ 及 $\Delta h/D_{50}$ 有关，$\Delta h/h$ 越大，水深增大越大，水流强度减弱越显著，b 越大；$\Delta h/D_{50}$ 越大，意味床沙可动性越强，水流分选作用越弱，粗化越慢，b 越小，因此 b 可用如下函数式表示：

$$b = f\left(\sigma_g, \frac{\Delta h}{h}, \frac{\Delta h}{D_{50}}\right) \tag{4-49}$$

其中：

$$\Delta h = g_{b0} t_0 / l = g_{b0} / u_b \tag{4-50}$$

根据式(4-35)及式(4-24)可得：

$$b = f\left(\sigma_g, \frac{\Delta h}{h}, \frac{\Delta h}{D_{50}}\right) = f\left[\sigma_g, (1 - P_k - \xi P_0)\left(\frac{U}{U_{cm}}\right)^3, D_{50}/R\right] \tag{4-51}$$

由水槽试验资料进行回归得到：

$$b = 1.27\left[(1 - P_k - \xi P_0)\left(\frac{U}{U_{cm}}\right)^3\right]^{-0.11}\left(\frac{D_{50}}{R}\right)^{0.087}\sigma_g^{0.68} \tag{4-52}$$

式(4-52)计算值 b_c 与实测值 b_m 比较，见图 4-15。由图可见，其趋势是良好的，由于 b_m(试验值)难以精确确定，点群有些散乱是难免的。式中各因子的关系是合理的，σ_g 确乎起主导作用，不动粒径的庇护系数 ξ 取 1.5，是考虑比抗冲粗化层中不动颗粒占 35%[8] 可庇护 65% 比其细的泥沙，其庇护系数 1.86 要小的缘故。

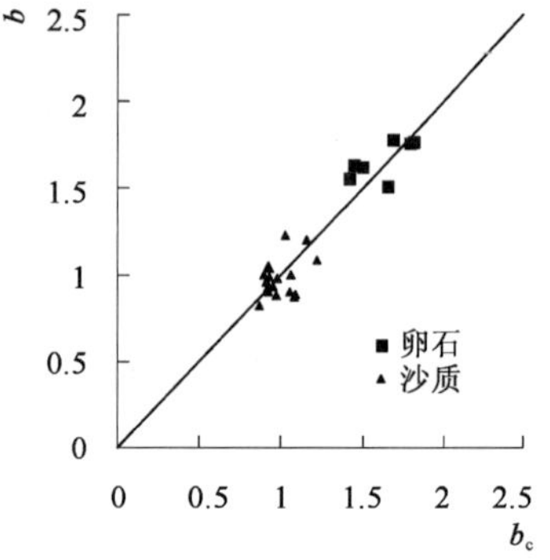

图 4-15　b 的计算值(b_c)与试验值(b_m)的比较

4.4.2　恒定梯级流量清水冲刷输沙率的变化特性

清水冲刷当 $t > t_0$ 时输沙迅速衰减，如果流量变小，无疑输沙率会衰减加速，甚至为零。相反，流量增大，输沙率又是如何变化？为此我们设计了 5 组恒定、分级流量冲刷试验，流量由小到大，待一级冲刷接近稳定后再放另一级，各组次时段初水力泥沙要素见表 4-2，表中第二级第三级流量的水沙要素均是上一级流量冲刷末期的水深条件下量测值。

图 4-16 绘出其中三组输沙率过程线，由图 4-16 可见：

(1)梯级流量中各级流量输沙率变化规律均与单级流量一样，即由大变小，逐渐衰减，直至趋于零。每换一级流量，由于流量增大，输沙率突变一次，输沙率峰值因每级初始流速增大程度而异，一般因前期冲刷，水深增大，床沙变粗而趋于减小。

梯级流量清水冲刷水槽试验初始水沙要素一览表　　表 4-2

No.	L(m)	Δ(cm)	Q(m³/s)	H(cm)	V(m/s)	床沙初始粒径(mm)						T(h)
						D_{max}	D_{90}	D_{50}	D_{10}	D_m	σ_g	
①	8	30	0.018	9.5	0.39	3	0.78	0.32	0.14	0.42	1.96	30
		27.5	0.038	12	0.63	3						34
②	8	30	0.021	10	0.42	3	1.15	0.36	0.15	0.56	2.27	7
		29	0.029	11	0.53	3						18
		25	0.039	15	0.52	3						30

续上表

No.	L(m)	Δ(cm)	Q(m^3/s)	H(cm)	V(m/s)	床沙初始粒径(mm)						T(h)
						D_{max}	D_{90}	D_{50}	D_{10}	D_m	σ_g	
③	8	30	0.03	10	0.595	3	1.3	0.58	0.2	0.74	2.02	23
		25.5	0.056	14.5	0.78	3	1.7	0.6	0.15	0.8	2.45	29.5
④	8	30	0.025	10	0.55	3	1.2	0.41	0.13	0.58	2.41	23
		27.7	0.039	12.3	0.64	3	1.8	0.55	0.15	0.82	2.65	21
		21.3	0.048	18.7	0.52	3	2	0.6	0.18	0.88	2.6	31.5
⑤	8	30	0.048	10	0.97	3	1.2	0.41	0.13	0.58	2.41	37

(2)每级流量都有各自的平衡水深和粗化粒径，流量越大，平衡水深越大，粗化粒径越粗，流量每增大一级，前期平衡就破坏一次，终极平衡是在最大流量条件下实现的。冲刷平衡的建立一是床沙粗化，二是水流条件中因冲刷而减弱，当两者达到动态平衡时，冲刷也就停止。不过这个过程是渐近的，漫长的。

(3)在图 4-16b)中同时绘出第④和第⑤组输沙率过程。两者床沙级配及起始水深相同，均为 10cm，第⑤组为单一流量，等同于第④组的第 3 级(最大流量级)，均为 0.048m^3/s。两组流量过程不同，放水历时和施放总水量均大不一样，但终极冲刷效果是一样的，第④组平均冲深 13.8cm，第⑤组则为 14cm，表明在初始条件(床沙级配及水深)相同情况下，极限冲刷深度与流量过程(指恒定分级流)无关，只与最大一级流量(有足够的持续时间)有关，即最大流量及其一定的持续时间在冲刷中起主导作用。

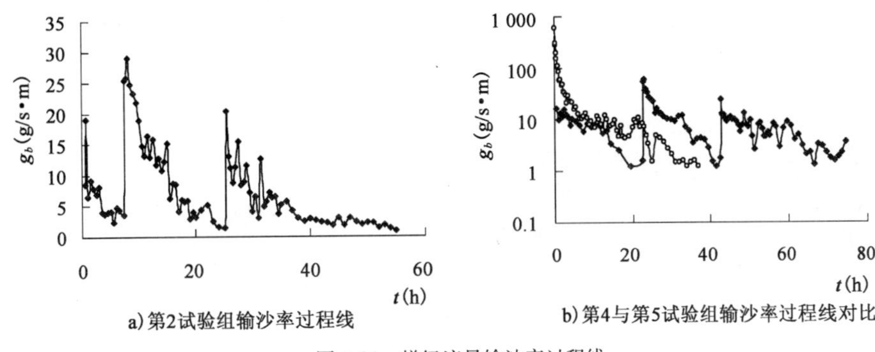

a)第2试验组输沙率过程线　　b)第4与第5试验组输沙率过程线对比

图 4-16　梯级流量输沙率过程线

4.4.3　非恒定流清水冲刷输沙率变化特性

自然界的水流运动多为非恒定流，或者说为波动水流。波动水流运动常可分为推进波和轨道波，洪水波和潮流都属于推进波，又称为长波；风成波为轨道波，又称为短波。这里所研究的问题为洪水波。

洪水波是种渐变的非恒定流动，其水流运动要素随时间和距离而不断变化，有赖于水流运动的泥沙运动也必然会随之变化，由于相位差，输沙率变化滞后于水流，即二者的变化不相对应，不具有同步性。这样，就给非恒定流的泥沙运动研究造成很大难度，因此，迄今泥沙问题的研究多在恒定流条件下进行，显然难以真实反映非恒定流输沙实际情况。为此，我们设计了不同峰型的洪水过程，通过水槽试验，寻求冲刷条件下非恒定流推移质输沙规律。

(1)水槽试验概况

①试验设备及测量方法

试验水槽为变坡循环水槽，尾门在试验过程中不进行调节，水槽长 35m，高 0.5m，宽 0.5m。试验段位于水槽进口以下 8m 处，试验沙采用天然沙，其密度 $\rho_s=2.63\times10^3\text{kg/m}^3$。铺沙长度 4m，高度 0.3m，上下以 30 度交角与槽底衔接，槽底坡 1‰。

初始水深各组次均为 10cm，流量调控为自制可变自动调节电磁流量计；水流、地形测量为武汉大学研制的水流、地形自动测量仪；输沙量测量为尾部沉积物体积测量法。

②床沙粒径

为防止冲刷粗化对输沙率影响，床沙采用准均匀沙，$d_{50}=0.46\text{mm}$，$\sigma_g=1.45$，各组次试验沙样均相同。

③水流条件：为便于比较，进行了三类不同流量的试验：

a. 定常流量。定常流量共分为五组，各组流量大小及放水历时见表 4-3。

定常流量试验概况　　表 4-3

No.	$Q(\text{L}\cdot\text{s}^{-1})$	$h_0(\text{m})$	$U(\text{m}\cdot\text{s}^{-1})$	$g_{b0}[\text{kg}\cdot(\text{m}\cdot\text{s})^{-1}]$	$T(\text{h})$
A-1	46	0.1013	0.908	0.194	4
A-2	40	0.1019	0.785	0.102	4
A-3	34	0.1004	0.681	0.049	4
A-4	28	0.1000	0.560	0.026	4
A-5	20	0.0970	0.412	0.003	2/3

b. 变动流量。洪水流量采用正弦波，如：

$$Q=Q_0\left(1+a\sin\frac{\pi}{T}t\right)\tag{4-53}$$

式中，Q_0 为基流，即洪峰最小流量；a 为波的振幅；T 为洪峰周期(为正弦波的半个周期，以下称周期)。

洪峰平均流量为：

$$\overline{Q}=\frac{1}{T}\int_0^t Q\text{d}t=\left(1+\frac{2a}{\pi}\right)Q_0\tag{4-54}$$

流量变幅为：

$$\frac{\Delta Q}{\overline{Q}}=\frac{Q_{\max}-Q_{\min}}{\overline{Q}}=\frac{\pi a}{2a+\pi}\tag{4-55}$$

试验中取 $Q_{\min}$ 能满足床沙起动条件，$Q_{\max}$ 不为急流，且不同峰型的平均流量相等，放水组次见表 4-4。

不同峰型的水流泥沙特性　　表 4-4

No.	B-1	B-2	B-3	B-4	B-5	B-6	B-7	B-8	B-9
α	0.15	0.25	0.50	1.0	1.5	2.0	2.0	3.0	3.0
$T(\text{h})$	2	2	3	2	3	2	3	2	4
$Q_{\max}(\text{L}\cdot\text{s}^{-1})$	35.7	36.3	39.0	42.0	43.5	45.0	45.0	46.8	46.8

续上表

No.	B-1	B-2	B-3	B-4	B-5	B-6	B-7	B-8	B-9
Q_0(L·s^{-1})	31.0	29.0	26.0	21.0	17.4	15.0	15.0	11.7	11.7
ΔQ(L·s^{-1})	4.7	7.3	13.0	21.0	26.1	30.0	30.0	35.1	35.1
$\overline{Q}$(L·s^{-1})	34.2	34.2	34.2	34.2	34.2	34.2	34.2	34.2	34.2
$\Delta Q/\overline{Q}$	0.137	0.216	0.378	0.611	0.767	0.880	0.880	1.03	1.03
G(kg)	156.02	161.21	205.56	185.98	233.94	209.25	244.49	218.79	287.09
G_0(kg)	146.48	146.48	175.77	146.48	175.77	146.48	175.77	146.48	190.84
G/G_0	1.065	1.10	1.17	1.27	1.33	1.43	1.43	1.49	1.50
$G_{退}/G$(%)	18	20	17.6	20	15.6	20	20	20	16
Q^*(L·s^{-1})	34.7	35.0	35.7	36.4	37.0	37.3	37.3	37.8	37.8

c. 梯级流量。将表 4-4 中 B-9 的流量过程，概化为 Q=0.02m^3/s、0.037m^3/s 和0.046m^3/s 三级，涨、落水各级均持续 40min，平均流量亦为 0.034 2m^3/s，如图 4-17 所示。

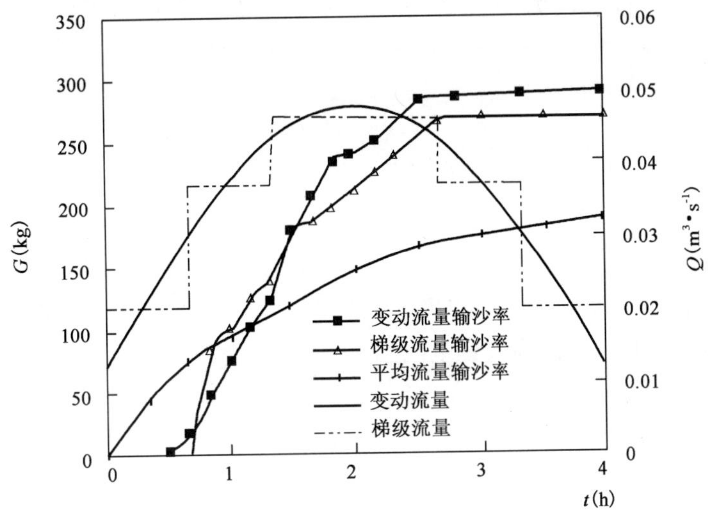

图 4-17　水量相同条件下变流量、梯级流量、恒定流量及其输沙量过程

(2)非恒定流水力泥沙要素变化特点

非恒定流在传播过程中由于相位差使水力泥沙要素变化不同步，如图 4-18 所示，该图为表 4-4 中 B-4 和 B-8 两组试验的流量 Q、水深 h、流速 U、水面比降 J_0 和输沙率 g_b 变化过程。其中 h、U 为试验段平均值，应滞后于 Q；g_b 为试验段末端推移质输沙率，应滞后于 U_0 在冲刷过程中各要素变化有如下特点：

①由于冲刷，水深 h 随时间不断增大，流速 U 的峰值出现在流量 Q 的峰值之前，而并非是滞后。流速峰峰前较陡，峰顶平坦，峰后较平缓，相同流量下涨水流速大于落水流速。

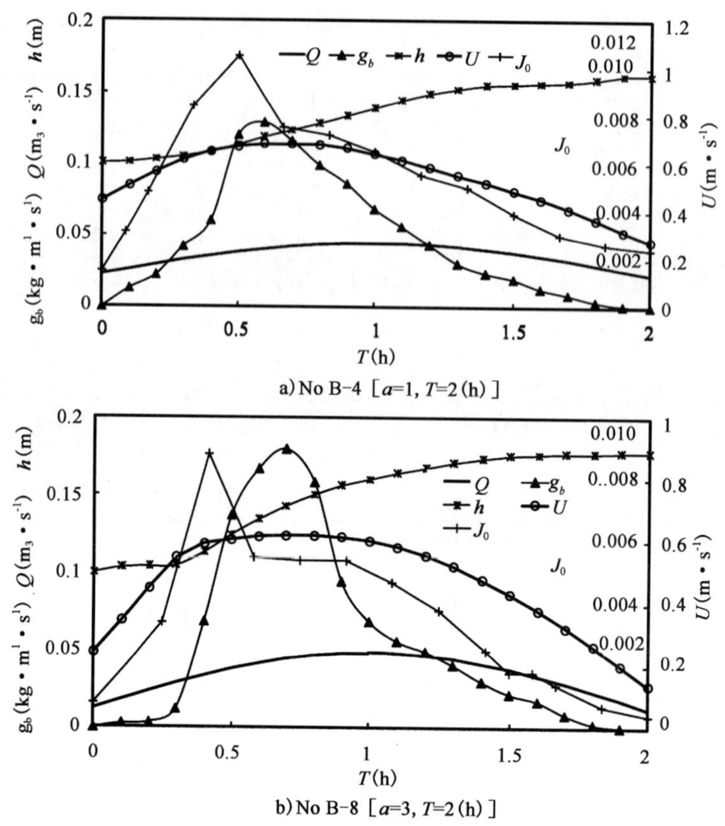

图 4-18　水槽试验中非恒定流冲刷过程水力泥沙要素的变化

②沙峰尖瘦，流速峰肥胖，峰顶基本对应。沙峰没有滞后主要是速流峰顶平缓，似恒定均匀流。

③比降峰出现在涨水加速期，一般超前于沙峰，a 越大，T 越小，峰越尖，越超前沙峰。本试验由于试验条件限制，水面比降只具定性意义。

(3)非恒定流输沙率

①非恒定流的床面剪力

非恒定流剪力是由两部分组成，一是单位壁面积上的重力在水力坡度方向上的分力 τ_0；另一是惯性力所产生的附加剪力 $\Delta\tau$，即：

$$\tau = \tau_0 + \Delta\tau \tag{4-56}$$

$$\tau_0 = \gamma RJ \tag{4-57}$$

式中，J 为能坡。

$\Delta\tau$ 可由动量原理确定，即惯性力：

$$F = \rho Q \frac{\mathrm{d}U}{\mathrm{d}t}\Delta t \tag{4-58}$$

$$\Delta\tau = F/\chi\Delta L = \rho R \frac{\mathrm{d}U}{\mathrm{d}t} \tag{4-59}$$

式中，χ 为湿周。

②非恒定流输沙能力

沿用恒定流的输沙能力计算公式式(4-18)，将其中与 τ_0 有关的参数 U_* 及 θ 用式(4-56)中的 τ 取代，即为非恒定流输沙率(能力)公式，即：

$$g_b^* = K\gamma_s DU_*(\theta-\theta_c)(1-0.7\sqrt{\theta_c/\theta}) \tag{4-60}$$

式中，系数 K 由非恒定流输沙实测资料。

③系数 K 的确定

系数 K 可由实测资料确定。式(4-60)中涉及 J 和 $\mathrm{d}U/\mathrm{d}t$，由于非恒定流的能坡目前研究很少，姑且假定与恒定流一致，可用曼宁—史觉克公式反求，即：

$$J = \frac{1}{A^2}\frac{U^2}{R}\left(\frac{D_{50}}{R}\right)^{1/3} \tag{4-61}$$

式中，A 为系数，在平整床面 $A=20$，代入式(4-57)，即得：

$$\tau_0 = \gamma RJ = \frac{\gamma}{A^2}U^2\left(\frac{D_{50}}{R}\right)^{1/3} \tag{4-62}$$

对式(4-53)微分，得：

$$\frac{\mathrm{d}Q}{\mathrm{d}t} = Bh\frac{\mathrm{d}U}{\mathrm{d}t} + BU\frac{\mathrm{d}h}{\mathrm{d}t} = aQ_0\frac{\pi}{T}\cos\frac{\pi}{T}t \tag{4-63}$$

假定 $\mathrm{d}h/\mathrm{d}t \approx 0$，则：

$$\frac{\mathrm{d}U}{\mathrm{d}t} \approx \frac{a\pi Q_0}{BhT}\cos\frac{\pi}{T}t \tag{4-64}$$

代入式(4-59)得：

$$\Delta\tau \approx \frac{\rho\pi aQ_0}{BT}\cos\frac{\pi}{T}t \tag{4-65}$$

非恒定流临界起动拖曳力目前研究也很少，若取 $\theta_c = 0.06$，由表 4-4 中各组试验资料，并考虑了沙峰滞后的影响，求得 $K = 14$。计算结果与实测资料比较见图 4-19a)，由图可见，基本趋势是良好的，但峰值附近计算值 g_b^* 偏小；如果 θ_c 取大于 0.06 可能有所改观，如取 $\theta_c = 0.09$ 可得图 4-19b)，可见关系比图 4-19a)要好。对于恒定均匀流 Engelund 取 $\theta_c = 0.046$ 时，其 $K=11.6$[3]，θ_c 越大 K 也越大。为什么非恒定流 θ_c 要大，机理尚不清楚。

④输沙率过程计算与实测比较

图 4-20 给出 B-4 及 B-5 两组试验输沙率过程按式(4-60)计算($\theta_c = 0.09, K = 21$)与实测对比，由图可见，计算的峰值偏小，过程偏扁平，产生这种问题的主要原因是流速扁平，即以式(4-61)确定 J 不甚合理，A 不应为常数；涨水期 $g_b^* > g_b$，是相位差形成，输沙滞后；落水期 g_b^* 与 g_b 相接近，g_b 略大，也是输沙滞后的表现，但不如涨水突出。计算中 U 与 $\frac{\mathrm{d}U}{\mathrm{d}t}$ 相位并不一致，不过 $\frac{\mathrm{d}U}{\mathrm{d}t}$ 的影响较小。

⑤洪峰输沙总量计算与实测比较

洪峰过程单宽输沙总量为：

$$G = \sum \overline{g_{bi}^*}\,\Delta t_i \tag{4-66}$$

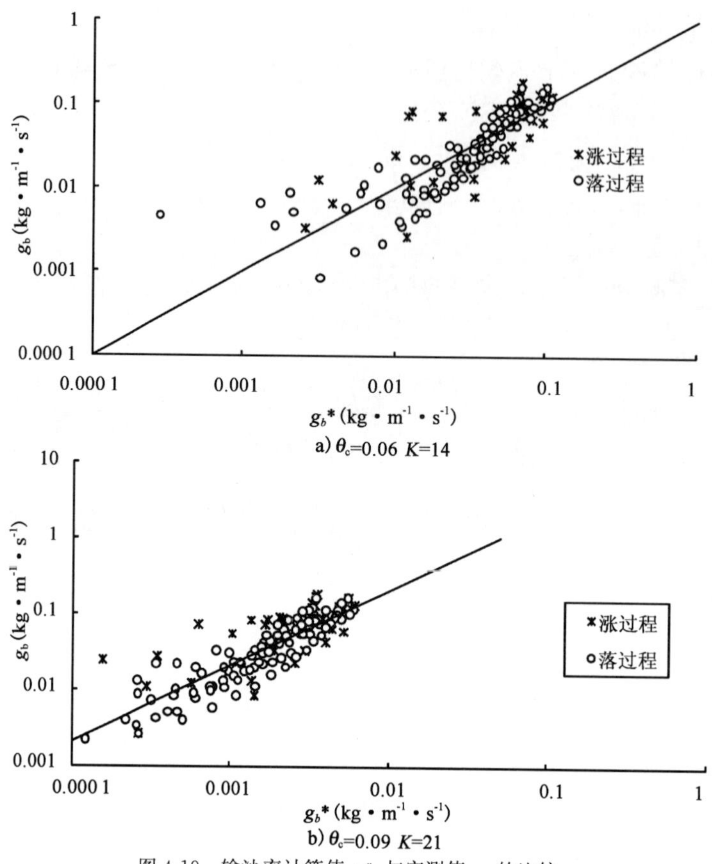

图 4-19 输沙率计算值 g_b^* 与实测值 g_b 的比较

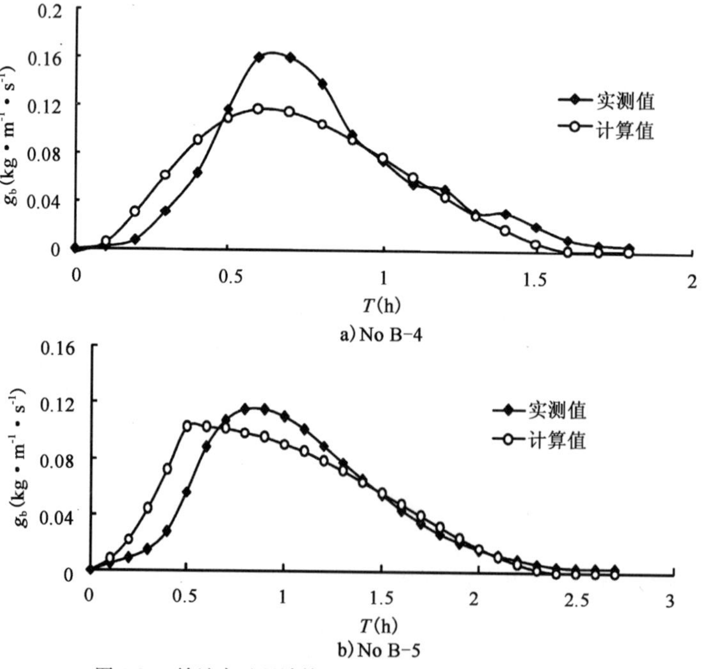

图 4-20 输沙率过程计算(θ_c=0.09,K=21)与实测比较

式中，$\overline{g_{bi}^{*}}$ 为 Δt_i 时段平均输沙率。

图 4-21 为计算与实测比较。由于计算输沙率在峰值附近一般偏小，故总输沙率也偏小，其中有 3 组偏离较大，最大偏小达 38%。

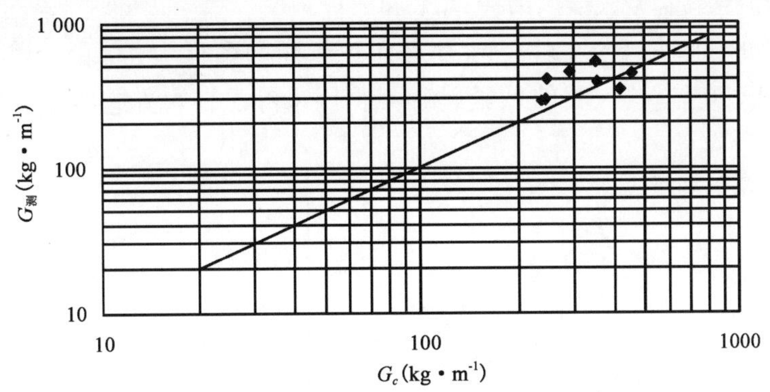

图 4-21 全过程输沙总量计算(θ_c=0.09，K=21)与实测对比

从上述有关计算成果上看，若能正确确定非恒定流的能坡 J、水流加速度 dU/dt 和 θ_c，沿用恒定均匀流的输沙率公式，可望能较好地获得非恒定流输沙率。这里所介绍的研究成果，仅仅是一定试验条件下的一种定性尝试，不仅试验组次少，而且水力要素测验不精细，存在一定的相位差，所得结果只具定性意义。

(4)洪峰输沙总量估算

①影响输沙量的主要因素

表 4-4 中不同峰型的 9 组试验表明，在其他条件相同情况下，洪水期总输沙量只与流量变幅 $\Delta Q/\overline{Q}$ 或振幅有关，与周期大小无关，见图 4-22，即：

$$G/G_0 = 1 + 0.47\frac{\Delta Q}{\overline{Q}} \tag{4-67}$$

式中，G_0 为与洪峰平均流量 $\overline{Q}$ 相同的流量，在相同的时间 T 内输送相同粒径的泥沙的恒定流的输沙量。

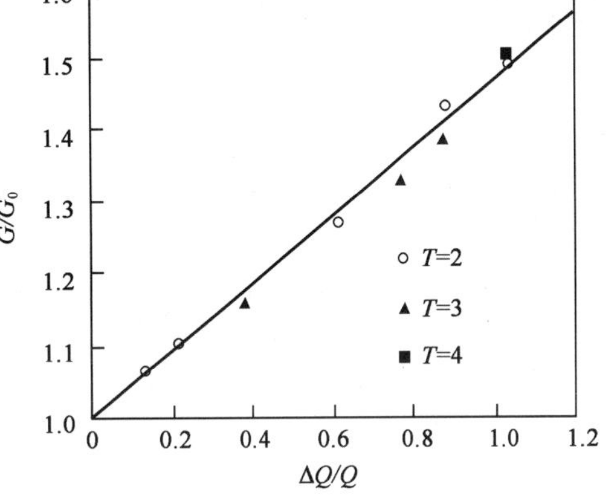

图 4-22 洪峰输沙量与流量变幅关系

②涨落水对输沙量的影响

由图 4-18 可见，最大输沙率发生在水流加速时段，即洪峰的峰前，在相同流量下，涨水的输沙率远比落水为大。因此洪峰前的输沙量远比峰后输沙量为大。由表 4-4 可见峰前的输沙量占 80%～85%，峰后的输沙量仅占 15%～20%，洪水周期越短，峰前输沙量占的比例越大，峰前、峰后输沙率的显著差别会造成涨落水对河床演变重大的影响。陡涨陡落对河床具有极大的破坏作用。

③当量流量

所谓当量流量是指洪峰流量在一个洪水期内的输沙量与某一恒定流量在相同时间内产生的输沙量相等，即称该流量为当量流量。但该流量在同一时间内的总水量与洪峰流量同期水量是不相等的。

由式(4-35)可知，在高水流强度时推移质输沙率与流速 4 次方成正比，即：

$$g_{b0} = KU^4 = K(Q/A)^4 \tag{4-68}$$

式中，系数 K 为泥沙粒径及水深的函数，A 为过水面积。

根据表 4-3 的试验资料，在粒径和过水面积相同的条件下，g_{b0} 确乎是 Q^4 的函数，见图 4-23，其中 $Q=0.02\text{m}^3/\text{s}$ 时的低输沙律点据因未考虑有效流速$(U\text{-}U_c)$中的 U_c 影响而偏离。

恒定流的单宽输沙量为：

$$G = g_{b0}T = K\frac{T}{A^4}Q^4 \tag{4-69}$$

当 $Q=\overline{Q}$ 时，式(4-69)即为：

$$G_0 = K\frac{T}{\overline{A}^4}\overline{Q}^4$$

在床沙条件及时段相同条件下：

$$G/G_0 = (Q/\overline{Q})^4(\overline{A}/A)^4 \tag{4-70}$$

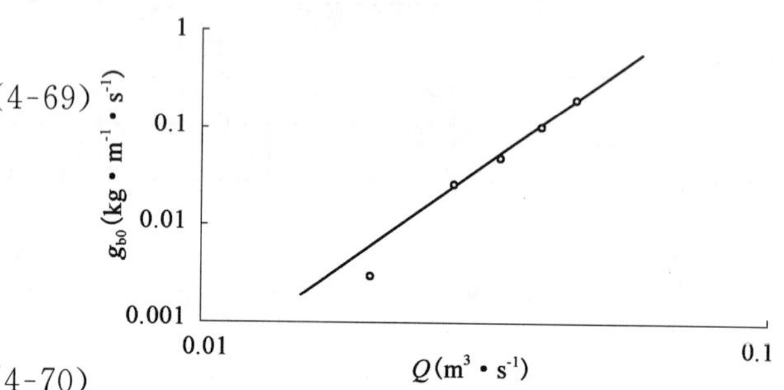

图 4-23　输沙率与流量关系

以式(4-70)代入式(4-67)可得：

$$Q^* = Q = \left(1+0.47\frac{\Delta Q}{\overline{Q}}\right)^{0.25}\frac{A}{\overline{A}}\overline{Q}$$

$$= K_0\left(1+0.47\frac{\Delta Q}{\overline{Q}}\right)^{0.25}\overline{Q} \tag{4-71}$$

$$K_0 = A/\overline{A}$$

Q^* 即所谓当量流量，流量变幅 $\Delta Q/\overline{Q}$ 越大，Q^* 也越大；A 为 $Q=Q^*$ 时的过水面积，由于 $Q^*>\overline{Q}$，其大于 $Q=\overline{Q}$ 时的过水面积 $\overline{A}$，故 $K>1$，A 可由具体河段 $A\sim Q$ 关系试算确定。

④洪峰输沙量的估算

由式(4-67)及式(4-71)均可估算出洪峰输沙量。

a. 由式(4-67)求 G

已知 $\overline{Q}$、U、h、$\Delta Q/\overline{Q}$、T 及床沙级配，由式(4-45)等求得 G_0，再代入式(4-67)即可求得 G。

b. 由式(4-71)求 G

已知 ΔQ、$\overline{Q}$、$A\sim Q$ 关系和泥沙条件，由式(4-71)求得 Q^* 和相应的 U、h，同上述求 G_0 方法一样可求得 G。

G 的计算精确度取决于 g_{b0}、t_0 及 b 等的计算精度，其中 g_{b0} 起主导作用。根据本次试验资料，应用式(4-67)时采用实测 g_{b0}；应用式(4-71)时采用式(4-68)确定 g_{b0}。计算结果见图 4-24 与实测吻合良好，本试验 $K/A^4=3.75\times10^4$。

4.4.4　非恒定流的梯级概化

在比尺模型试验或数值模拟计算中，通常将洪峰流量概化成同周期等水量若干个恒定的梯级流量组合，梯级组合的输沙率与洪峰有怎样的差别，这里做了一次定性试验。洪峰类型及梯级组合见图 4-17，试验结果也绘于图 4-17。

由图 4-17 可见，梯级化全过程总输沙量比非恒定流洪水要小，比定常的平均流量要大，介于两者之间。影响输沙量的因素有三：一是分级的级数和大流量及其所占时间权重大小有关，大流量越大，占的时间权重越大，输沙量越大；二是与梯级流量的级差有关，级差越大输沙率也越大；三是与由小流量向大流量转换持续时间有关，若流量突然增大，输沙率也越大。图中第一次流量转换是在放水后 40min，流量由 $0.02m^3/s$ 在较短的时间内增大到 $0.037m^3/s$，输沙量猛增；第二次流量转换是在 80min 时，由 $0.037m^3/s$ 增大到 $0.046m^3/s$，转换较慢，持续时间约 2min，级差也较小，输沙量增幅不及前者一半。洪峰突降 $g_b=0$，G_b 在 $t \geqslant 160$min 为常数。

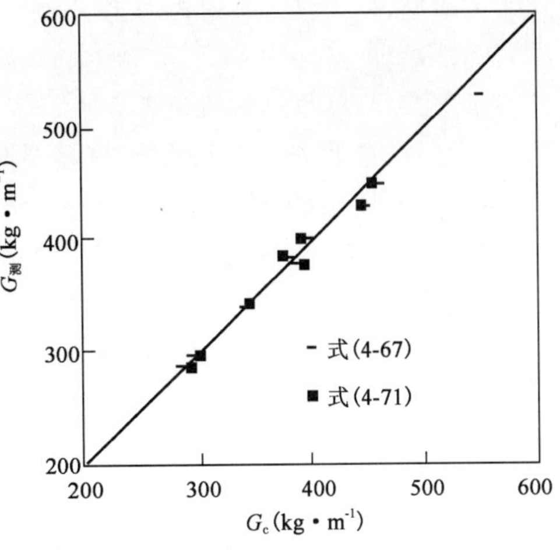

图 4-24　计算 G_c 与实测 G_m 比较

本章参考文献

[1] Bagnold, R. A.. The Nature of saltation and of bed load transport in water//Proc., Royal soc. London, Ser. A, Vol. 332, 1973, PP. 473-504.

[2] 惠遇甲. 挟沙水流的运动机理和输沙能力[J]. 水动力学研究与进展, 1996. 11(2): 133-149.

[3] Engeland, F. and J. Fredse. A sediment transport model for straight alluvial channels. Nordic Hydrology, Vol. 7, 1976, PP. 293-306.

[4] 钱宁，万兆惠. 泥沙运动力学[M]. 北京：科学出版社，1986. 262-283.

[5] 张瑞瑾. 河流泥沙动力学(第二版)[M]. 北京：中国水利水电出版社，1998.

[6] 杨志达. 泥沙输送理论与实践[M]. 李文学，等，译，北京：中国水利水电出版社，2000.

[7] 乐培九. 非均匀沙推移质输沙率及粗化问题[J]. 水道港口，1991(1).

[8] 孙志林，等. 非均匀沙分级起动规律研究[J]. 水利学报，1997(10).

[9] 韩其为. 推移质中的几个理论问题研究[J]. 中国水利，2004. 18.

[10] Zhang Hongwu, Wang Shan. Size distributions of coarse sand load in turbulent flow field[J]. 水动力学研究与进展 B 辑，1995，(03)：1-6.

[11] 李昌华. 床面上泥沙绕流上举力系数的间接确定[J]. 泥沙研究，1984(4)：60-63.

[12] J. Gessler. Self stabilizing tendencies of sediment mixture with large range of grain Sizes[J]. Journal of Waterways and Harbors Division, Proc, ASCE, Vol. 96, No: WW2, 1970.

[13] 董永华. 非均匀推移质级配的实验研究[J]. 人民长江，1989(6)：41-47.

[14] 张红武. 冲积河床糙率模拟问题的探讨[J]. 武汉水利电力学院学报，1986(3)：92-99.

[15] 崔侠. 非均匀推移质泥抄级配的计算[J]. 武汉水利电力学院学报，1988(6)：93-98.

[16] 张绪进,赵世强. 非均匀推移质级配的初步研究[J]. 重庆交通学院学报,1989,8(2):68-78.

[17] 张启卫. 推移质级配的计算方法[J]. 泥沙研究,1990,(4):41-48.

[18] 陆永军,张华庆. 非均匀沙推移质输沙率及其级配计算[J]. 水动力学研究与进展,1991,A 辑 6(4):96-105.

[19] 何文社. 非均匀沙运动特性研究[D]. 四川大学博士学位论文,2002.

[20] 王涌涛,倪汉根,崔莉. 非均匀推移质级配研究[J]. 泥沙研究, 2004(1):50-55.

[21] 王艳华,程小兵,乐培九. 推移质级配的确定方法[J]. 泥沙研究,2010(5):13-18.

[22] 乐培九,程小兵,朱玉德. 清水冲刷推移质输沙率变化规律[J]. 水道港口,2006(6):361-367 清水.

[23] 钱宁. 修建水库后下游河道重新平衡的过程[J]. 水利学报,1958(4):33-60.

[24] 杨美卿,等. 河床冲刷—粗化过程的水槽试验研究[R]. 清华大学水利水电工程系泥沙研究所,1991.

[25] Bell, R. G. and Sutherland, A. J.. Nonequilibrium bedload transport by steady flow [J]. Journal of Hydraulic Engineering ASCE, 1983, 109(3):354-367.

[26] 程小兵,王艳华,乐培九. 非恒定流清水冲刷输沙规律初步研究[J]. 泥沙研究,2011(6):10-16.

第 5 章　床沙级配的调整及其估算

床沙级配调整是水流阻力和水流输沙中一个十分重要的问题。对于非均匀沙河床而言，无论是冲刷还是淤积，床沙级配都会发生调整。冲刷时床沙中细沙走得快、冲得多，粗沙走得慢，冲得少，甚至不动，床沙不断变粗，甚至在一定水流条件下形成稳定粗化层。淤积时悬移质加盟床沙，使床沙变细，在一定水流条件下随着河床的自动调整，终可达淤积平衡，形成稳定的细化层。河床冲刷和淤积都发生在河床表层，对于无沙波床面只是表层向下（冲）或向上（淤）逐渐发展，级配变化也只是在表层。有沙波床面，沙波迎水面表层床沙发生冲刷行至背水面则发生沉积，被继之而来的泥沙掩埋而变成深层泥沙。随着迎水面表层泥沙不断冲刷，而埋于谷底，下层泥沙不断暴露而转变为表层泥沙，导致沙波向下游缓慢爬行，当沙波运行一个波长，就完成表层与底层泥沙一次完整的交换和掺混，床沙级配调整就发生在这样的掺混层内。

5.1　掺混层和粗化层厚度

(1)掺混层厚度 E_m

掺混层是对沙质河床而言，也有称扰动层、活动层、混合层、交换层等，该层的上边界为与水流接触的床面，下边界为不受水流扰动的静止河床。实际上受水流直接扰动仅仅是床面，但水流通过沙波运动可干扰到波谷的谷底，就一个波周期而言，在一个波长的范围内床面泥沙与谷底泥沙轮番翻滚一次。因此，Karim 和 Kennedy 建议掺混层厚度为波高的一半，即平均波高[1]。

$$E_m = \frac{1}{2}h_s \tag{5-1}$$

式中，h_s 为波高。

钟德钰等在水槽试验中向水流中加入与床沙同比重、同级配的染色示踪沙，观察其在床沙交换层掺混情况，图 5-1 为示踪沙所能进入河床最大深度与沙高的关系[2]。由图可见，床沙掺混尺度与沙波高度相关，可表示为：

$$H_s = 0.7h_s \tag{5-2}$$

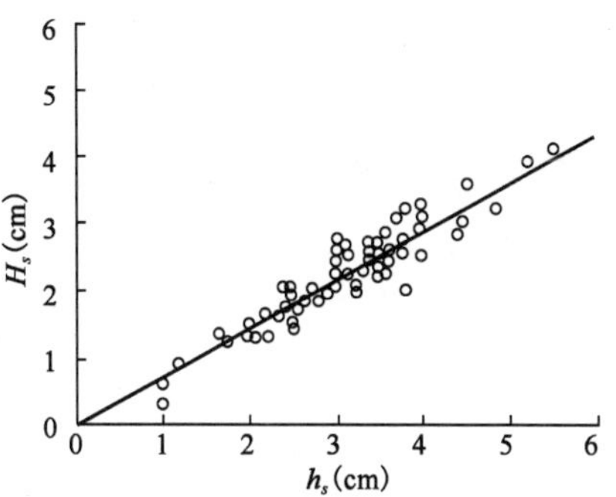

图 5-1　掺混深度与沙波波高的关系

即掺混深度 H_s 一般小于 h_s。最大可等于 h_s，取掺混层平均厚度 E_m 为波高的一半，即式(5-1)是适宜的。

(2)粗化层厚度 E

卵石或卵石夹砂河床，一般有部分颗粒不动，不存在掺混层。粗化层仅是表层泥沙分选冲刷的剩余物,厚度很薄,一般认为介于床沙最大粒径 D_M 与临界不动粒径 D_0 之间。

沙质河床,床沙基本都可动,粗化层是掺混层内泥沙反复扰动、反复分选冲刷所形成的,一般大于掺混层厚度。图 5-2 及图 5-3 是清水冲刷水槽试验观测到的床面沙波高度及粗化层厚度剖面及平面图。由图可见:

$$E = \eta h_s > E_m \tag{5-3}$$

式中,η 为比例系数,表 5-1 给出部分组次试验的实测值,η=1.07~1.16,平均可取 1.1[3]。

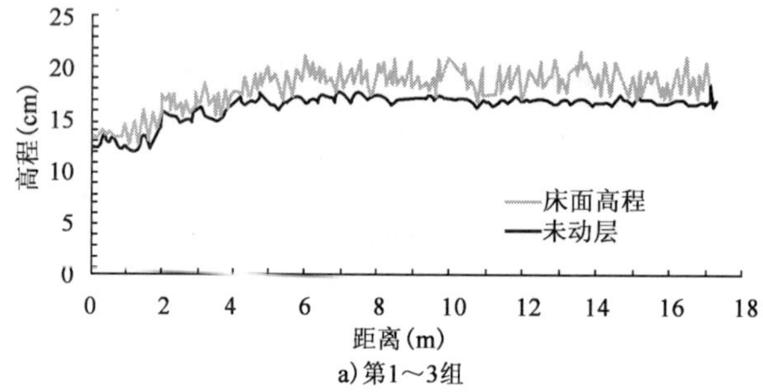

a)第1~3组

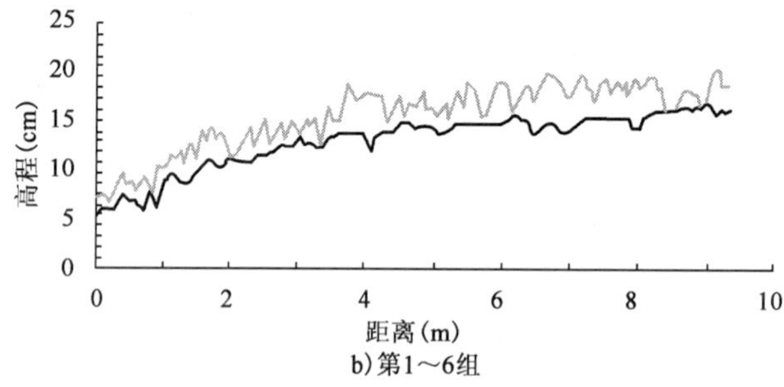

b)第1~6组

图 5-2 试验结束时粗化层厚度沿程变化

a)平面

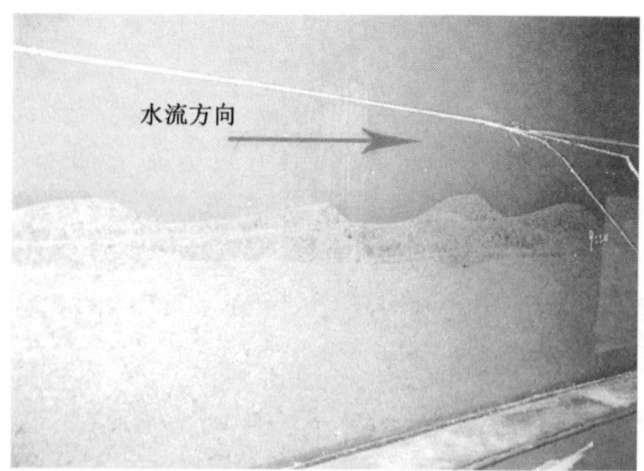

b)剖面

图 5-3 沙波平面及剖面照片

实测 η 值的变化范围　　表 5-1

组次	1—3	1—6	1	6	9	10
h(cm)	14.4	15.0	15.2	13.5	9	14.5
v(cm)	49	65.6	75	57	78	48
D_{50}(mm)	0.27	0.36	0.42	0.36	0.36	0.32
h_s(cm)	1.23	2.23	1.43	1.97	2.13	1.87
E(cm)	1.86	2.52	1.60	2.29	2.27	2.03
η	1.08	1.08	1.12	1.16	1.07	1.09

尹学良早在 1963 年就根据永定河官厅水库下游实测资料及水槽试验，曾提出细沙河床冲刷形成的粗化层厚度稍大于沙波高度的见解[4]。

粗化层厚度大于沙波高度，主要原因是越过沙峰的水流沿着极不稳定的分离区界面直冲下游沙波的迎水面，在那发生强烈淘刷，冲起的泥沙，部分被回流卷回上一沙波的波谷，部分被纵向水流沿坡面带向下游，在当地留下深坑。随着上游沙波的下行，深坑又逐渐被填充，充填物是来自峰顶滚下的粗颗粒，继之而来的沙波在其上爬行，通常不再会扰动到坑底。图 5-4 是清水冲刷条件下某一固定点河床高程的变化过程，图中高点是波峰来到时的床面高程，低点是波谷时的床面高程。在放水历时 4 个小时时出现一个深达 12cm 的深坑，而后沙波一直在其上运行，没有扰动到坑底，直至放水 45 小时后河床累计下切 11cm 时谷底才接近坑底。这就是粗化层厚度大于波高的原因，表明粗化层厚度一般要大于扰动层厚度。粗化层厚度和掺混层厚度也仅是一个平均的、统计的概念，并不十分严格。

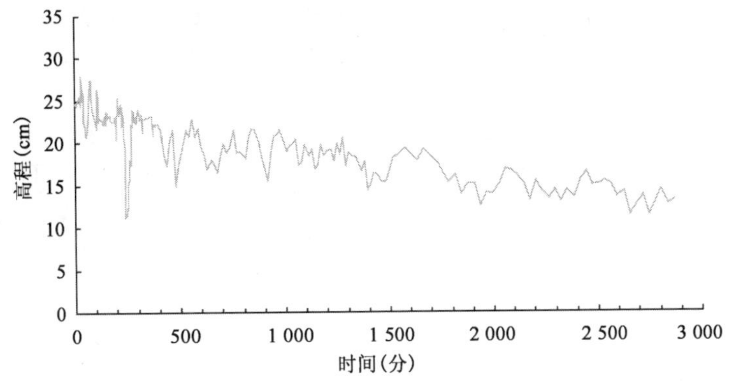

图 5-4　同一位置河床高程变化过程

5.2　沙 波 高 度

沙波高度在时间上很不稳定，时大时小，在空间上很不均一，平面上大小不一(图 5-3)，不易量测，迄今研究很少。早期研究有张瑞瑾(1961 年)应用长江实测资料建立了沙波相对高度(h_s/h)与水流弗氏数关系[5]；而后雷丘(K. G. Range. Raju)(1976 年)建立了相对波高(h_s/D)与推移质输沙率关系[6]；Allen(1978 年)建立了沙波相对高度(h_s/h)与无量纲切应力关系[7]；

王士强(1992 年)建立了相对波高(h_s/D_{50})与有效无尺度剪力关系[8]。

Karim 和 Kennedy 建议式(5-1)中的 h_s 由 Allen 公式计算,即:

$$\frac{h_s}{h}=b_0+b_1\frac{\theta}{3}+b_2\left(\frac{\theta}{3}\right)^2+b_3\left(\frac{\theta}{3}\right)^3+b_4\left(\frac{\theta}{3}\right)^4 \tag{5-4}$$

由实测资料得到:

$b_0=0.079\ 865$,$b_1=2.238\ 97$,$b_2=-18.126\ 4$,$b_3=70.900\ 1$,$b_4=-88.328\ 3$。

可适用于 $0.25\leqslant\theta\leqslant1.5$。

张瑞瑾公式如下:

$$\frac{h_s}{h}=0.086\frac{U}{\sqrt{gh}}\left(\frac{h}{d}\right)^{\frac{1}{4}} \tag{5-5}$$

以沙莫夫公式代入式(5-5)即得:

$$\frac{h_s}{h}=0.126\frac{U}{U_c}\left(\frac{d}{h}\right)^{\frac{1}{12}} \tag{5-6}$$

近期,詹义正[9](2006 年)等根据张柏年对长江资料的分析成果,结合一些埋论分析,得到如下形式的波高公式:

$$\frac{h_s}{h}=A-B\left(\frac{U}{U_c}-C\right)^2 \tag{5-7}$$

式中,U_c 为泥沙起动流速,$A=0.53$,$B=0.135\ 2$,$C=3.0$。

由式(5-6)及式(5-7)不难看出,沙波相对高度主要是水流相对强度 U/U_c 的函数。式(5-7)表明:水流相对强度小时,相对波高随着水流相对强度增大而增大;水流相对强度大时,相对波高随着水流相对强度增大而减小,正确反映沙波消长与水流强度相关的规律。笔者收集了更广泛的室内外资料,绘制了相对波高与相对流速的关系见图 5-5。

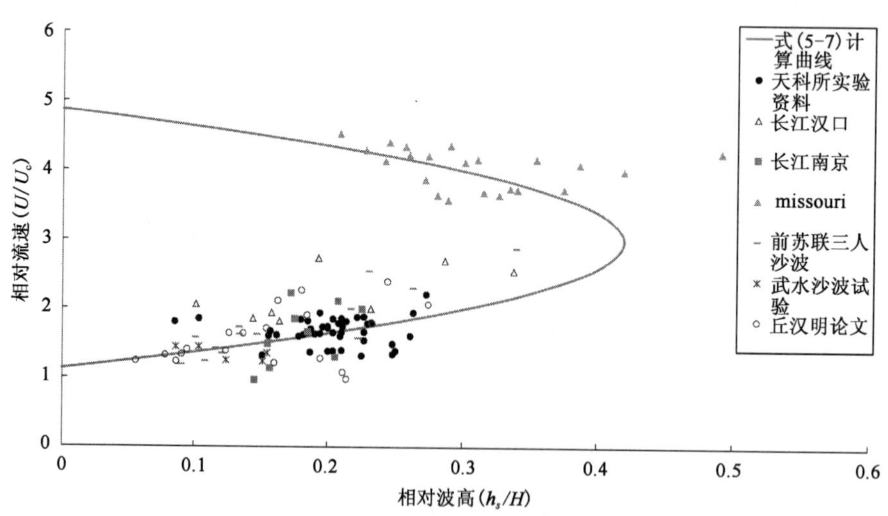

图 5-5 相对波高与相对流速关系

可见用式(5-7)形式描述相对波高更为恰当。图中曲线取 $A=0.42$,$B=0.12$,$C=3.0$,与詹义正所得系数相比,A、B 略有差别,C 则相同。图中点据虽然散乱一些,但趋势是合理的。点子散乱的原因主要可能是量测精度问题,再有就是沙波尺度与水流条件并不对应,而是要滞后。

由于沙波问题研究还很不成熟,无论用哪一个公式都不会算得很准,对河床变形计算精度会产生一定影响。

5.3　掺混层级配的估算

5.3.1　已有计算模式

掺混层级配是河床变形计算中一个重要问题,随着泥沙数学模型的发展,越来越受到人们的关注。迄今,一般都基于质量守恒原理,获得了一些不同的计算模式。

(1)瞬时模式

①CARICHAR 模式[10]

瞬时模式以 CARICHAR (1990 年)模式为代表,在国内得到一定应用[7]。该模式利用泥沙连续方程,在假定掺混层内混合均匀,且忽略粒间的相互作用条件下,经过一系列数学推导得到:

$$(1-\varepsilon)\frac{\partial p_i E_m}{\partial t}+\frac{\partial g_{bi}}{\partial x}+S_i+(1-\varepsilon)[kp_i+(1-k)p_{0i}]\left(\frac{\partial z}{\partial t}-\frac{\partial E_m}{\partial t}\right)=0 \tag{5-8}$$

式中,ε 为孔隙率;p_i 为床沙粒径为 D_i 的第 i 级泥沙级配;p_{0i} 为原始床沙级配,Z 为河床高程;S_i 为悬移质与床沙交换净量;k 为切换系数,当掺混层下边界下切原始河床时,$k=0$,否则 $k=1$。

对式(5-8)求和,可得:

$$\frac{\partial g_b}{\partial x}+\sum S_i+(1-\varepsilon)\frac{\partial z}{\partial t}=0 \tag{5-9}$$

此即河床变形方程,式中 $\sum S_i=\dfrac{\partial g_s}{\partial x}$,为单位长度悬移质冲淤量。

分组粒径河床变形方程为:

$$\frac{\partial g_{bi}}{\partial x}+S_i+(1-\varepsilon)\frac{\partial z_i}{\partial t}=0 \tag{5-10}$$

由于 E_m 与波高 h_s 密切相关,在不太长的时间内,水流及床沙条件变化很小,h_s 接近常数,即 $\dfrac{\partial E_m}{\partial t}\approx 0$。

在淤积情况下,$k=1$,以分组粒径河床变形方程式(5-10)代入式(5-8)得:

$$E_m\frac{\partial p_i}{\partial t}-\frac{\partial z_i}{\partial t}+p_i\frac{\partial z}{\partial t}=0 \tag{5-11}$$

考虑到:

$$\frac{\partial z}{\partial t}=\frac{\partial}{\partial t}(z_0+\Delta h)=\frac{\partial(\Delta h)}{\partial t}$$

$$\frac{\partial z_i}{\partial t}=\frac{\partial(\Delta h_i)}{\partial t}=\frac{\partial(p_i'\Delta h)}{\partial t}$$

式中，Z_0 为原始床面高程；Δh 为淤积物厚度；p_i' 为淤积物级配。代入式(5-11)可得：

$$E_m\frac{\partial p_i}{\partial t}+p_i\frac{\partial(\Delta h)}{\partial t}-p_i'\frac{\partial(\Delta h)}{\partial t}-\Delta h\frac{\partial p_i'}{\partial t}=0 \tag{5-12}$$

假定 E_m 为常数，在淤积情况下，下列等式成立。

$$p_{0i}(E_m-\Delta h)+p_i'\Delta h=p_iE_m \tag{5-13}$$

对式(5-13)求导，代入式(5-12)，可得：

$$p_i=p_{0i}$$

即淤积条件下掺混层级配等于原始河床级配，表明式(5-8)并不适用淤积情况。

在冲刷条件下，$k=0$，以式(5-10)代入式(5-8)得：

$$E_m\frac{\partial p_i}{\partial t}-\frac{\partial z_i}{\partial t}+p_{0i}\frac{\partial z}{\partial t}=0 \tag{5-14}$$

采用上述同样的分析，可以证明式(5-14)等价于：

$$p_{0i}(E_m+\Delta h)-p_i''\Delta h=p_iE_m \tag{5-15}$$

式中，p_i'' 为冲刷物级配。

式(5-15)为冲刷时掺混层沙量平衡方程，表明式(5-8)适用于单纯冲刷。该冲刷既包括推移质又包括悬移质。

②钟德钰模式[2]

瞬时模式另一项成果是钟德钰等(2004 年)的研究，同样是根据质量守恒原理得到掺混层内任一粒径级的质量守恒方程为：

$$\frac{\partial p_i}{\partial t}+\frac{\partial p_iu_j}{\partial x_j}=0 \tag{5-16}$$

式中，u_j 为掺混层中泥沙运动速度，其中脚标 j 表示速度分量，以张量形式表达。

为求解 p_i，作者进行了一系列处理和假定，其中最重要的处理是将式(5-16)时均化。即设沙波运动周期为 T，取 nT 周期平均，即：

$$\frac{1}{nT}\int_0^{nT}\left|\frac{\partial p_i}{\partial t}+\frac{\partial p_iu_j}{\partial x_j}\right|\mathrm{d}t=0 \tag{5-17}$$

定义：

$$\overline{\phi}=\frac{1}{nT}\int_0^{nT}\phi\mathrm{d}t=0 \tag{5-18}$$

和

$$\phi=\overline{\phi}+\phi' \tag{5-19}$$

式中，ϕ' 代表脉动项。

将式(5-18)及式(5-19)代入式(5-17)得平面二维平均质量守恒方程：

$$\frac{\partial\overline{p_i}}{\partial t}+\frac{\partial\overline{p_i}U_j}{\partial x_j}=-\frac{\partial\overline{p_i'u_j'}}{\partial x_j} \tag{5-20}$$

该模型是在推移质输沙平衡条件下获得的，也没有考虑悬移质影响，况且如何合理地处理“脉动项”也是问题。

(2)时均模式

时均模式是对一定时段掺混层内级配作概化处理,级配变化是跳跃式的,不如瞬时模式那样连续变化。但是处理较简单,具有适用性,只要时段不是取得很长,就有足够的精度,这方面的研究成果有:

①李义天模式(1989 年)[11]

李义天分别冲淤将床沙级配调整分为三类,即:

淤积状态

$$p_i' = \Delta h_i' / \Delta h' \tag{5-21a}$$

冲刷状态

$$p_i'' = (E_{mi} - \Delta h_i'')/(E_m - \Delta h'') \tag{5-21b}$$

冲淤交替状态

$$p_i = [p_i' \Delta h' + p_i''(E_m - \Delta h'')]/(E_m + \Delta h' - \Delta h'') \tag{5-21c}$$

式中,上标"′"为淤积状态,上标"″"为冲刷状态。

不难看出,式(5-21a)未考虑沙波掺混影响,只有在 $\Delta h' = E_m$ 时才是正确的。式(5-21b)是掺混层冲刷剩余物级配。式(5-21c)需将 $p_i'' E_m$ 改为 E_{mi},且只有在 $\Delta h' = \Delta h''$时才是掺混层级配。因而三式在一般情况下都不能认为是正确的。

②乐培九早期模式(1997 年)[12]

乐培九在假定原始床沙级配沿深度分布为常数以及冲淤前后孔隙率不变的条件下,根据河床冲淤特性也将床沙级配分为三类,即:

单向淤积

$$p_i = \Delta h_i' / \Delta h' \tag{5-22a}$$

单向冲刷

$$p_i = \frac{p_{0i}(T + \Delta T) - p_i'' \Delta h''}{T + \Delta T - \Delta h''} \tag{5-22b}$$

淤粗冲细

$$p_i = \frac{p_{0i}(T + \Delta T) + p_i' \Delta h' - p_i'' \Delta h''}{T + \Delta T + \Delta h' - \Delta h''} \tag{5-22c}$$

式中 T 为第一时段扰动初始掺混层厚度;p_{0i}为原始床沙级配,p'及 p''分别为淤积物和冲刷物级配;ΔT 为下一时段从前期河床所替补的扰动层所需的厚度,为保证冲刷时段扰动层内级配不出现负值,应满足:

$$p_{0i} T - p_i'' \Delta h'' \geqslant 0$$

式(5-22)只适用无沙波床面;对于有沙波床面,其中式(5-22a)同式(5-21b)一样是不正确的,其余各式虽满足沙量平衡要求,但其中分母应是 E_m。

5.3.2　沙波床面掺混层级配的估算

从掺混层概念出发,假定原始床沙级配 p_{0i}沿深度均匀分布;冲淤前后孔隙率不变;掺混层厚度在计算时段内为常数;冲起的泥沙由掺混层下边界以下的原始床沙等量替补;淤积泥沙使掺混层上下边界等量上升与下降;在过程中混合均匀。

(1)单纯淤积

单纯淤积如图5-6所示，可以写出掺混层内沙量平衡方程，即前文式(5-13)：

$$p_i(n-1)[E_m-\Delta h'(n)]+p_i'(n)\Delta h'(n)=p_i(n)E_m \tag{5-23}$$

即：

$$p_i(n)=p_i(n-1)-[p_i(n-1)-p_i'(n)]\frac{\Delta h'(n)}{E_m} \tag{5-24}$$

计算中取时间步长不宜过大，应使$\Delta h'(n)/E_m<1$，否则床沙级配失真。

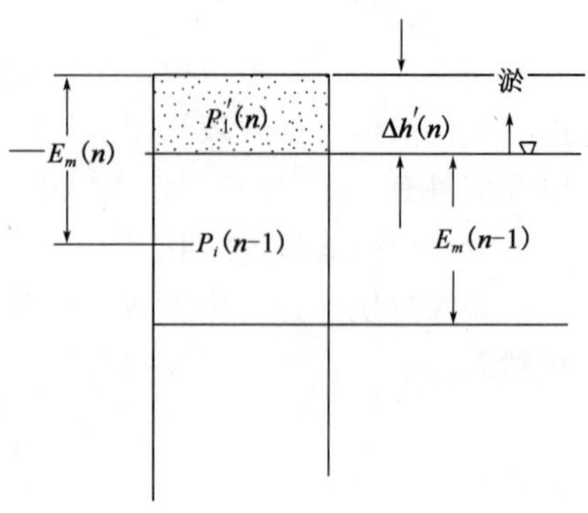

图5-6 单纯淤积柱状剖面示意

(2)单纯冲刷

单纯冲刷如图5-7所示，掺混层内沙量平衡方程为：

$$E_m p_i(n-1)-p_i''(n)\Delta h''(n)+p_{0i}\Delta h''(n)=E_m p_i(n) \tag{5-25}$$

由式(5-25)可得：

$$p_i(n)=p_i(n-1)+[p_{0i}-p_i''(n)]\frac{\Delta h''(n)}{E_m} \tag{5-26}$$

(3)淤粗冲细

淤粗冲细通常发生在远离大坝的河段下游，上游河床恢复的泥沙较粗，下游床沙较细，在泥沙交换的过程中发生淤粗冲细。由于受挟沙能力及悬浮机率限制，总是粗沙淤积量$\Delta h'$少而置换出的细沙量$\Delta h''$大，河床仍下切($\Delta h''-\Delta h'$)。如图5-8所示，掺混层内沙量平衡方程为：

$$E_m p_i(n-1)-p_i''(n)\Delta h''(n)+p_i'(n)\Delta h'(n)+p_{0i}[\Delta h''(n)-\Delta h'(n)]=E_m p_i(n) \tag{5-27}$$

即：

$$p_i(n)=p_i(n-1)+[p_{0i}-p_i''(n)]\frac{\Delta h''(n)}{E_m}-[p_{0i}-p_i'(n)]\frac{\Delta h'(n)}{E_m} \tag{5-28}$$

式(5-28)中，当$\Delta h'=0$时，即为式(5-26)；当$\Delta h''=0$时，即为式(5-24)，因为是淤积，这里的P_{0i}应由$P_i(n-1)$取代。

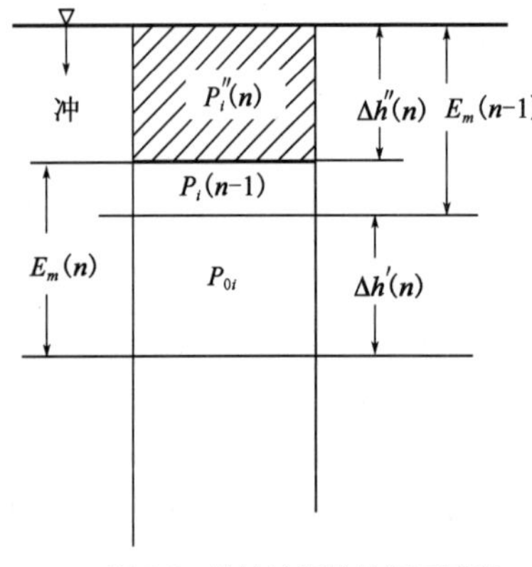

图5-7 单纯冲刷柱状剖面示意

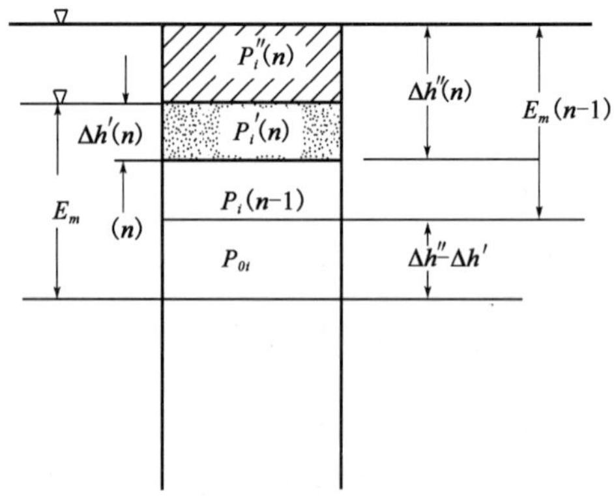

图5-8 淤粗冲细柱状剖面示意

5.4　粗化层级配估算

床沙粗化是遏制冲刷的重要因素,得到人们广泛关注。我国开创粗化问题研究的先河是谢鉴衡(1959 年),他根据泥沙起动概念寻求床沙粗化后河床极限冲深[14]。而后尹学良(1963 年)从官厅水库下游实测资料出发探讨了卵石夹沙及沙质河床粗化规律[4]。1971 年 Gessler 应用随机理论,以泥沙不动概率用于寻求粗化层级配[15],使粗化问题研究向前推进了一大步。近期人们从掺混层沙量平衡原理出发,建立了多种粗化级配及其发育过程的计算模式,使问题进一步深化。上述掺混层级配的各种计算模式就是其中的代表。

5.4.1　卵石夹沙河床粗化层厚度及其级配估算

(1)卵石夹沙粗化层厚度

卵石夹沙河床冲刷主要是其中的沙被冲,卵砾石一般不动,或动得极慢。被冲泥沙一般也难以悬浮,主要作推移质运动,一般不存在扰动层,而是一种床面面蚀。尹学良根据永定河官厅水库下游观测资料[4],孙志林通过水槽试验[16],一致认为当床面泥沙被冲后,剩余大约有35%的粗颗粒不动,便形成抗冲保护(粗化)层,冲刷便告停止。尹学良建议取粗化层厚度为:

$$E = D_A \tag{5-29}$$

D_A 的大小与原始床沙中质量百分数相应的粒径相当。

$$P_{0A} = \frac{P'_{0A}}{P'_0}(1 - P_0) = 0.54(1 - P_0) \tag{5-30}$$

式中,P_0 为临界不动粒径含量百分数;P'_0 为粗化层中与 D_0 相应的粗化颗粒质量百分数,P'_{0A} 为粗化层中与 D_{0A} 相应的粗化层颗粒质量的百分数。根据实测资料统计,一般可取 $P'_0 = 65\%$,$P'_{0A} = 35\%$,$P'_{0A}/P'_0 = 0.54$。

Borah(1982 年)[7]曾建议在有部分泥沙不动条件下,粗化层厚度可按下式计算:

$$E = \frac{1}{\sum_{k=l}^{n} p_k} \frac{D_l}{1 - \varepsilon} \tag{5-31}$$

式中,D_l 即临界不动粒径 D_0,l 为不动最小粒径序号;p_k 为床沙不动粒径的含量。当床沙形成抗冲覆盖层时,有:

$$\sum_{k=l}^{n} p_k = 1$$

若取 $\varepsilon = 0.5$,则:

$$E = \frac{D_l}{1 - \varepsilon} = 2D_0 \tag{5-32}$$

(2)卵石夹沙和粗沙河床粗化层级配

孙志林(2000 年)假定活动层在冲刷过程中为常量,其中冲刷掉的沙量由等量下层原始床沙补充,由掺混层内沙量平衡关系得到[16]:

$$Ep_i(n-1) - \Delta h''(n) p_{b,i}(n) + \Delta h''(n) p_{0,i} = Ep_i(n) \tag{5-33}$$

即:

$$p_i(n)=p_i(n-1)+f[p_{0,i}-p_{b,i}(n)] \tag{5-34}$$

$$f=\Delta h''(n)/E$$

式中，(n)及$(n-1)$为时段或计算步骤序号；f为冲刷率；$p_{b,i}$为推移质级配。

式(5-33)即式(5-25)在只有推移冲刷时的情况，概念清晰。主要问题是作者将推移质冲刷率及其级配简单地用起动概率函数关系表述并不完全确切。

5.4.2 分选型粗化层级配估算

沙质河床床沙一般均可动，冲刷时部分泥沙作推移质运动，部分泥沙充作悬移质，不再返回河床。根据沙量平衡方程可以求得粗化终极状态(稳定粗化层)和粗化过程的级配。

(1)一步模式(终极状态)

在终极状态下冲刷层沙量平衡方程为：

$$(E+\Delta h)p_{0,i}=p_{s,i}\Delta h_s+p_{b,i}\Delta h_b+Ep_i \tag{5-35}$$

式中，Δh_s及Δh_b分别为冲刷时段内悬移质和推移质冲刷厚度；p_i为粗化层级配；p_{si}为悬移质级配；$p_{b,i}$为推移质级配。

①当$i\leqslant k$时，$p_{b,i}=p_i=0$，对式(5-35)求和得：

$$(E+\Delta h)P_k=\Delta h_s \tag{5-36}$$

式中，$P_k=\sum_{i=1}^{k}p_{0,i}$，为“可悬”百分数，在清水冲刷条件下，$k$为临界可悬粒径序号，即$D<D_k$的泥沙不参与推移运动，而全部充作悬移质。

又
$$\Delta h=\Delta h_s+\Delta h_b$$

则式(5-36)即为：

$$\Delta h=\frac{P_k}{1-P_k}E+\frac{1}{1-P_k}\Delta h_b \tag{5-37}$$

②当$i>k$时，$\Delta h_{s,i}=0$，式(5-35)即为：

$$(E+\Delta h)p_{0,i}=\Delta h_b p_{b,i}+Ep_i \tag{5-38}$$

以式(5-37)代入式(5-38)可得：

$$p_i=\frac{p_{0,i}}{1-P_k}+\frac{\Delta h_b}{E}\left(\frac{p_{0,i}}{1-P_k}-p_{b,i}\right) \tag{5-39}$$

在冲刷过程中P_k及$p_{b,i}$均为变量，P_k由大变小，直至趋于0，可近似取时段平均。

(2)分步模式

分步模式就是将一步模式分成若干步，即若干时段，用以了解粗化过程。基本方程仍是式(5-35)，只是从第二时段起扰动层的初始级配不再是原始床沙级配$p_{0,i}$，而是前一时段末级配。假定扰动层厚度不变，以及冲刷替补物始终是原始河床的床沙，级配仍为$p_{0,i}$，可将式(5-35)改写为任意时段，即

$$Ep_i(n-1)+\Delta h(n)p_{0,i}=p_{s,i}(n)\Delta h_s(n)+p_{b,i}(n)\Delta h_b(n)+Ep_i(n) \tag{5-40}$$

按照上述方法处理，可得：

$$p_i(n)=p_i(n-1)+\frac{P_k(n)}{1-P_k(n)}p_{0,i}+\frac{\Delta h_b(n)}{E}\left[\frac{p_{0,i}}{1-P_k(n)}-p_{b,i}(n)\right] \tag{5-41}$$

式(5-41)随着 n 增大，$p_i(n)$变粗，$\Delta h(n)$减小，直至 $\Delta h(n)\rightarrow 0$，此时 $p_i(n)\approx p_i(n-1)$，粗化层趋于稳定。

在式(5-41)中，当 $P_k(n)=0$，即床沙不可悬时，即为：

$$p_i(n)=p_i(n-1)+\frac{\Delta h_b}{E}[p_{0,i}-p_{b,i}(n)] \tag{5-42}$$

此即式(5-34)，也即式(5-26)。不过此处 Δh_b 及 $p_{b,i}$采用实际的冲刷量和级配，而不是用起动概率确定。

至此，就单纯冲刷而言，由同一原理得到了三个公式，即式(5-26)、式(5-34)及式(5-41)。该三式可分为两类：一类是式(5-26)，既可计算床沙级配调整，又可计算床沙粗化过程，既可用于卵石夹沙河床，又可用于沙质河床，有广泛的适用性。但是式中含有悬移质和推移质冲刷量及级配，计算较为复杂，适用于数值模拟。另一类是式(5-34)及式(5-41)，是一种简化公式，适用于粗化层级配计算，计算简便。其中式(5-41)更具广泛性，采用实际冲刷量及其级配必更具可靠性，而实际冲刷量及其级配由前文给出的公式也不难确定，但不适用 $P_k=1$ 的情况。

(3)粗化层级配计算举例

从理论上讲，分步计算时段取得越短，计算精度越高。但由于计算中涉及参数众多，如 P_k、Δh_b、E 及 $p_{b,i}$等，而这些参数又与水流条件相关，十分复杂。因此在求稳定粗化层级配时用分步模式并不一定比一步模式精度就更高。这里用一步模式对部分水槽试验进行预报计算。计算是已知初始水流条件及床沙级配，在流量恒定条件下由上述有关公式求得 D_k、$P_{k0}(Z_*=2.5)$、Δh_b[式(6-28)]、E[式(5-3)、式(5-7)]及 $p_{b,i}$[式(4-39)]。计算中取 $P_k=\frac{1}{2}(P_{k0}+P_{kn})=\frac{1}{2}P_{k0}$（$P_{k0}$为初值，末值 $P_{kn}=0$），E 也由初始水流泥沙条件确定，试验初期冲刷量最大，$p_{b,i}$也由初始水流泥沙条件确定。粗化层终极级配由式(5-39)计算，结果与实测资料吻合较好，见图 5-9。由于沙波运动不均衡，床沙级配平面分布不均一，沙样代表性难以掌握，以及水流泥沙条件均采用初始值也不全合理，所以，有的组次计算与实测有一定差距也是难免的。

5.4.3　置换型粗化层级配估算

分选型粗化是当地泥沙不平衡输沙行为，与外来泥沙无关。而置换型粗化则是外来泥沙与当地泥沙的交换行为。外来粗而量少的泥沙置换当地细而量大的泥沙则发生冲刷，使床沙粗化。该粗化与外来泥沙关系密切，因而立足于来沙为 0 的系统内沙量平衡方程式(5-35)不能成立，需要与外界来沙一起建立全系统沙量平衡，这就是式(5-27)。式中 $\Delta h'(n)$即外来泥沙在当地淤积量，$\Delta h''(n)$为当地泥沙冲刷量。按式(5-28)计算 $p_i(n)$并以 E 取代 E_m。当 $D_{35}(n)=D_0$ 时，或 $\Delta h(n)\rightarrow 0$ 时，$p_i(n)$即为稳定粗化层级配。

综上所述，不论是卵石夹沙或沙质河床，分选型粗化都应按单纯冲刷模式计算；置换型粗化都应按淤粗冲细模式计算。式(5-27)既可计算置换型粗化，也可计算分选型粗化；既可计算推移质冲刷粗化，也可计算悬移质和推移质共同冲刷粗化，是一种通用公式。

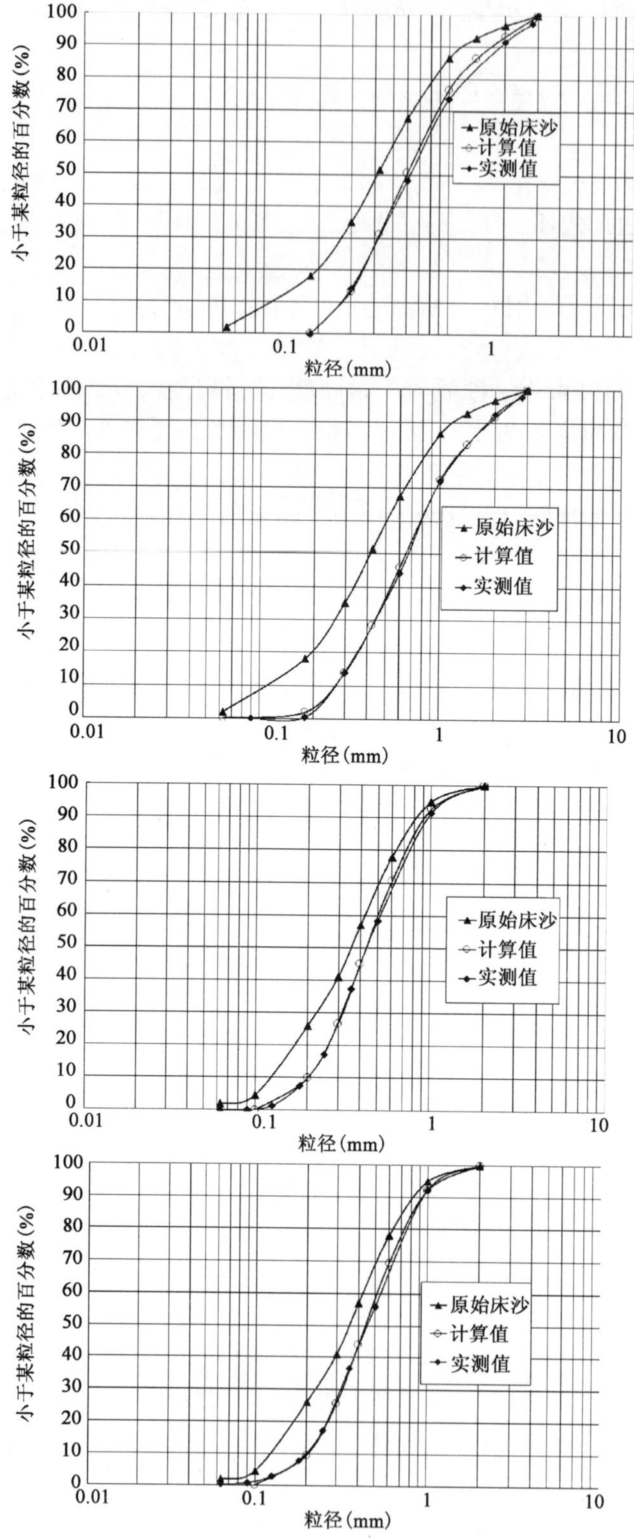

图 5-9 粗化层级配的计算值与实测值比较

本章参考文献

[1] Karim, F and Kennedy, J. F.. Missouri river computer-based predictors for sediment discharges and friction factors of alluial streams, IOWA univesity, NO. 242, 1983.

[2] 钟德钰,张红武,王光谦.冲积河流混合活动层床沙级配的动力学基本方程[J].水利学报,2004(9):24-30.

[3] 乐培九,程小兵,王艳华.粗化层厚度及其级配的研究[R].交通运输部天津水运工程科学研究所,2010.

[4] 尹学良.清水冲刷河床粗化研究[J].水利学报,1967(1).

[5] 张瑞瑾.沙波运动与推移质输沙率//张瑞瑾论文集[C]北京:中国水利水电出版社,1996,37-40.

[6] Reju, K. G. and J. P. Soni, Geometry of ripples and dunes in alluvial channels, j. Hyd. Res., IAHR. Vol. 14. No. 3:241-249.

[7] 杨国录.河流数学模型[M].北京:海洋出版社,1993,175-181.

[8] 王士强.沙波运动与床沙交换调整[J].泥沙研究,1992(4):14-23.

[9] 詹义正,余明辉,邓金运,等.沙波波高随水流强度变化规律的探讨.武汉大学学报(工学版),2006,39(6):10-13.

[10] Holly, F. M., and Rahuel, J-L., New numerical physical frame work for mobile-bed modelling, part 1:J. of Hydr. Res. 1990, 28(4):401-416.

[11] 李义天.河道平面二维泥沙数学模型研[J].水利学报,1989(2):26-35.

[12] 乐培九.冲积河流床沙级配调整的一种计算模式[J].水道港口,1997(2).

[13] 王艳华,程小兵,乐培九.粗化层厚度及其级配的确定[J].泥沙研究,2012.

[14] 谢鉴衡.河床冲刷粗化计算[J].武汉水利电力学院学报,1959(2).

[15] J. Gesslor. Critical shear stress for sediment mixture // Proc. 14th. Cong. Intern[C]. Assoc. Hyd. Res, 1971(3).

[16] 孙志林,孙志峰.粗化层试验与预报[J].水力发电学报,2000(4):40-48.

第 3 篇　河床演变预报计算与模拟

第6章　河床演变预报计算

坝下冲刷，河床下切、展宽，同流量水位下降，对河防工程、河工建筑物、跨河工程、水利及交通设施等工农业及交通运输业造成多方面的不利影响。如何进行预报，防患于未然，是国计民生中十分关切的重大问题，也是河床演变学中一个重要理论问题。

计算坝下冲刷的基本方程式水流连续方程，水流运动方程和河床变形方程。其中一维河床变形方程为：

$$\gamma_s' B \frac{\partial z}{\partial t} + B \frac{\partial (hs)}{\partial t} + \frac{\partial}{\partial t}\left(\frac{Q_b}{u_b}\right) + \frac{\partial Q_s}{\partial x} + \frac{\partial Q_b}{\partial x} = 0 \tag{6-1}$$

式中，γ_s' 为泥沙干重度；B 为河宽；Z 为河床高程。

略去式(6-1)中的非恒定流，即为一维恒定流河床变形方程：

$$\gamma_s' B \frac{\partial z}{\partial t} + \frac{\partial Q_s}{\partial x} + \frac{\partial Q_b}{\partial x} = 0 \tag{6-2}$$

式(6-2)为常用的河床变形计算泥沙方面的基本方程。为了求解，需要增加 $\frac{\partial Q_s}{\partial x}$ 和 $\frac{\partial Q_b}{\partial x}$ 两个辅助方程。如何确定 $\frac{\partial Q_s}{\partial x}$ 和 $\frac{\partial Q_b}{\partial x}$ 大体有三类模式：一是饱和输沙模式；二是非饱和输沙模式；三是简易计算模式。

6.1　饱和输沙模式

饱和输沙模式是假定悬移质含沙量及推移质输沙率恢复饱和速度很快，时时处处都基本处于饱和状态，河床冲淤主要是挟沙能力及输沙能力调整所引起的，因此河段的冲淤量就是进、出口断面输沙能力之差，即：

$$\Delta Q_s = Q_s^* - Q_{s0}^* \tag{6-3}$$

$$\Delta Q_b = Q_b^* - Q_{b0}^* \tag{6-4}$$

式中，脚标“0”表示进口断面，$Q_s^* = BhUS^*$，$Q_b^* = Bg_b^*$。因此，只要给出 S^* 及 g_b^* 两个辅助公式，即可由式(6-2)求得 ΔZ。

由于悬移质含沙量实际恢复距离很长，一般都处于非饱和状态，式(6-3)是不合理的，但是当泥沙粒径较粗，计算河段取得较长时，作为一种粗估也是可行的。

就推移质而言，一般认为其恢复饱和距离很短，用式(6-4)进行近似计算是可行的，下面就此作一介绍。

(1)有效床沙级配

在计算推移质输沙率时要涉及到有效床沙级配问题。所谓有效床沙级配，是指决定推移质输沙率的那种泥沙级配。在水流与河床相互作用中，一方面床沙中可能有一部分较大颗粒不动，另一方面在来沙中又可能有一部分运动泥沙在床面上作“暂时”的停留，如何确定用于计算推移质输沙率的级配，即有效床沙级配，目前还存在不同看法：

①有效床沙级配即床沙自然级配 i_0。

推移质输沙率是泥沙起动条件的函数，当水力条件小于泥沙起动条件时，输沙率为零。当床沙中含有不动粒径时，综合输沙率小，这种情况恰恰与实测资料相符，因此一般认为有效床沙级配就是床沙自然级配 i_0。

②有效床沙级配是床沙自然级配与推移质来沙级配的某种加权平均。

认为有效床沙级配采用自然床沙级配与上游来的推移质级配加权平均的有万兆惠和韩其为。万兆惠在计算中将河段上游来的推移质泥沙与计算河段表层河床质进行混合，得到一种能同时反映来沙和床沙综合情况的级配，用来计算河段出口的推移质输沙率[1]。韩其为早些时候曾提出有效床沙级配为[2]：

$$i_e = (i_b g_b \Delta t + i_0 \gamma'_s h_0 L)/(g_b \Delta t + \gamma'_s h_0 L) \tag{6-5}$$

式中，i_e 为有效床沙级配；g_b 为推移质来沙综合输沙率；i_b 为来沙级配；h_0 为粗化层厚度（即 E）；L 为计算河段长度；Δt 为计算时段。

后来又改为[3]：

$$i_e = \beta i_0 + (1-\beta) i_b \tag{6-6}$$

式中，β 为比例系数，对于三峡水库变动回水区和川江，暂取 $\beta=1/3$。

上述两种方法，其中式(6-6)有较大的经验性和任意性，其计算的输沙率大；式(6-5)计算的输沙率小。

(2)有效输沙率[4]

水流输沙，既有可能输送来自上游的泥沙；也有可能输送从河床上冲起的泥沙；还有可能部分输送上游的来沙，部分输送当地河床冲起的泥沙。这里称单位时间水流实际可能输移这些泥沙的能力（以输沙率表示）为有效输沙率，但不一定饱和。

与悬移质一样，从平均意义上讲，推移质和床沙交换也只可能有 3 种形式：单纯淤积，单纯冲刷和淤粗冲细。3 种形式的有效输沙率各不一样。

①单纯淤积

当来沙处于过饱和且来沙级配又细于床沙的条件下，来沙要发生淤积，且运动中较细的泥沙又不可能置换稳定性较大的床沙，故只能是单纯淤积。设来沙输沙率为 g_{b0}；决定饱和输沙率应是当地水流条件与来沙的级配，记为 g_{b0}^*；由当地水流条件和床沙自然粒配决定的输沙率为 g_b^*。当来沙细于床沙时，床沙中有可能存在不动颗粒。若不动颗粒百分数 $P_0=0$（全可动）时 g_b^* 为饱和输沙率；若 $0<P_0<1$ 时，g_b^* 并不能饱和，是床沙最大可能输沙能力，可称其为“准饱和输沙能力”。当床沙可动部分粗于来沙，来沙不可能置换床沙，有可能出现单纯淤积。出现单纯淤积的条件为：

$$g_{b0} > g_{b0}^*;\ g_{b0}^* > g_b^*/(1-P_0)$$

有效输沙率为：

$$g_{be}^* = g_{b0}^*$$

第 i 组泥沙分组输沙率为：

$$g_{be,i}^{*}=g_{b0,i}^{*}=i_{b0}g_{b0}^{*} \tag{6-7}$$

式中，$g_{b0,i}^{*}$ 为来沙第 i 组泥沙分组饱和输沙率，由于来沙处于运动状态，在计算时可不考虑粗沙隐暴影响；i_{b0} 为推移质来沙级配。

②单纯冲刷

单纯冲刷是在来沙处于次饱和状态，且来沙也细于床沙条件下发生的。来沙次饱和，河床要发生冲刷，而较细的来沙在冲刷条件下又难以在床面上久久停积，故而只有单纯冲刷。因此，其发生条件是：

$$g_{b0}<g_{b0}^{*};g_{b0}^{*}>g_{b}^{*}/(1-P_0)$$

有效输沙率应是来沙和水流输移来沙所剩余的能力而冲起的床沙所共同构成的，即：

$$g_{be}^{*}=g_{b0}+(1-g_{b0}/g_{b0}^{*})g_{b}^{*}$$

第 i 组泥沙分组输沙率为：

$$g_{be,i}^{*}=i_{b0}g_{b0}+(1-g_{b0}/g_{b0}^{*})i_0g_{b}^{*} \tag{6-8}$$

上式当 $g_{b0}=0$ 时，即清水冲刷情况；对于定床 $P_0=1$，$g_{b}^{*}=0$，来沙穿堂过。在计算 g_{b0}^{*} 时，隐暴系数 $\varepsilon_i=1$；在计算 g_{b}^{*} 和 $g_{b,i}^{*}$ 时，必须考虑 ε_i 影响，$\varepsilon_i\neq 1$。

③淤粗冲细

不论来沙饱和与否，只要来沙粗于床沙，床沙全部可动，$P_0=0$ 。由于推移质与床沙发生不等值和不等量的交换，必然导致淤粗冲细，其唯一条件就是：

$$g_{b0}^{*}<g_{b}^{*}$$

有效输沙率为：

$$g_{be}^{*}=g_{b}^{*}$$

第 i 组泥沙的分组输沙率为：

$$g_{be,j}^{*}=g_{b,j}^{*}=i_0g_{b}^{*} \tag{6-9}$$

(3)冲淤量计算

推移质冲淤量计算采用饱和输沙法，可将式(6-2)用分组粒径有限差表示，即：

$$\begin{aligned}\Delta Z_{bi}&=-\frac{1}{\gamma_s'}\frac{\Delta t}{\Delta x}\Delta g_{b,i}\\&=-\frac{1}{\gamma_s'}\frac{\Delta t}{\Delta x}(g_{be,i}^{*}-g_{b0,i})\end{aligned} \tag{6-10}$$

以式(6-7)～式(6-9)代入式(6-10)得：

①单纯淤积

$$\begin{aligned}\Delta Z_{bi}&=-\frac{1}{\gamma_s'}\frac{\Delta t}{\Delta x}(g_{b0,i}^{*}-g_{b0,i})\\&=-\frac{1}{\gamma_s'}\frac{\Delta t}{\Delta x}i_{b0}(g_{b0}^{*}-g_{b0})\end{aligned} \tag{6-11}$$

②单纯冲刷

$$\Delta Z_{bi}=-\frac{1}{\gamma_s'}\frac{\Delta t}{\Delta x}\left(1-\frac{g_{b0}}{g_{b0}^{*}}\right)i_0g_{0,i}^{*} \tag{6-12}$$

③淤粗冲细

$$\Delta Z_{bi} = -\frac{1}{\gamma_s'}\frac{\Delta t}{\Delta x}(g_{b,j}^* - g_{b0,j})$$
$$= -\frac{1}{\gamma_s'}\frac{\Delta t}{\Delta x}(i_0 g_b^* - i_{b0} g_{b0}) \tag{6-13}$$

式(6-11)～式(6-13)表明计算冲淤量应区别不同情况，应用3种不同公式。过去人们只用式(6-13)，显然不够合理。

ΔZ_{bi}确定以后，各组粒径冲淤量之和即是总冲淤量，即：

$$\Delta Z_b = \sum_{i=1}^{n}\Delta Z_{bi} \tag{6-14}$$

计算中空间步长Δx应根据河段特点划分，不宜过长。在同一河段内河床宽度，断面形态，河床组成等应基本一致；时间步长Δt应根据流量过程划分，在同一时段内应保持水流恒定，对强冲刷河段，即便是恒定流也不宜过长。

6.2 非饱和输沙模式

6.2.1 悬移质非饱和输沙模式

一维悬移质非饱和输沙模式基本方程可由式(3-63)给出，即：

$$\frac{\mathrm{d}S}{\mathrm{d}x} = -\frac{\alpha\omega}{q}(S - kS_*)$$

$$S = kS_* + (S_0 - kS_*)\left(-\frac{\alpha\omega}{q}x\right)$$

对于非均匀沙分组粒径，式(3-65)即为：

$$\frac{\mathrm{d}s_i}{\mathrm{d}x} = \frac{\alpha_i\omega_i}{q}(S_i - k_i S_i^*) \tag{6-15}$$

假定α_i及k_i为常数对上式积分可得：

$$S_i = k_i S_i^* + (S_{0i} - k_i S_i^*)\exp\left(-\frac{\alpha_i\omega_i}{q}x\right) \tag{6-16}$$

河段单位时间冲淤量为：

$$\Delta Q_{si} = Q(S_i - S_{0i}) = (k_i S_i^* - S_{0i})\left[1 - \exp\left(-\frac{\alpha_i\omega_i}{q}x\right)\right] \tag{6-17}$$

由于冲泻质及与河床不发生交换的泥沙$k_i=1$，并考虑到淤积时$k_i>1$，令其为k_{si}，冲刷时$k_i<1$，令其为k_{bi}，再以式(3-118)～式(3-120)代入式(6-17)，即得：

(1)单纯淤积

分组粒径淤积量为：

$$\Delta Q_{si} = Qp_{bi}[k_{si}(1 - S_w/\rho_w)\rho_b - S_b]\left[1 - \exp\left(-\frac{\alpha_i\omega_i}{q}x\right)\right] \tag{6-18}$$

(2)单纯冲刷

分组粒径冲刷量为：

$$\Delta Q_{si} = Qk_{bi}(1 - S/\rho)P_k p_{bi}^*\delta_*\left[1 - \exp\left(-\frac{\alpha_i\omega_i}{q}x\right)\right] \tag{6-19}$$

(3)淤粗冲细

分组粒径冲淤量为：

$$\Delta Q_{si}=Q\left[k_{bi}(1-S_w/\rho_w)p_{bi}^{*}\rho_{*}-p_iS\right]\left[1-\exp\left(-\frac{\alpha_i\omega_i}{q}x\right)\right] \tag{6-20}$$

总冲淤量为：

$$\Delta Q_s=\sum_{i=k+1}^{n}\Delta Q_{si}$$

式中，S_w、S_b 和 S 为来沙冲泻质、床沙质和悬移质全沙含沙量；ρ_w、ρ_b 和 ρ 为冲泻质、床沙质和全沙挟沙能力；ρ_* 为床沙掀沙能力；p_{bi} 和 p_{bi}^* 为床沙质和掀沙能力级配；P_k 为床沙参悬百分数，详见第 3 章。

悬移质各级泥沙总冲淤厚度为：

$$\Delta Z_s=-\frac{1}{\gamma_s'}\frac{\Delta t}{B\Delta x}\sum_{i=k+1}^{n}Q_{si} \tag{6-21}$$

由于假定 k_i 及 α_i 为常数，式(6-16)实际只是一个经验公式，不仅 k_i 不易确定，这里姑且取 $k_{si}=1.1$，$k_{bi}=0.9$；α_i 也难确定，只能据计算河段实际情况(泥沙条件和边界条件)定，其有很大经验性。

6.2.2　推移质非饱和输沙模式

推移质非饱和输沙模式可用式(4-5)，略去非恒定项即为：

$$\frac{\partial Q_b}{\partial x}=k(Q_b-Q_b^*) \tag{6-22}$$

对于均匀流假定 k 为常数，式(6-22)的解为：

$$Q_b=Q_b^*+(Q_{b0}-Q_b^*)\mathrm{e}^{-kx} \tag{6-23}$$

同式(6-16)一样，式(6-23)也是一个经验公式。式中 k 可参照式(4-4)确定，其对 Z^* 十分敏感，远超过 α。

冲淤量为：

$$\Delta Q_b=(Q_b^*-Q_{b0})(1-\mathrm{e}^{-kx}) \tag{6-24}$$

式(6-24)中$(1-\mathrm{e}^{-kx})=1$即为饱和输沙模型，对于非均匀沙可参照式(6-11)～式(6-14)处理。应该指出，在悬移质偏离饱和程度不大，或者床沙较粗，k 是个较大的数，当 x 不是很大时，就可能有$(1-\mathrm{e}^{-kx})\approx1$，用饱和输沙模式不会产生很大偏离，但是清水冲刷则不然，宜采用非饱和输沙模式。

6.3　简易计算模式

如前所述，由于泥沙问题的复杂性，用上述非饱和输沙模式进行河床变形计算尚有一些问题难以解决，如 k_i 及 α_i 等问题，甚至还有挟沙能力问题。阻力问题等也不是解决得很好，因此用数学模型并不一定就能获得最佳的计算精度。有的问题采用简易计算模式甚至可以获得更好的效果。

简易计算模式是基于某一物理现象的基本概念和实测数据，通过机理分析，得到一些相关关系，再通过这些相关关系建立一套计算方法。例如早先谢鉴衡(1959 年)应用泥沙起动概念，提出了极限冲刷深度的计算方法[5]；黄河下游利用非饱和输沙特性，提出了“多来多排”概念，输沙率以上站含沙量为参数，建立了一套行之有效的冲淤计算模式。

清水冲刷重建平衡是河床变形自动调整的结果，调整过程中系统内各要素随时间和空间不断变化，且互相关联和制约，其中最关键的要素是推移质输沙率。把握住其变化规律，就等于把握了河床冲刷平衡的命脉，可以较好地预报河床变形及其过程。

6.3.1 清水冲刷推移质冲刷量随时间和空间变化的计算

式(4-45)对时间积分可得推移质单宽输沙量为：

$$G_b = \int_0^t g_b \mathrm{d}t = \begin{cases} g_{b0}t & (t \leqslant t_0) \\ \dfrac{g_{b0}t_0}{1-b}\left[\left(\dfrac{t}{t_0}\right)^{1-b} - b\right] & (t > t_0, b \neq 1) \\ g_{b0}t_0\left(1 + \ln\dfrac{t}{t_0}\right) & (t > t_0, b = 1) \end{cases} \tag{6-25}$$

由于 t_0 是距离 x 的函数，故 g_b 及 G_b 均是时间和空间的函数，因此由式(4-45)和式(6-25)可求得 $g_b(x,t)$ 和 $G_b(x,t)$ 。

(1)时段及河段末输沙总量

根据水槽试验初始数据，由第四章有关各式，计算出 g_{b0} 、t_0 和 b ，代入式(6-25)，求出各组试验放水终期($t=T$)水槽试验段末端($x=L$)(取样断面)的输沙总量与实测比较见图 6-1。

(2)河段末($x=L$)输沙量过程

于河段末($x=L$)，取 $t=0\sim T$(T 为放水总历时)，由式(6-25)可求得各组输沙量过程。图 6-2 为其中三组的计算过程与实测比较。

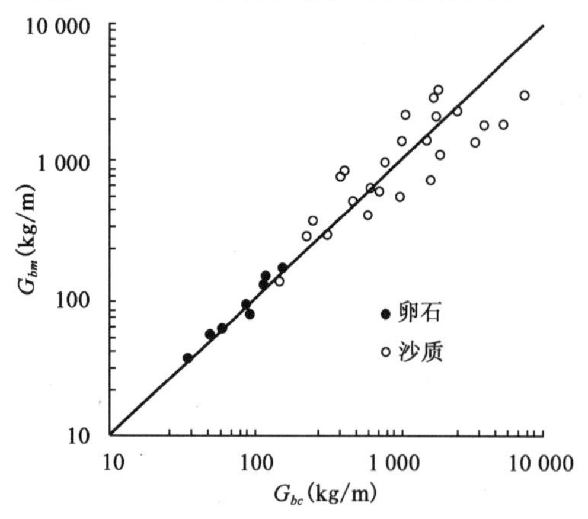

图 6-1　试验终期河段末计算 G_{bc} 与实测 G_{bm} 对比

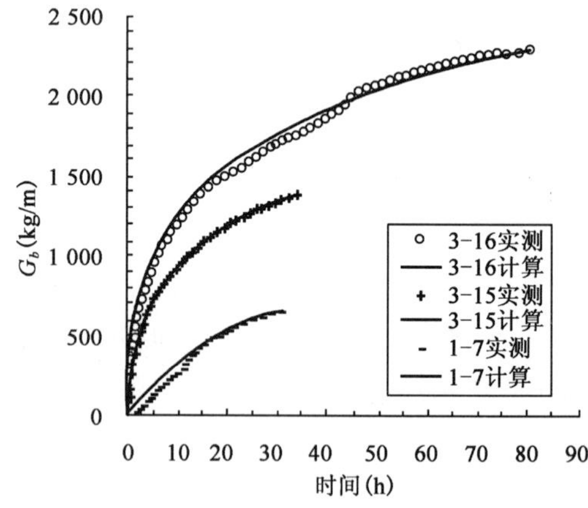

图 6-2　河段末放水过程中计算 G_{bc} 与实测 G_{bm} 对比

(3)时段末河段任一断面输沙量

取 $t=T$，$x=0\sim L$，由式(6-25)可求得时段末各组任一断面的输沙量。图 6-3 为其中一组试验推移质输沙量(以深度计)沿程变化，同时还给出实测剖面，实测剖面具有沙波，起伏不平，实测剖面与推移质冲刷剖面之间的差是悬移质冲刷深度。

(4)任一断面任一时刻的输沙量

取 $t=0\sim T, x=0\sim L$，由式(6-25)可求任一时刻任一断面的输沙量。图 6-4 为 $t=5$、10 及 34 小时的输沙量(以深度计)沿程变化。同时也给出各时段实测剖面(包括推移质和悬移质冲刷)，由图可见由于推移质运动滞后于水流，在放水初期试验段尾端冲刷速度较大，与计算差别较大，而后逐渐调整，至试验终期吻合良好。

综上所述，用式(4-45)及其相应的参数可以较好地计算出推移质输沙率随时间和距离的变化。当然这仅仅是水槽试验情况，对于天然河流尚待进一步检验。

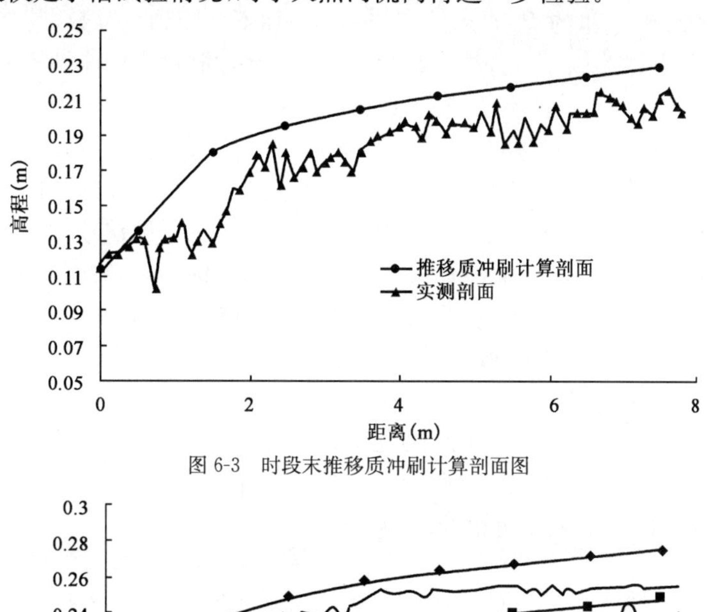

图 6-3　时段末推移质冲刷计算剖面图

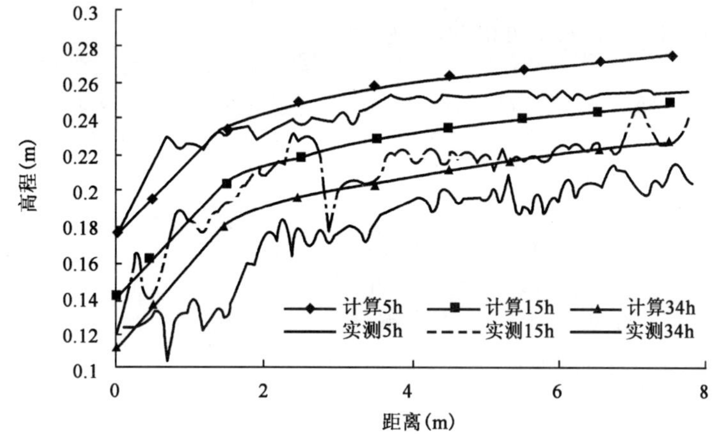

图 6-4　不同时刻推移质冲刷计算剖面与实测剖面比较图

式(6-25)是由恒定流冲刷所获得的，对于非恒定流量可按第 4 章 4.4.3 节所提出的“当量流量”方法处理。

6.3.2　冲刷深度计算

在河床冲刷过程中，悬沙次饱和，床沙中 $D<D_k$ 的泥沙为“冲泻质”，一去不复返。单位床面其冲走的量可由式(5-36)给出，即：

$$\Delta h_s = P_k(\Delta h + E) \tag{6-26}$$

其中：

$$\Delta h = \Delta h_s + \Delta h_b \tag{6-27}$$

$$\Delta h_b = G_b / r_s' L \tag{6-28}$$

式中，L 为河段长度，这里从进口断面算起。

以式(6-26)代入式(6-27)即得：

$$\Delta h = \frac{P_k}{1-P_k}E + \frac{1}{1-P_k}\Delta h_b \tag{6-29}$$

此即式(5-37)，为冲刷深度计算公式。该式基于沙量平衡原理，结构形式是正确的，其精度取决于 P_k、E 和 Δh_b 三个参数确定的精度。Δh 是全沙冲刷深度，以 P_k 取代了悬移质冲刷计算，使问题变得简单，这里的 P_k 是床沙充作悬移质而不回归到百分数，其临界值粒径 D_k 是 Z_* 的函数。根据第3章第3.6节分析，取 $Z_{*k}=2.5$。在冲刷过程中床沙不断粗化，水流条件不断减弱，D_k 不断变小，P_k 也就不断变小，直至稳定粗化层形成时，$P_k=0$。在计算时段内 P_k 应是时段平均值；E 是粗化层的厚度，略大于沙波高度，沙波高度也是水流条件和床沙条件的函数，在冲刷过程中也是变化的。沙波高度计算的精度较差，因而 E 的精度也较差，但是在式(6-29)中，P_kE 小于甚至远小于 Δh_b，因此决定 Δh 的精度主要取决于 Δh_b；Δh_b 精度取决于 G_b，G_b 的计算潜含了冲刷条件下推移质输沙的非恒定和非饱和性，对于水流的非恒定也可由"当量流量"取代，具有较高的精度，由于 G_b 是 t 及 x 的函数，因而既可计算冲刷终极深度和剖面，也可计算冲刷过程中冲刷深度和剖面。

式(6-29)同样适用卵石夹沙河床，此时 $P_k=0$，$\Delta h=\Delta h_b$。但是该式只适用分选型粗化，不适用以置换为主的粗化，置换型粗化冲刷深度要比分选型粗化小，甚至小得多，因为外来更粗的泥沙对河床保护性更强。

(1)极限冲深

当 G_b 接近最大值时，冲刷也就趋于停止，此时的冲刷深度也就趋于最大。

用水槽试验资料，G_b 分别用实测值和按式(6-25)计算值代入式(6-29)求得试验段平均冲刷深度与实测比较见图6-5；取其中第3～15组，计算出终极剖面与实测剖面见图6-6。

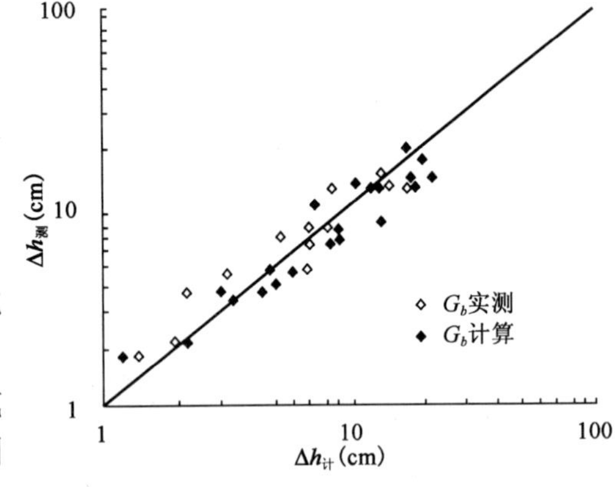

图6-5　冲刷深度计算值与实测值

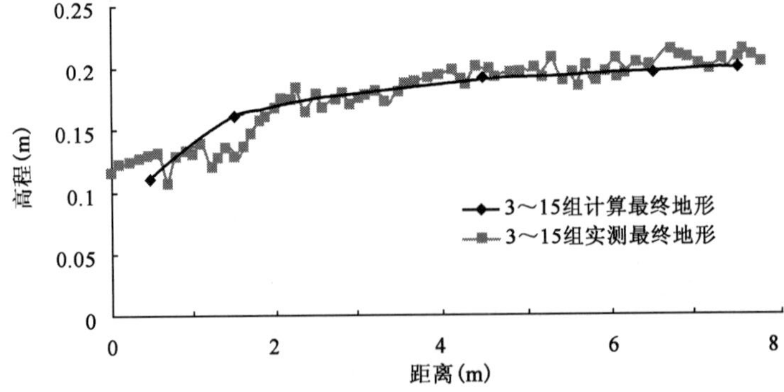

图6-6　终极冲刷剖面计算与实测比较(NO.3－15)

(2)不同时段冲刷深度

对于不同时段,式(6-29)可改写为:

$$\Delta h(n)=\frac{P_k(n)}{1-P_k(n)}E(n)+\frac{1}{1-P_k(n)}\Delta h_b(n) \tag{6-30}$$

$$P_k(n)=\frac{1}{2}[P_k^0(n)+P_k^1(n)]$$

式中,n 为时段序号;上标 0,1 表示时段初和时段末,由于 $P_k(n)$ 未知,需试算;$E(n)$ 假定等于 $E^0(n)$ 。

$$\Delta h_b(n)=[G_b(n)-G_b(n-1)]/r_s'l \tag{6-31}$$

$$\Delta h=\sum_{n=1}^{n}\Delta h(n) \tag{6-32}$$

将图 6-6 中的第 3～15 组试验取冲刷历时 5h、15h 以及 34h,按式(6-30)计算得到不同时刻的冲刷剖面与实测比较见图 6-7。图中除历时 5h 在进口段计算偏大外,其余各时段、各河段计算与实测都吻合较好。偏大的原因可能是时段初冲刷强度大,沙波不发育,而 E 计算偏大所引起的。

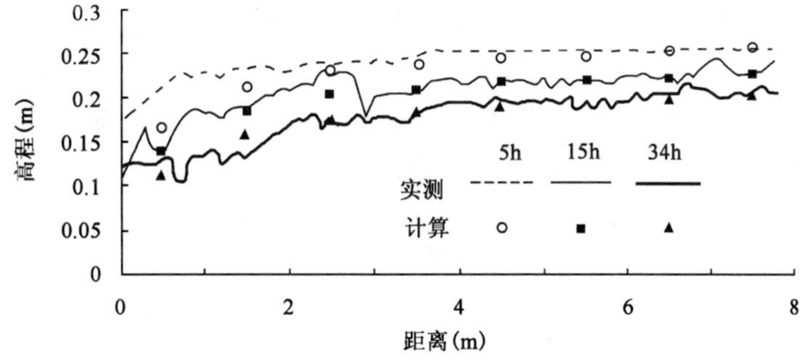

图 6-7 不同时段冲刷剖面计算与实测比较

综上所述,本计算模式能够较好地预报水槽试验清水冲刷河床在时间和空间上的变化。

6.3.3 “极限水深”和“止冲流速”

早在 20 世纪 50 年代末,谢鉴衡[5]就由沙莫夫起动流速求极限冲刷水深。新近,孙志林[6](2000 年)通过水槽试验发现粗化层形成时的临界水力条件大致相当于粗化层 D_{35} 的起动条件,即:

$$U_{c35}=\frac{8}{7}(h_n/D_m)^{1/6}\left[\left(\frac{\rho_s}{\rho}-1\right)gD_{35}/\varepsilon_{35}\right]^{0.5} \tag{6-33}$$

$$\varepsilon_{35}=(D_{35}/D_m)^{0.5}\sigma_g^{0.5};\sigma_g=(D_{84.1}/D_{15.9})^{0.5}$$

式中,ρ_s 及 ρ 为沙粒及水的密度;D_m 为粗化层泥沙平均粒径;h_n 为稳定粗化层形成时的水深,即极限水深。

由式(6-33)可得:

$$h_n=0.89\left(\frac{\rho}{\rho_s-\rho}\varepsilon_{35}/gD_{35}\right)^{3/7}D_m^{1/7}q^{6/7} \tag{6-34}$$

式中,q 为单宽流量,即 $q=Q/B$。

根据试验资料,按照式(6-34)关系整理,发现冲刷末期实测值比计算值小,重新调整系数,得

河段极限平均水深 h_n 和最大水深 h_M 的计算与实测比较见图 6-8 及图 6-9。其关系式分别为：

$$\left.\begin{aligned} h_n &= 0.57\left(\frac{\rho}{\rho_s-\rho}\varepsilon_{35}/gD_{35}\right)^{\frac{3}{7}} D_m^{\frac{1}{7}} q^{\frac{6}{7}} \\ h_M &= 0.69\left(\frac{\rho}{\rho_s-\rho}\varepsilon_{35}/gD_{35}\right)^{\frac{3}{7}} D_m^{\frac{1}{7}} q^{\frac{6}{7}} \end{aligned}\right\} \tag{6-35}$$

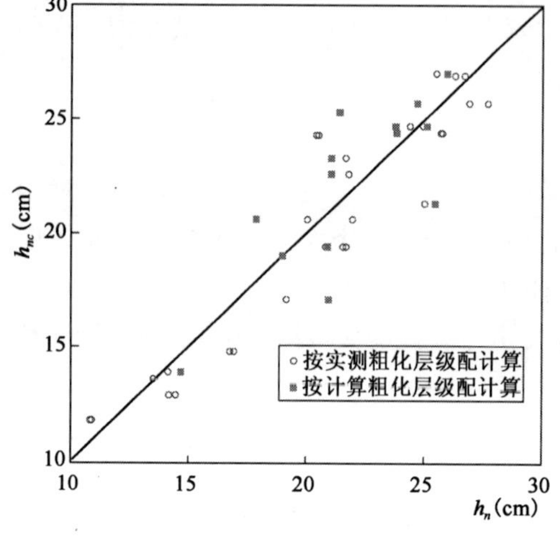

图 6-8　冲刷平衡时河段平均极限水深计算与实测对比

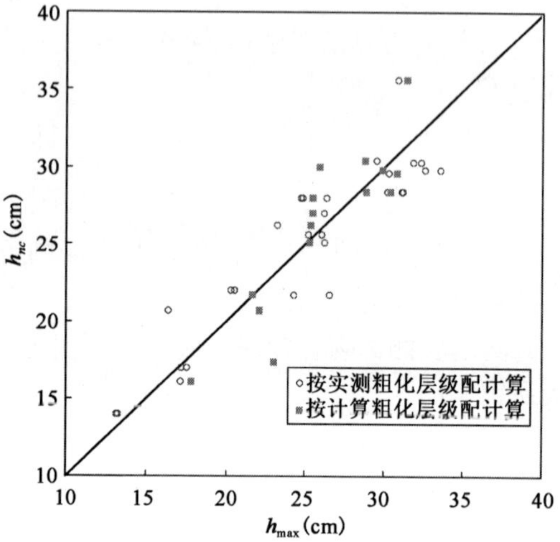

图 6-9　冲刷平衡时最大水深计算与实测对比

冲刷末期流速，即“止冲”流速为：

$$\left.\begin{aligned} U_{cn} &= q/h_n = 1.92\left(\frac{h_n}{D_m}\right)^{\frac{1}{6}}\left[\left(\frac{\rho_s}{\rho}-1\right)gD_{35}/\varepsilon_{35}\right]^{0.5} \\ U_{Cm} &= q/h_{max} = 1.54\left(\frac{h_{max}}{D_m}\right)^{\frac{1}{6}}\left[\left(\frac{\rho_s}{\rho}-1\right)gD_{35}/\varepsilon_{35}\right]^{0.5} \end{aligned}\right\} \tag{6-36}$$

式(6-36)计算与实测比较见图 6-10 及图 6-11，可见图 6-11 优于图 6-10。

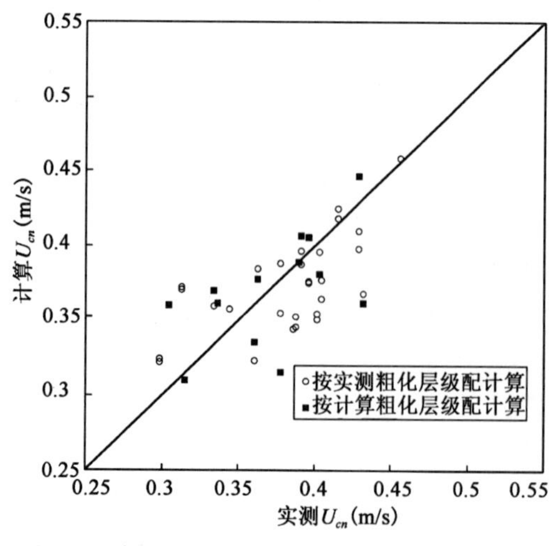

图 6-10　冲刷平衡时河段平均止冲流速计算与实测对比

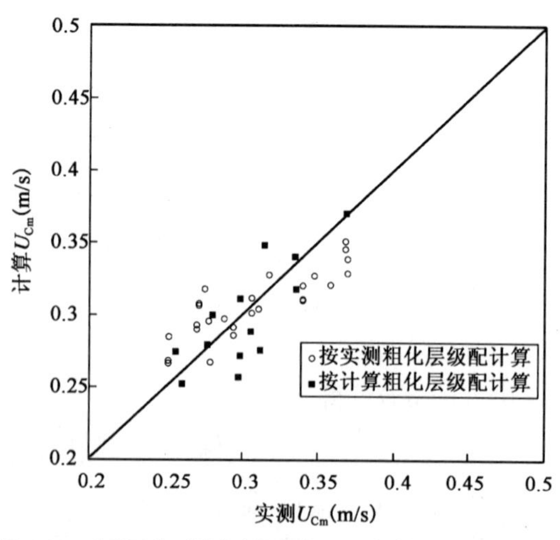

图 6-11　冲刷平衡时最大水深条件下止冲流速计算与实测对比

为什么"止冲"流速比起动流速大,主要原因有:一是冲刷剖面是逆坡,在冲刷剖面上有沙波,沙波的迎水面也是逆坡,逆坡上泥沙在重力分力的作用下难以起动,坡度越大起动的难度就越大;二是,也是更主要的,即沙波床面对起动有效的剪力是沙粒剪力,总剪力要分割一部分,甚至最主要的部分消耗于克服沙波阻力,因此也就要求更大的总剪力,或者说更大的流速才能使床沙起动。

图 6-8 及图 6-9 仅仅是对水槽试验而言,对于天然河道,由于沙波形态和尺度与水槽不相似,式(6-35)及式(6-36)能否适用,尚需进一步研究,但定性是肯定的,即对于沙质河床,用起动流速来预报极限水深及极限冲深会明显偏大。

6.3.4　水位降落及最大冲刷深度的估算

(1)水位降落估算

冲刷过程中水流条件随时随地都在变化,在计算中需要知道各河段水深、流速的数值,由于河床调整过程中阻力及比降的调整难以预估,要想得到较精确的水深、流速数值需要进行阻力计算,这里只采用一些假定来粗估。

设冲刷过程中同流量水位下降值为 $\Delta\zeta$,其与水深及河底高程变化间的关系见图 2-14,即:

$$\Delta\zeta = h_0 + Z_0 - (h + Z) = h_0 - h + \Delta h \tag{6-37}$$

式中,h_0 及 h 为冲刷前、后的水深;Z_0 及 Z 为冲刷前、后河底高程;$\Delta h = Z_0 - Z$,为河床冲刷深度。

假定 $\Delta\zeta = \alpha\Delta h$,由式(6-37)可得:

$$h = h_0 + (1-\alpha)\Delta h \tag{6-38}$$

式中,α 为比例系数,是个很复杂的数。分析如下:

冲刷条件下的水流为非均匀流,就渐变流而言,河段的中断面冲刷前后应满足水流连续条件即:

$$B_0 h_0 U_0 = BhU \tag{6-39}$$

引入曼宁公式可得冲刷后河段平均水深为:

$$h = \left[\frac{B_0}{B}\frac{n}{n_0}\left(\frac{J_0}{J}\right)^{\frac{1}{2}}\right]^{0.6} h_0 \tag{6-40}$$

式中,B、n、J 分别为河宽、糙率、能坡,脚标"0"为时段初,无脚标为时段末。

以式(6-40)代入式(6-38)可得:

$$\begin{aligned}\alpha &= 1 + \left\{1 - \left[\frac{B_0}{B}\frac{n}{n_0}\left(\frac{J_0}{J}\right)^{\frac{1}{2}}\right]^{0.6}\right\}\frac{h_0}{\Delta h} \\ &= 1 + \left[1 - \beta\left(\frac{B_0}{B}\right)^{0.6}\right]\frac{h_0}{\Delta h}\end{aligned} \tag{6-41}$$

式中:

$$\beta = \left(\frac{n}{n_0}\right)^{0.6}\left(\frac{J_0}{J}\right)^{0.3}$$

河床冲刷,床沙粗化,$\frac{n}{n_0} > 1$,床沙组成越粗,如卵石夹沙河床,粗化越显著,$\frac{n}{n_0}$ 也越大;

河床下切,水位降落,除局部河段外,一般 $\frac{J}{J_0}<1$,河段上游越显著,越往上游一般 $\frac{J}{J_0}$ 越小,因此,$\beta>1$ 。而 $\frac{B_0}{B}$ 一般小于1,河床边界越松散,$\frac{B_0}{B}$ 越小,即 β 与 $\left(\frac{B_0}{B}\right)^{0.6}$ 乘积有可能大于1,也有可能小于1,看两者的力量对比。当 $\beta\left(\frac{B_0}{B}\right)^{0.6}>1$ 时,$\alpha<1$,$\Delta\zeta<\Delta h$,$h>h_0$;当 $\beta\left(\frac{B_0}{B}\right)^{0.6}<1$ 时,$\alpha>1$,$\Delta\zeta>\Delta h$,$h<h_0$ 。

在河床冲刷过程中 α 变化极其复杂,除与粗化粒径有关外,还与沙波阻力有关,而沙波阻力又是水流条件的函数。冲刷后期水流条件减弱,沙波尺度变小,粗化粒径的影响变得突出。现以天然河流实测资料为例来确定两种类型的 β,供估算参考。

①卵石夹沙河床

汉江皇港至襄阳为卵石夹沙河段。建库前后糙率及比降变化如表1-20所示,其中 $\frac{n}{n_0}$ 平均约1.9,$\frac{J}{J_0}$ 平均约0.9,即 $\beta=1.5$ 。可得:

$$\alpha=1+\left[1-1.5\left(\frac{B_0}{B}\right)^{0.6}\right]\frac{h_0}{\Delta h} \tag{6-42}$$

该河段1960~1975年平均坍岸宽度7m(表1-5),15年共105m,展宽率小,约为10%,即 $\frac{B}{B_0}=1.1$,$\alpha<1$,图2-20确乎反映这种情况。

②中、细沙河床

黄河花园口至辛砦为中、细沙河床,水库建库前后 $\frac{n}{n_0}$ 约为1.3(图1-20),比降基本不变(表1-13),即 $\beta=1.17\approx1.2$ 。可得:

$$\alpha=1+\left[1-1.2\left(\frac{B_0}{B}\right)^{0.6}\right]\frac{h_0}{\Delta h} \tag{6-43}$$

当展宽率大于35%时,$\alpha>1$,$\Delta\zeta>\Delta h$,$h<h_0$ 。图2-21c)的游荡性河段正是如此。

(2)最大冲刷深度估算

冲刷极限平衡条件下的水位降落则为:

$$\Delta\zeta_n=h_0-h_n+\Delta h_n=\alpha_n\Delta h_n \tag{6-44}$$

式中,$\Delta\zeta_n$、Δh_n 和 α_n 为河段极限平衡时的水位降落、河段平均冲刷深度和相应的比例系数。

由于水位降落沿程是连续的,受局部断面形态影响较小,因此冲刷平衡对最大冲刷深度为:

$$\Delta h_M=\Delta\zeta_n+h_M-h_0 \tag{6-45}$$

在知道水位降落 $\Delta\zeta_n$ 以后,由式(6-35)代入式(6-45)可求极限最大冲深。

6.3.5 天然河道有关问题的处理

上述计算模式是在定常流量水槽试验中获得的。天然河道平面和断面形态复杂,且来水为非恒定流,需要作概化处理方可应用。

(1)河道纵、横形态的处理

①河宽的概化

河宽是影响单宽流量的关键性因素。由于天然河道流速横向分布极不均匀,因此需剥离回流区及滩边、沟汊低流速区所占的水面宽及相应的流量,而后进到全河段平均,确定河段平均河宽、平均水深和平均流速。

②分汊河段

分汊河段各汊应分别计算。各汊的冲刷深度、拓宽率和水位降落各不相同,影响分流比。因此需分时段计算,对分流比进行适时调整,根据调整的分流量进行下一时段计算。

设两汊初始分流比为:

$$\eta_0 = \frac{Q_{01}}{Q_{02}} = \frac{B_1}{B_2}\frac{n_2}{n_1}\left(\frac{J_1}{J_2}\right)^{\frac{1}{2}}\left(\frac{h_{01}}{h_{02}}\right)^{\frac{5}{3}} = A\left(\frac{h_{01}}{h_{02}}\right)^{\frac{5}{3}} \tag{6-46}$$

假定冲刷后 A 值不变,则冲刷后的分流比为:

$$\eta = \frac{Q_1}{Q_2} = A\left(\frac{h_1}{h_2}\right)^{\frac{5}{3}} = \eta_0\left(\frac{h_{02}}{h_{01}}\frac{h_1}{h_2}\right) \tag{6-47}$$

冲刷后的水深由式(6-37)确定,由于两汊分流口水位基本一致,因此有:

$$\left.\begin{aligned} h_1 &= h_{01} + \Delta h_1 - \Delta\zeta \\ h_2 &= h_{02} + \Delta h_2 - \Delta\zeta \end{aligned}\right\}$$

$$\Delta\zeta = \frac{\Delta\zeta_1 + \Delta\zeta_2}{2} \tag{6-48}$$

式中,$\Delta\zeta_1$ 和 $\Delta\zeta_2$ 为两汊冲刷所引的水位降落,分别由 $\Delta\zeta = \alpha\Delta h$ 求出。

由于:

$$Q_{01} + Q_{02} = Q_1 + Q_2 = Q$$

故:

$$Q_1 = \frac{\eta}{\eta_0}\frac{1+\eta_0}{1+\eta}Q_{01} \tag{6-49}$$

$$Q_2 = \frac{1}{\eta_0}\frac{1+\eta_0}{1+\eta}Q_{01} \tag{6-50}$$

③设计流量下的水位降落

天然河道由于断面形态问题,洪水流量和枯水流量水位降落不相同,后者要大,而航运、引水等问题的设计流量恰恰是枯水流量,因此人们对设计流量下的水位降落倍加关注。

绘制设计流量下河道沿程水边线,取其河宽的平均值;在洪水过水断面上垂直截取与设计流量河宽等值的水体,将该水体与边流分离,视为独立体,独立体沿程平均流量即为其冲刷流量,并假定该水体沿程无泥沙横向交换,便可求出设计流量下的水位降落。

④冲刷深度横向分布

将过水断面分条,求出各流条(流管)冲刷深度及水位降落。各流条水位降落值不一致,需进行宽度加权。由于弯道有横向输沙,此法不适宜。

(2)非恒定流概化处理

①"当量流量"法

所谓"当量流量"是指该流量(恒定)所产生的推移质输沙量与一个洪峰过程所产生的输沙量相等。根据初步研究,可按式(4-71)进行计算,即:

$$Q^* = \left(1 + 0.47\frac{\Delta Q}{\overline{Q}}\right)^{0.25}\frac{A}{\overline{A}}\overline{Q}$$

②对冲刷起决定性作用的流量

通过不同流量级的恒定梯级流量试验，表明在初始条件（水深及床沙级配）相同情况下，极限冲刷深度与流量过程（指恒定分级流）无关，只决定于最大一级流量（见第4章）。不同长短的水文系列所确定的最大洪峰流量是不同的，应根据库宽大小，水库寿命进行综合分析确定。

本章参考文献

[1] 万兆惠，等. 黎河河道演变数学模型及其有关工程措施效果的分析研究[R]. 水利水电科学研究院院刊，1993.

[2] 韩其为，等. 三峡水库泥沙淤积计算及研究报告[R]. 水利水电科学研究院院刊，1990.

[3] 韩其为，等. 挟沙能力级配及有效床沙级配的概念[J]. 水利学报，1989(3)：41-45.

[4] 乐培九. 河床变形计算方法的若干改进[J]. 水道港口，2003(1)：1-7.

[5] 谢鉴衡. 河床粗化计算[J]. 武汉水利电力学院学报，1959(2).

第7章 阻 力 计 算

阻力问题是河道泄流能力、输沙能力和河床变形预报中十分重要的问题，长期以来受到工程界和学术界广泛关注。虽研究历史悠久，研究成果丰硕，但仍存在很多问题，尚需进一步深入研究。

7.1 阻力的基本概念

水流具有黏滞性，在流动时由于边壁的阻滞作用，产生边界层或出现分离和漩涡，使得固液之间、流层之间、质点之间、液团之间产生阻滞，水流要流动就必须克服这种阻滞作功，从而就相应地要消耗有效机械能而以热能形式散失，这就是能量损失。单位质量液体的能耗就是水力学中常说的水头损失。

水流阻力按其作用的范围和部位可分为沿程阻力和局部阻力，相应的总水头损失 h_w 可分为沿程水头损失 h_f 和局部水头损失 h_j。由于水头损失是一种标量，可以数性叠加，即总水头损失应为：

$$h_w = h_f + h_j \tag{7-1}$$

沿程阻力，也就是均匀流时的水流阻力，它的特点是阻力作用沿水流长度均匀一致，因而沿程水头损失正比于水流流程长度。在均匀流里克服阻力所消耗的能量全部由势能所提供，对于明渠则由位能提供。单位长度的水头损失就是能坡，即：

$$J = h_f / l$$

当水流的均匀性受到破坏，水流发生突变时，就出现局部阻力。局部阻力作用范围小，而能量损耗很大，在局部阻力范围内水流极度紊乱，水流内部相对运动速度大增，从而切应力也大为增加，但是对水流前进运动并无影响。对水流前进运动有所影响的是沿程阻力，局部阻力实质上是附加于沿程阻力之上的额外阻力。

7.2 均匀流阻力

求均匀流水流阻力有两种途径：一是由沿程水头损失求阻力；二是由紊动动量交换求阻力。

(1)由能量损失求阻力

由水流阻力与沿程水头损失之间的关系便可直接得到：

$$h_f = \lambda \frac{L}{4R} \frac{U^2}{2g} \tag{7-2}$$

式中，λ 为沿程阻力系数，R 为水力半径。

由于 $J=h_f/l$，则式(7-2)即为：

$$U=\sqrt{\frac{8g}{\lambda}}\sqrt{RJ} \tag{7-3}$$

这就是著名的达西—韦斯巴赫(Darcy-Weisbach，1854 年)公式，系数 λ 下文用 f 表示。

式(7-3)既适用于管流也适用于明流，既适用于紊流也适用于层流，不过 λ 或 f 是水流雷诺数 $Re(=UR/\nu)$ 和相对糙度(Δ/R)的函数，需由试验确定。令：

$$C=\sqrt{\frac{8g}{f}} \tag{7-4}$$

则式(7-3)即为：

$$U = C\sqrt{RJ} \tag{7-5}$$

此即著名的谢才(Chezy，1775 年)公式，C 称之为谢才系数，其单位为 $m^{1/2}/s$。在阻力平方区，亦即粗糙紊流区，C 为常数。令：

$$C = \frac{1}{n}R^{1/6} \tag{7-6}$$

即得：

$$U = \frac{1}{n}R^{2/3}J^{1/2} \tag{7-7}$$

此即著名的曼宁(Manning，1889 年)公式，n 称曼宁系数，通常称糙率，单位为 $s \cdot m^{-1/3}$。

由于 n 与某一特征长度的 1/6 次方成正比，对于平整床面，这一特征长度应与床沙代表粒径有关，设其为 K_s，则：

$$n = \frac{1}{A}K_s^{1/6} \tag{7-8}$$

代入式(7-8)即得：

$$\frac{U}{U_*} = \frac{A}{\sqrt{g}}\left(\frac{R}{K_s}\right)^{1/6} \tag{7-9}$$

式中，U_* 为摩阻流速($=\sqrt{gRJ}$)；A 为系数；g 为重力加速度，在这里单位为 $m \cdot s^{-2}$。

史觉克(Strickler，1923 年)取 $Ks=D_{65}$，根据莱茵河卵石河床实测资料求得 $A=24$。由于式(7-9)是史觉克最先提出和应用的，故一般称之为曼宁—史觉克公式，又称指数型公式。

系数 A 前人做过大量研究，其取值与床沙粒径级配、形状及排列有关[1]。在与对数流速作比较时，还可看出其是(R/Ks)的函数[2]，R/Ks 小，A 大，最大约为 26，最小约为 19。若取 $Ks=D_{50}$，山区河流可取 $A=23\sim24$，平原河流可取 $A=19\sim20$。杨美卿分析大量水槽和野外实测资料，资料范围很广，包括卵石和细沙，取 $Ks=D_m$(平均粒径)或 D_{50}，得到 $A=19.76$[3]。

以上公式虽产生年代先后悬殊，但机理相同，均可由式(7-3)演化获得。式(7-3)原是一理论公式，由于阻力系数 λ(或 f)影响因素复杂，不得不由试验确定，从而使理论公式转变为半经验公式。随着应用的需要不断演化，每次演化，其适用性都有所提高，直至式(7-9)。在演化过程中，各系数之间的关系为：

$$\left(\frac{8}{f}\right)^{1/2} = C/\sqrt{g} = \frac{R^{1/6}}{n\sqrt{g}} = \frac{A}{\sqrt{g}}\left(\frac{R}{K_S}\right)^{1/6} = \frac{U}{U_*} \tag{7-10}$$

(2)由紊流动量交换求阻力

由能量损失求阻力是直接方法,由紊流动量交换求阻力是间接方法。紊流动量交换产生剪切力,根据勃兰特(Prandtl)混合长度假定可求得垂线对数流速分布公式,再将流速沿垂线积分便得到对数型阻力公式。坎鲁根(Kuelegan,1938 年)根据巴津水槽试验资料得到断面平均流速公式,即阻力公式为:

$$\frac{U}{U_*}=\begin{cases}3.25+5.75\log(RU_*/\nu) & \text{水力光滑}\\ 6.25+5.75\log(R/K_s) & \text{水力粗糙}\end{cases} \tag{7-11}$$

爱因斯坦(Einstein,1950 年)引入一个校正系数 χ。将式(7-11)中的两式统一为一式,即:

$$\frac{U}{U_*}=\frac{2.3}{\kappa}\log\left(12.27\frac{R\chi}{K_s}\right) \tag{7-12}$$

式中,κ 为卡曼常数,对于清水 $\kappa=0.4$;χ 为校正系数,在水力粗糙区 $\chi=1$,在水力光滑 $\chi=f(K_s/\delta)$,δ 为近壁流层厚度($=11.6\nu/u_*$);Ks 爱因斯坦取其为 D_{65}。

以上介绍了均匀流常见的阻力公式,严格地说均为经验或半经验性公式,而且仅适用于定床,对于沙质河床式(7-9)及式(7-12)是常用公式。

7.3 非均匀流阻力

非均匀流可分为渐变流和急变流。

7.3.1 渐变流阻力

渐变流运动基本方程可用圣维南方程表述,即:

$$\left.\begin{aligned}&\frac{\partial}{\partial t}(Bh)+\frac{\partial}{\partial x}(BhU)=0\\ &\frac{\partial U}{\partial t}+U\frac{\partial U}{\partial x}=g(J_0-J_f)\end{aligned}\right\} \tag{7-13}$$

式中,J_0 为水面坡,J_f 为能坡,即 J。

在恒定流条件下,若 B 为常数,由式(7-13)可得:

$$J=J_f=J_0-(J_0-J_b)\frac{U^2}{gh} \tag{7-14}$$

此即渐变流能坡方程,式中 J_b 为底坡,U 及 h 为河段平均流速及水深,若以曼宁公式代入,即得:

$$U=\frac{1}{n}h^{2/3}J^{1/2}/[1+(J_0-J_b)h^{1/3}/gn^2]^{1/2} \tag{7-15}$$

其中曼宁系数为:

$$n=\frac{h^{1/6}}{\sqrt{g}}\left(\frac{ghJ_0}{U^2}-J_0+J_b\right)^{1/2} \tag{7-16}$$

在均匀流条件下,$J_0=J_b=J$,式(7-15)和(7-16)即为式(7-7),n 为常数。渐变流 n 不再是常数,在其他条件相同情况下,壅水 $J_0<J_b$,阻力增大,n 大;降水 $J_0>J_b$,阻力减小,n 小,这里 n 是一种综合性阻力系数。

7.3.2 急变流阻力

急变流阻力是一种局部阻力。局部阻力是由固体边界改变所引起的，它和沿程阻力产生的物理本质并没有什么区别，都是由于液体内部各流层间相对运动产生的摩擦所引起的，但是局部阻力是因固体边界改变，水流与边界发生分离，产生大量漩涡，增大流速梯度和液体内部紊动，使得能量损失大为增加，阻力增大。因此通常沿程阻力称“肤面阻力”，局部阻力称“形体阻力”。

天然河流平面形态、断面形态都极不规则，床面起伏不平，山区河流尤甚。平原河流虽有所改善，但由于河床可动，沙波消长，均使得局部阻力问题变得十分复杂，难以像沿程阻力一样，用一个统一的公式来表达。唯有矩形水道或管流断面突扩的水头损失，可用卡诺(Carnot)公式描述，即：

$$h_j = \left(\frac{\omega_2}{\omega_1} - 1\right)^2 \frac{U_2^2}{2g} \tag{7-17}$$

式中，ω 为过水面积，脚标 1 为断面放大前，脚标 2 为断面放大后。

7.3.3 综合阻力

综合阻力即非均匀流总阻力，包括沿程阻力和局部阻力，将式(7-1)等号两边同乘以 $\gamma R/l$，便得：

$$\tau = \tau' + \tau'' \tag{7-18}$$

式中，$\tau=\gamma Rh_w/l=\gamma RJ$ 为总剪力；$\tau'=\gamma Rh_f/l=\gamma RJ'$为沿程剪力；$\tau''=\gamma Rh_j/l=\gamma RJ''$为局部剪力。式(7-18)表明，由于水头损失可用叠加，因而阻力也可叠加。

以达西—韦斯巴赫公式代入式(7-18)便可得：

$$f = f' + f'' \tag{7-19}$$

或

$$\left(\frac{U_*}{U}\right)^2 = \left(\frac{U'_*}{U}\right)^2 + \left(\frac{U''_*}{U}\right)^2 \tag{7-20}$$

式中，f、f'、f''分别为总阻力、沿程阻力和局部阻力系数；$U_* =\sqrt{gRJ}$、$U'_* =\sqrt{gRJ'}$、$U''_* =\sqrt{gRJ''}$分别为总流、沿程和局部剪力流速。

式(7-18)～(7-20)为非均匀流阻力三种表达形式，其实质都是一样的。式中有三项，只有沿程阻力一项有确定的关系式，可求，其余两项不确定，不可求。因此，必须再寻求建立其中一个确定关系，使三项中有两项可求，另一项自然也可求。寻求途径有二：一是综合阻力(总阻力)法，即建立总阻力关系式；二是将总阻力分解，建立局部阻力关系式，称阻力分割法。

(1)综合阻力法

根据能量方程(伯诺里方程)，$J=h_w/l$，取 l 河段平均 U、$R(h)$及 D，按照均匀流处理，用曼宁公式(7-7)或曼宁—史党克公式(7-9)，可求出 n 或 A。

定床水流通常采用曼宁公式，其中 n 是一种包括局部阻力在内的综合糙率。山区河流由于边界条件沿程变化，以及同一河段边界影响随水位(或水深)而变化，因而 n 是河段和水深的函数，不同河段、不同水深 n 是不同的，需根据实测资料率定。

沙质河床通常采用曼宁—史觉克公式，其中 A 除平整床面外，一般不为常数，而是随沙波的消长，依赖于水流泥沙条件。

(2)阻力分割法

依据式(7-18)可得：

$$\gamma RJ = \gamma(RJ)' + \gamma(RJ)'' \tag{7-21}$$

式(7-21)有两种处理方式。

①假定 R 不可分，即得：

$$J = J' + J'' \tag{7-22}$$

此即能坡分割法。式(7-1)除以 l，正是式(7-22)。式中 J' 为沿程阻力损失所形成的能坡；J'' 为局部阻力损失所产生的能坡。这种分割法概念合理，但是定床水流除断面突扩可用包达—卡诺公式(7-17)求得 J'' 外，一般不能求得，因此能坡分割法一般不适用定床。

②假定 J 不可分，即得：

$$R = R' + R'' \tag{7-23}$$

此即水力半径分割法，是爱因斯坦首先提出的，在求动床水流阻力被广为应用。同样水力半径分割法也不适用于定床。

7.4　动床阻力

7.4.1　动床阻力构成及其变化规律

1)动床阻力构成

冲积河流不仅平面形态和断面形态不甚规则，更主要的是床面形态因沙波的消长而不断变化，是一种非均匀流。水槽和渠道虽平面顺直，宽度不变，但床面同样有沙波变化，一般也是非均匀流。

非均匀流的阻力可由式(7-18)表述，即综合阻力 τ 包括沿程阻力 τ' 和局部阻力 τ''。τ' 为水流直接作用在颗粒上的剪力，即肤面阻力，又称沙粒阻力，它可以使推移质运移、并形成沙波，是推移运动的“有效剪力”。τ'' 是形态阻力，是沙波(还包括其他形态)使水流分离所产生的阻力，称沙波阻力，对推移质运动是无效的。在水槽中，平整床面 $\tau''=0$，$\tau=\tau'$。冲积河床即便是平整床面，由于有非沙波的其他形态的存在，τ'' 也不会为零，但是很小。

τ' 可以由沿程阻力公式，例如曼宁—史觉克公式(7-9)确定，这里的 A 为常数；τ'' 主要由沙波尺度决定，因此沙波消长是决定动床阻力的关键问题。

2)影响沙波消长的主要因素

钱宁总结了前人对沙波消长研究主要成果，认为沙波不同发育阶段主要影响因素有[2]：

(1)沙纹的出现主要取决于沙粒雷诺数，即：

$$R_{e*} = U_* D/\nu$$

(2)沙垅阶段涉及的参数较多，不同的学者所曾提到过有 R_{e*}，F_r，R/D，$\dfrac{U_*}{\omega}$，$\dfrac{U}{U_*}$。

(3)沙浪的形成与水流弗氏数 $F_r=\dfrac{U}{\sqrt{gR}}$有关。

以上共涉及5个参数,除 R/D 为独立参数外,其余都是复合参数,可以分解和转化,如:

$$R_{e*}=U_*D/\nu=\frac{\gamma_s-\gamma}{\gamma}\theta^{1/2}D_*=\left(\frac{R}{D}\right)^{1/2}J^{1/2}D_*$$

式中:

$$\theta=\frac{\gamma RJ}{(\gamma_s-\gamma)D};D_*=\sqrt{gD^3}/\nu$$

$$U/U_*=f(R/D)$$

$$Fr=\frac{U}{\sqrt{gR}}=\frac{U}{U_*}J^{1/2}=f\left(\frac{R}{D},J\right)$$

$$\frac{U_*}{\omega}=\frac{R_{e*}}{\omega D/\nu}=\frac{R_{e*}}{R_{e\omega}}$$

式中,$R_{e\omega}=\omega D/\nu$。

由此可见,参数虽多,但可以相互转化,无尺度独立参数实际只有三个,即 R/D,J 和 D_*(或 $R_{e\omega}$)。

该三个参数应该就是沙波尺度和沙波阻力的独立自变量,前人对沙波尺度和阻力的研究正是这三个独立变量的不同组合,而如何正确组合正是正确确定沙波阻力的关键所在。

3)沙波阻力变化规律及水流分区

平整静止床面,当水流达到一定强度以后,泥沙就开始发生运动,逐渐形成沙纹。随着水流强度逐渐增大,沙纹成长而变成沙垅。沙纹的尺度小,沙垅的尺度大。沙纹因背水面水流分离,其阻力大于平整床面,而沙垅因高度大于沙纹,其阻力又大于沙纹。当沙垅发展到一定高度以后,随着水流强度继续增大,沙垅转而趋于衰弱,波长逐渐加大,波高逐渐减小,直至恢复平整,即动平整。由于沙垅高度减小,水流阻力也随之减小。在动平整时,泥沙运动强度已经相当大。如果水流强度继续增大,接近或处于急流状态,床面再进一步出现起伏不平的沙浪(驻波),驻波起伏对称,与水面波同相位,相平行,水流不发生分离,一般并不增加水流阻力。但在水浅流急之处,常出现逆行沙浪。逆行沙浪在发展过程中,水面波动越来越超过河床起伏,直至失去稳定而破碎,水面波破碎时能量损失增大,阻力亦增大。水流强度进一步增大时,床面出现急滩和深潭,在急滩处泥沙运动十分剧烈,深潭处出现水跃,但是水流阻力反而减小。由此可见,随着水流强度增大,床面由静平整→沙纹、沙垅→动平整→逆波→急滩、深潭,而水流阻力相应由小→大→小→次大→小。

西蒙斯和瑞恰逊(Simons 和 Richarcdson,1961 年)[4]将床面形态和水流强度关系分为三个区:即低水流区、过渡区和高水流区。

低水流区(又称低能态区),床面形态包括沙纹及沙垅。

高水流区(又称高能态区),床面形态包括动平整、驻波、逆波、急滩和深潭。

过渡区为上述高低流区之间,床面形态由沙垅转向为动平整或驻波。

不同流区阻力特性和规律是不相同的,正确而合理地判别流区是正确确定阻力关系的先决条件。然而这方面研究成果目前还不够成熟,这里作一简要介绍。

(1)Brownlie 方法

Brownlie(1983 年)[5]用沙粒弗氏数 F_g、D_{50}/δ 和能坡 J 之间的关系来确定流区，其中

$$F_g = \frac{U}{\sqrt{\frac{\gamma_s - \gamma}{\gamma} g D_{50}}} \tag{7-24}$$

$$\delta = 11.6v/U_*$$

根据沙粒弗式数 F_g 和比降 J 所绘的流区关系见图 7-1。

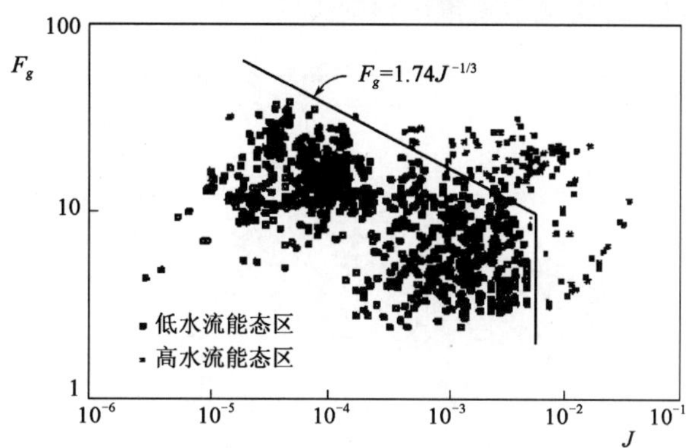

图 7-1　水流高低能态判别图(Brownlie,1983 年)

由图 7-1 可以看出，当比降 $J>0.06$ 时，只存在高能态流区；对于较小的比降 J，可按下列方程给出一个近似的分界线为：

$$F_g' = 1.74J^{-1/3} \tag{7-25}$$

符号 F_g' 特指该线上的 F_g 值。对于沿该线的交迭的过渡区，如图 7-2 所示，可由以下两式确定。

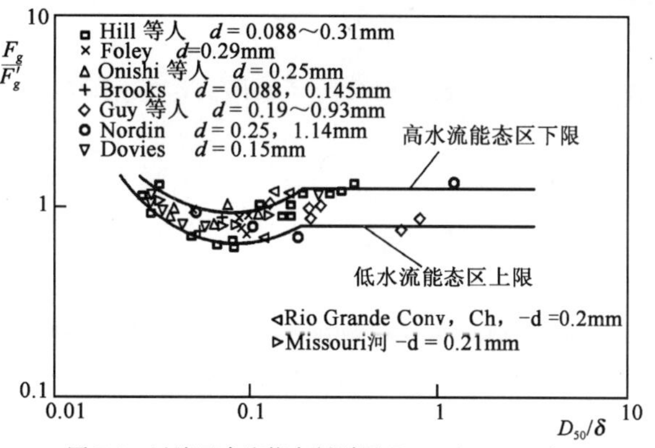

图 7-2　过渡区水流能态判别图(Brownlie,1983 年)

①低速流区上限方程：

$$\lg\left[\frac{F_g}{F_g'}\right] = \begin{cases} -0.2026 + 0.07026\lg\frac{D_{50}}{\delta} + 0.9330\left(\lg\frac{D_{50}}{\delta}\right)^2 & \left(\frac{D_{50}}{\delta} < 2\right) \\ \lg 0.8 & \left(\frac{D_{50}}{\delta} \geqslant 2\right) \end{cases} \tag{7-26a}$$

②高速流区下限方程：

$$\lg\left[\frac{F_g}{F_g'}\right]=\begin{cases}-0.02469+0.1517\lg\dfrac{D_{50}}{\delta}+0.8381\left(\lg\dfrac{D_{50}}{\delta}\right)^2 & \left(\dfrac{D_{50}}{\delta}<2\right)\\ \lg1.25 & \left(\dfrac{D_{50}}{\delta}\geqslant 2\right)\end{cases} \tag{7-26b}$$

(2)王士强方法

王士强(1990 年)[6]用沙粒弗氏数 F_d 及相对光滑度 R_b/D_{50}(R_b 为河床水力半径)关系来区分流区，根据大量的室内外实测资料得到判别区见图 7-3。

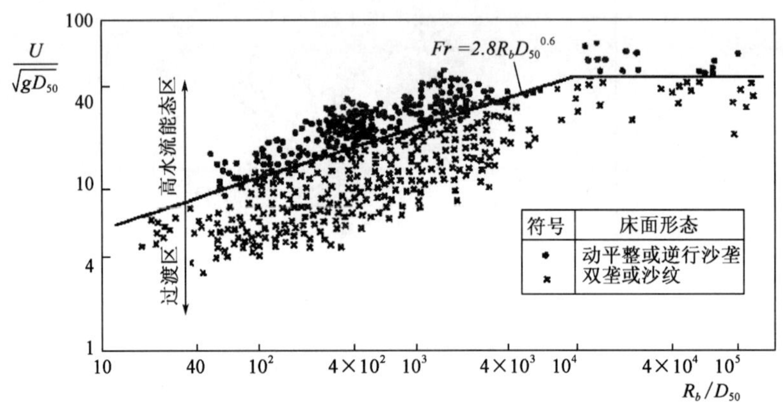

图 7-3　水流能态、床面形态判别图解

王士强所用的沙粒弗氏数为：

$$F_d=\frac{U}{\sqrt{gD_{50}}}$$

这里所指的过渡区是低水流区和过渡区的总称。过渡区与高水流区的临界沙粒弗氏数 F_d 近似为：

$$F_d=\begin{cases}2.8(R_b/D_{50})^{0.3} & (R_b/D_{50}<10\,000)\\ \lg0.8 & (R_b/D_{50}\geqslant 10\,000)\end{cases} \tag{7-27}$$

从图 7-1 及图 7-2 看，点群分布基本上阵线分明，只有线的两旁有所交错，表明这种分法是可行的，但是判断参数 F_g 或 F_d 是非独立的，其中流速 U 是待求的未知数，用来预报不适宜。

(3)笔者方法

图 7-1 和图 7-3 的纵坐标一样(只差一个常系数)，即：

$$F_g=\left(\frac{\gamma}{\gamma_s-\gamma}\right)^{\frac{1}{2}}F_d=\left(\frac{\gamma}{\gamma_s-\gamma}\right)^{\frac{1}{2}}\left(\frac{R}{D}\right)^{\frac{1}{2}}F_r$$

是水流弗氏数 F_r 与床面相对光滑度$\dfrac{R}{D}$开方的乘积，沙波形态恰恰与这两个参数有关。图 7-3 是 $F_d\sim R/D$ 关系，$\dfrac{R}{D}$是重复的，而图 7-1 是 $F_g\sim J$ 关系，较全面反映沙波形态变化规律，因而更为合理。

图 7-1 或图 7-3 是由已知条件确定的，在预报中 U(或 R)未知，无法在第一时间判别其所在区域。若用试算来判别，由于预报公式不严谨，有可能出现点据“跳槽”现象，即原本属于高能态区有可能跳至过渡区，甚至是低能态区，原本是低能态区也有可能跳至过渡区或高能态区，导致计算失误。只有用已知数据(自变量)作为判别数方可避免这个现象出现。在水流阻力问题预报计算中，自变量主要是 q、D、J 三个基本元素，组成无尺度数即为 q_*、J，其中：

$$q_* = \frac{q}{\sqrt{gD^3}} = \frac{U}{\sqrt{gD}}\left(\frac{R}{D}\right) = F_d\left(\frac{R}{D}\right) = F_r\left(\frac{R}{D}\right)^{\frac{3}{2}}$$

q_* 是一个独立变量(天然河流 $q=Uh=Q/B$)，$q_* \sim J$ 关系概括了 $F_g \sim J$ 关系和 $F_d \sim R/D$ 关系，以此作为流态分区的判数也应该是可行的，这样就会使流态判别简便、易行，更重要的是可以直接判别，避免出现“跳槽”现象。

假定 Brownlie 提出的判别方法是正确的，用水槽资料(Guy，$D_{50}=0.171\sim1.03$mm[7]；Willis，$D_{50}=0.55$mm[8]；洪柔嘉，$D_{50}=0.11$mm[9]，共 379 组)和天然河流资料(长江宜昌、陈家湾、沙市、新厂、监利、螺山、汉口、青山和大通，共 110 组；黄河铁谢、花园口、高村、艾山、洛口和利津共 228 组；渭河华县和咸阳共 51 组)总共 768 组，按式(7-26)计算得出高、低能态和过渡区点据点绘在 $q_* \sim J$ 关系图上，结果如图 7-4。可见，在绝大部分区域点据阵线分明，只有过渡区内高低能态点据杂居，故称之为杂居区(Brownlie 所指的过渡区实际上也是杂居区)，由图可近似确定低能态区上限方程为：

$$q_{*k1} = 0.35J^{-1.54} \tag{7-28a}$$

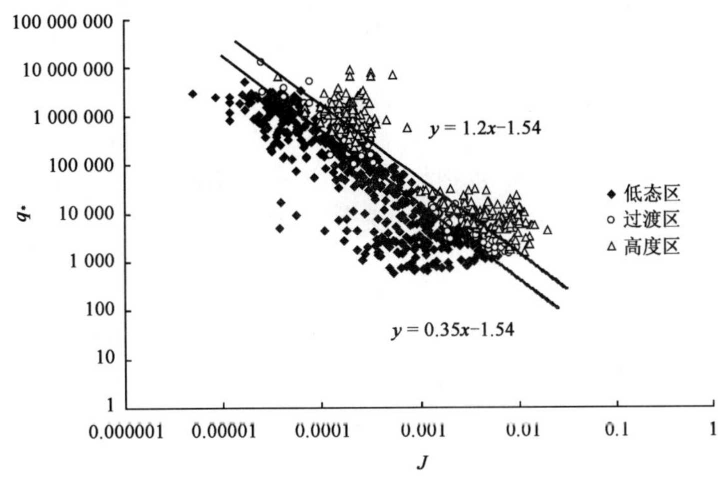

图 7-4 用 q_* 与 J 判别水流能态

高能态下限方程为：

$$q_{*k2} = 1.2J^{-1.54} \tag{7-28b}$$

当 $q_* \leqslant q_{*k1}$ 为低态区，$q_* \geqslant q_{*k2}$ 为高态区，$q_{*k1} < q_* < q_{*k2}$ 为杂居区。

图 7-4 中数据分区情况见表 7-1。

天然河流及水槽资料所属区域点据数　　表 7-1

河名＼区域	低态区	杂居区	高态区	Σ
黄河	56	108	64	228
渭河	32	18	1	51
长江	82	28	0	110
水槽	171	109	99	379
Σ	341	263	164	768

7.4.2 动床阻力的确定方法

动床阻力取决于床面形态及其变化，虽然研究成果很多，但仍很不成熟。王兴奎等根据研究方法将前人研究成果分为三类：即综合阻力系数法、当量糙度法和阻力分割法[10]。前两类的共性是不分割阻力，而是直接将综合阻力系数或床面粗糙度与沙波消长有关的水力泥沙因子建立相关关系，就曼宁—史觉克公式而言，就是将 A 或 K_s 看成是沙波影响因子的函数。二者虽处理方式不同，但实质都一样，应属于同一类。后一类则不同，是将总阻力分割为沙粒阻力和沙波阻力，沙粒阻力就是式(7-18)中的沿程阻力 τ'，沙波阻力就是局部阻力 τ''。从概念上讲，这一分类更明细，更合理一些。然而，由于水流的随机性、流速平面分布不均匀性及主流动力轴线易变性等，即便是相同条件的水槽试验，也不可能复演出完全相同的沙波形态、尺度及平面分布，也就是说水流阻力与形成沙波的水力泥沙因子并不恰好相对应，而仅是统计意义上的大概率事件。上述无论哪一类方法，都必须运用统计分析方法，因此不易区分优劣，至关重要的是正确地确定自变量。

1)综合阻力法

综合阻力法通常用于定床水流，取河流平均水力泥沙条件，将非均匀流当做准均匀流处理。动床也可沿用此法，但多应用曼宁—史觉克公式，即式(7-9)：

$$\frac{U}{U_*}=\frac{A}{\sqrt{g}}\left(\frac{R}{K_s}\right)^{1/6}$$

应用式(7-9)有两种处理方式：一是取 $K_s=D$，$A=D^{1/6}/n$，将 A 也就是 n 看成沙波消长的函数；另一是取 A 为常数，将 K_s 理解为包含沙波高度和床面起伏在内的当量糙度，同样也是沙波消长的函数。

(1)当量糙度法

Simons 和 Richardson(1966 年)曾提出过当量糙度的概念，而后 Van Rijn(1982 年)[11]、Brownlie(1983 年)[5]、秦荣昱(1987 年)[12]和林泰造(1989 年)[13]等都曾运用这一概念获得过阻力计算公式。其中以 Brownlie 公式最佳。

①Brownlie 方法

Brownlie(1983 年)[5]将沙波床面看作大尺度颗粒或当量糙度。将式(7-9)中 A 作常数处理，K_s 用沙波高度 Δ 取代。经变换和整理得到：

$$\frac{\gamma_s-\gamma}{\gamma}\theta=\frac{RJ}{D_{50}}=\left(\frac{A}{\sqrt{g}}\right)^{-0.6}\left(\frac{\Delta J}{D_{50}}\right)^{0.1}(q_*J)^{0.6} \tag{7-29}$$

式(7-29)表明水流阻力与 Δ 只有 0.1 次幂的关系，即 Δ 不是决定阻力的关键性因素。由于与泥沙粒径有关的沙波高度 Δ 是 q_*J 所代表的能量耗损的直接函数，因此进一步假定 Δ/D_{50} 与 J 和 q_* 的未知幂之积成正比，并考虑床沙非均匀性影响，可将式(7-29)改写为：

$$\frac{RJ}{D_{50}}=\beta(q_*J)^xJ^y\sigma_g^z \tag{7-30}$$

式中，$\sigma_g=\sqrt{D_{84.1}/D_{15.9}}$。

式(7-30)进一步整理便可得到：

$$\frac{R}{D_{50}}=\beta q_*^{x_1}J^{x_2}\sigma_g^{x_3} \tag{7-31}$$

Brownlie 根据 1 100 多组水槽试验资料和天然河流实测资料，对式(7-31)进行回归分析，得到：

低水流区

$$\frac{R}{D_{50}}=0.372\,4q_*^{0.653\,9}J^{-0.154\,2}\sigma_g^{0.105\,0} \tag{7-32a}$$

高水流区

$$\frac{R}{D_{50}}=0.283\,6q_*^{0.624\,8}J^{-0.287\,7}\sigma_g^{0.080\,13} \tag{7-32b}$$

相关系数 r 分别为 0.992 和 0.999，高度相关。

②笔者方法

Brownlie 公式存在两个问题：一是判别条件中含待求的未知数，需试算。试算时有可能出现“跳槽”现象，导致结果出现较大的偏离；另一是未给出过渡区计算公式。为此，我们改变了判别条件，见式(7-28)，式中 q_* 为已知数，不需试算，但需要对式(7-31)重新回归。本节一开始就分析指出，影响沙波尺度有三个基本要素，即 R/D，J 和 D_*，式(7-31)并未包括 D_*，在重新回归时增加了 D_* 的影响，应用图 7-4 资料，得到新的回归方程为：

$$\frac{R}{D}=\begin{cases}0.532q_*^{0.662}J^{-0.203}\sigma_g^{-0.192} & \text{(低态区)}\\ 0.236q_*^{0.543}J^{-0.429}D_*^{0.078} & \text{(杂居区)}\\ 0.220q_*^{0.758}J^{-0.089}\sigma_g^{0.151} & \text{(高态区)}\end{cases} \tag{7-33}$$

回归时低态区和高态区 D_* 影响很小，予以忽略。杂居区 σ_g 影响很小，也予以忽略。式(7-33)见图 7-5，相关系数 r 各区均为 0.99。

式(7-33)可以直接用来求 R，若直接求 U，可将因变量 R/D 改为 $U/\sqrt{gD}$，再回归，可得到回归方程为：

$$\frac{R}{\sqrt{gD}}=\begin{cases}1.88q_*^{0.338}J^{0.203}\sigma_g^{0.192} & \text{(低态区)}\\ 4.236q_*^{0.457}J^{0.429}D_*^{-0.078} & \text{(杂居区)}\\ 4.538q_*^{0.242}J^{0.089}\sigma_g^{-0.151} & \text{(高态区)}\end{cases} \tag{7-34}$$

式(7-34)如图 7-6 所示，各区相关系数 r 依次为 0.96、0.90 和 0.97，比式(7-33)要小一些。

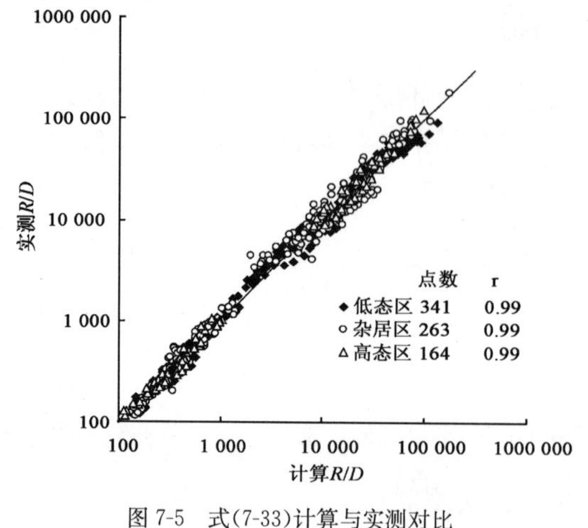

图 7-5 式(7-33)计算与实测对比

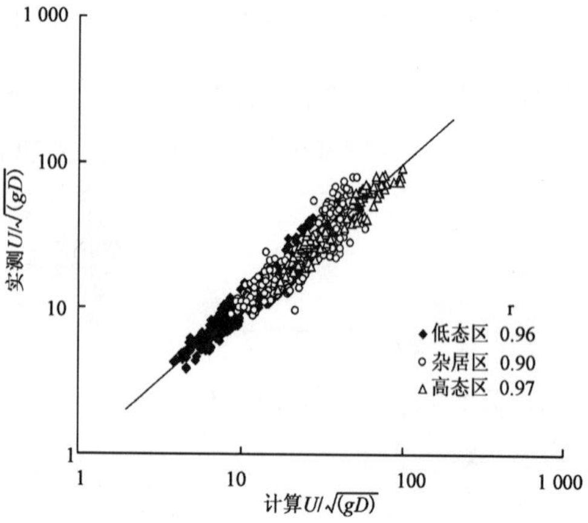

图 7-6 式(7-34)计算与实测对比

式(7-34)可由式(7-33)直接相互转化,结果完全相同。式(7-33)与式(7-32)都是源于式(7-31),但回归结果不相同,原因尚不完全清楚。统计资料来源不完全相同,应该说不应影响统计规律,这里所不同的是资料分区不同,当然这仅是影响因素之一。在低态区 σ_g 发生了定性的区别,σ_g 的指数为负,意味着泥沙越不均匀,阻力越小,流速越大,与非均匀沙不易形成沙波或沙波尺度比均匀沙小的看法是一致的[12]。高态区床沙强烈运动,床沙越不均匀,留在床面泥沙越粗,沙粒阻力越大,因而 σ_g 的指数为正。

(2)综合系数法

用综合系数法来研究动床阻力有钱宁、麦乔威(1956 年)[14],张瑞瑾、谢鉴衡(1961 年)[15]和李昌华、刘建民(1963 年)[16]等。这里用多元回归来作进一步研究。

综合系数法就是取式(7-9)中 $Ks=D=$常量,将 A 视为与沙波形态有关的综合系数,是变量,假定可表达为:

$$A=\alpha\left(\frac{R}{D}\right)^{x1}J^{x2}\sigma_g^{x3}D_*^{x4} \tag{7-35}$$

用实测资料,由式(7-9)求出 A,作为因变量,用图 7-4 中资料对式(7-35)进行回归,得到图 7-7,其回归方程为:

$$A=\begin{cases}6.856\left(\dfrac{R}{D}\right)^{-0.240}J^{-0.293}\sigma_g^{0.296} & (\text{低态区})\\ 11.344\left(\dfrac{R}{D}\right)^{-1.048}J^{-1.193}D_*^{-0.131} & (\text{杂居区})\\ 22.739\left(\dfrac{R}{D}\right)^{-0.414}J^{0.464}\sigma_g^{-0.223} & (\text{高态区})\end{cases} \tag{7-36}$$

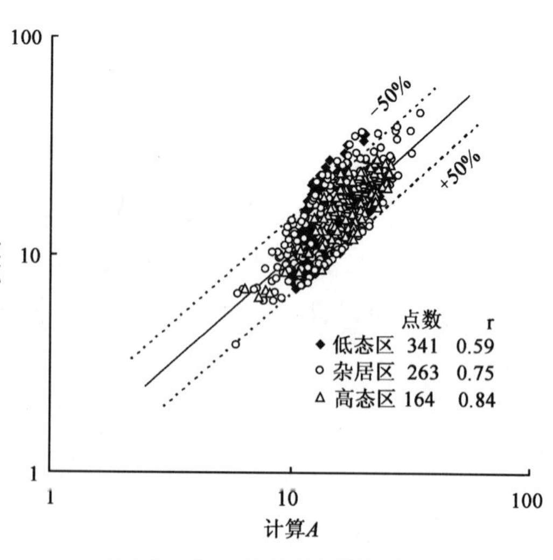

图 7-7 式(7-36)计算与实测对比

各区相关系数 r 依次为 0.59、0.79 和 0.84,相关性较差,较差的原因是因变量 $A=F_rJ^{-1/2}\left(\dfrac{D}{R}\right)^{1/6}$ 是 F_r、J、D/R 三个参数相乘积

的复合参数。如果将因变量改为$\frac{U}{U_*}=F_rJ^{-1/2}$，自变量不变，再进行回归，得相关系数$r$分别为0.81、0.85和0.88，相关系数有所提高，若进一步将因变量改为单一参数F_r，自变量不变，可得：

$$\frac{U}{\sqrt{gR}}=\begin{cases}2.19\left(\frac{R}{D}\right)^{-0.073}J^{0.207}\sigma_g^{0.296} & （低态区）\\ 3.624\left(\frac{R}{D}\right)^{-0.881}J^{-0.693}D_*^{-0.131} & （杂居区）\\ 7.264\left(\frac{R}{D}\right)^{-0.207}J^{0.036}\sigma_g^{-0.223} & （高态区）\end{cases} \tag{7-37}$$

式(7-37)相关系数r分别为0.89、0.91和0.97，相关性又有所提高。可见在基本参数一定时，单一参数比复合参数相关系数高，公式结果是等价的。如将式(7-36)代入式(7-9)，经整理可得式(7-38)，与直接回归完全一致。

$$\frac{U}{\sqrt{gR}}=\begin{cases}2.19\left(\frac{R}{D}\right)^{0.427}J^{0.207}\sigma_g^{0.296} & （低态区）\\ 3.624\left(\frac{R}{D}\right)^{-0.381}J^{-0.693}D_*^{-0.131} & （杂居区）\\ 7.264\left(\frac{R}{D}\right)^{0.253}J^{0.036}\sigma_g^{-0.223} & （高态区）\end{cases} \tag{7-38}$$

其相关系数0.92、0.89、和0.95，与式(7-37)略有不同，见图7-8。

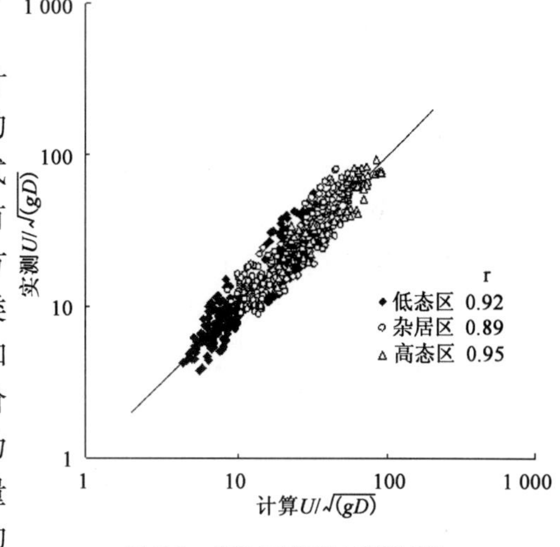

图7-8 式(7-38)计算与实测对比

至此，我们由两种途径得到综合阻力两类计算公式：一类是当量糙度法，对含有自变量q_*的式(7-31)进行回归，得到的回归方程及其演化式(7-33)和式(7-34)；另一类是综合系数法，对含有自变量R/D的式(7-35)进行回归，得到的回归方程及其演化式(7-36)、式(7-37)及式(7-38)。两类公式，在各自的体系内，只要自变量不变，无论如何演化，也无论相关系数大小，所得公式都是等价的。若将自变量R/D演绎为q_*，或将q_*演绎为R/D，所得公式是不等价的。因为以q_*为自变量求得的U及R一般与其真值有所偏离，U与R的乘积q不等于真值；以R/D为自变量求得的U一般也不是真值，$UR\neq q$，因此不能相互转换。只有两类公式所求得的U及R等于真值，自变量互换，才是等价的，这就要求回归方程全相关，即相关系数$r=1$。

比较图7-6和图7-8，前者相关系数略大，点群相对要集中。q_*既是复合参数，又是独立参数，因为q是独立变量，用q_*作自变量比R/D要优；但如果将式(7-35)中的R/D改为q_*进行回归，所得相关系数r仅为0.40、0.26、和0.70，比式(7-36)要差得多，即A与q_*关系并不密切，表明综合系数法不如当量糙度法，也表明自变量的选取十分重要。

以q_*为自变量的公式，可以预先按式(7-28)判别其所属区域，预报计算简便；以R/D为自变量的公式由于R非独立需试算，常常因为计算值偏离真值而发生“跳槽”，导致预报值产生更大偏离，但是该类公式仍不失其揭示阻力变化规律的意义。

2)阻力分割法

阻力分割法基于动床阻力的基本构成，将综合(总)阻力分成沙粒阻力和沙波阻力。如何分割，也存在着两种途径：

(1)水力半径分割法

Einstein 和 Barbarossa(1952 年)[17]将河床阻力分成沙粒阻力和沙波阻力，认为沙粒阻力是水流作用在沙粒上所产生的肤面摩擦阻力，对推移质运动是有效的；沙波阻力是水流分离所产生的形态阻力，其所引起的时均能耗与推移质运动无关，对推移运动无效，但其所产生的紊动动能对悬移质能起支撑作用。

沙粒阻力既然是肤面摩擦阻力，与凸起高度相等同粒径的固界沿程损失一样，可以沿用均匀流阻力式(7-9)或(7-12)。其中剪力流速为：

$$U'_* = \sqrt{\tau'/\rho}$$

Einstein 用与其分割边壁阻力和床面阻力相类似的方法(1942 年)将水力半径 R 分割为两部分，一部分为与沙粒阻力有关的水力半径 R'，另一部分为与沙波阻力有关的水力半径 R''。沙粒剪力 $\tau'=\gamma R'J$，并认为相对光滑度是 R'/K_s，取 $K_s=D_{65}$，则式(7-9)或式(7-12)即为：

$$\frac{U}{\sqrt{gR'J}} = \frac{C}{\sqrt{g}}\left(\frac{R'}{D_{65}}\right)^{1/6} \tag{7-39}$$

式中，C 为常数，即式(7-9)在静平整床面时的 A。

或

$$\frac{U}{\sqrt{gR'J}} = 5.75\mathrm{Lg}\left(12.27\frac{R'x}{D_{65}}\right) \tag{7-40}$$

关于沙波阻力，Einstein 认为与推移质输沙强度有关，推移质输沙强度越大，沙垅愈趋于衰弱，沙波阻力也就越小，而推移质输沙强度又是与沙粒剪力所表征的水流强度有关，定义水流强度为

$$\psi' = \frac{\gamma_s-\gamma}{\gamma}\cdot\frac{D_{35}}{R'J} \tag{7-41}$$

根据野外实测资料建立了沙波阻力$\dfrac{V}{V''_*}\sim\psi'$的关系见图 7-9，其中 $U''_*=\sqrt{gR'J}$。

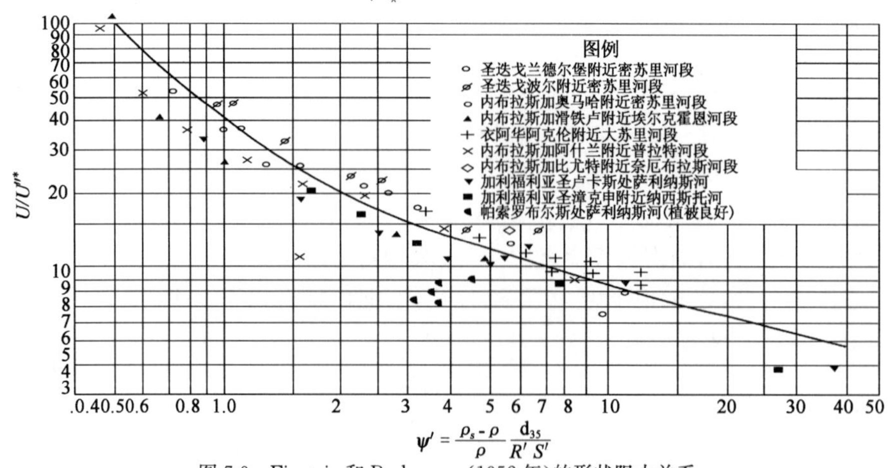

图 7-9 Einstein 和 Barbarossa(1952 年)的形状阻力关系

Einstein 开辟了阻力分割法研究的先河，给后人以启迪。但是图 7-9 只适用低能态区，且点群散乱，预报精度差。

(2)能坡分割法

①Engelund 方法

Engelund(1966 年)[18]将河床产生的总水头损失 h_w 分解为由沙粒所产生的沿程损失 h_f 和由沙波所产生的局部损失 h_j，如同式(7-1)。而后除以一个沙波的波长 λ，便得到在一个波长范围内的能坡，即式(7-17)。局部水头损失采用包达—卡诺公式，即：

$$h_j = \alpha \frac{(U_1 - U_2)^2}{2g} \approx \alpha \frac{U^2}{2g}\left(\frac{\Delta}{h}\right)^2 \tag{7-42}$$

式中，U_1 和 U_2 为波峰和波谷处平均流速；Δ 为波高；h 为一个波长内平均水深；$U=q/h$；α 为局部损失系数。

$$J'' = h_j/\lambda = \frac{\alpha}{2}\frac{\Delta^2}{\lambda h}Fr^2 \tag{7-43}$$

$$J = J' + J'' = J' + \frac{\alpha}{2}\frac{\Delta^2}{\lambda h}Fr^2 \tag{7-44}$$

将上式等号两边同乘以 $\gamma R/(\gamma_s - \gamma)D$ 便得：

$$\theta = \theta' + \theta'' \tag{7-45}$$

式中：

$$\theta = \gamma RJ/(\gamma_s - \gamma)D$$

$$\theta' = \frac{\gamma RJ'}{(\gamma_s - \gamma)D}$$

$$\theta'' = \frac{\alpha}{2}\frac{\gamma R\Delta^2}{(\gamma_s - \gamma)D\lambda h}Fr^2 \approx \frac{\alpha}{2}\frac{\gamma}{\gamma_s - \gamma}\frac{\Delta^2}{D\lambda}Fr^2$$

Engelund 没有直接给出 θ''的计算式，而是通过动力相似假设认为不论河流大小，只要是动力相似就必然存在以下函数关系。

$$\theta = f(\theta') \tag{7-46}$$

进而根据水槽试验资料，给出 $\theta \sim \theta'$关系图，并得到拟合公式(1982 年)为：

$$\theta' = \begin{cases} 0.06 + 0.3\theta^{3/2} & (\theta' < 0.55) \\ \theta & (0.55 < \theta' < 1.0) \end{cases} \tag{7-47}$$

式(7-47)在过渡区不连续，且需试算。1990 年乐培九将其修改为：

$$\theta' = \begin{cases} 0.06 + 0.3\theta^{3/2} & (\theta' \leqslant 0.6) \\ 0.38\theta^{1.25} & (0.6 < \theta \leqslant 3) \\ 1.5 & (\theta > 3) \end{cases} \tag{7-48}$$

Engelund 沙粒阻力公式仍沿用 Einstein 处理方法，但其中 $K_s=2D_{65}$，即：

$$\frac{U}{U'_*} = 5.75\lg\frac{5.5R'}{D_{65}} \tag{7-49}$$

Engelund 提出的式(7-46)直接将沙粒阻力与综合阻力建立了相关关系，为解决沙粒阻力提供了极大的方便。

②王士强(1990 年)方法[6]

王士强认为 Engelund 阻力公式存在三个问题：一是 θ' 不仅是 θ 的函数，而且还受其他因子影响；二是过渡区的阻力关系还是空白；三是水流能态的区分不符合实际。因此用更加广泛的实测资料对 Engelund 的 $\theta'=f(\theta)$ 关系进行了改进，得到：

a. 低能态区

$$\lg\frac{\theta}{\theta'}=k_1x-k_2x^2+k_3x^3 \tag{7-50}$$

式中：

$$\begin{aligned}x&=\lg(\theta'/0.04)\\ \lg k_1&=0.513-0.123\lg d_*-0.141\lg^2 d_*\\ \lg k_2&=0.560-0.0647\lg d_*-0.2183\lg^2 d_*\\ \lg k_3&=0.017-0.0347\lg d_*-0.2728\lg^2 d_*\\ d_*&=[g(\gamma_s/\gamma-1)/\nu^2]^{1/3}D_{50}\end{aligned}$$

当 $d_*>80$ 后，取 $d_*=80$。

b. 高能态区

$$\left.\begin{aligned}&\theta\leqslant 1\text{ 时}\qquad \theta=0.04(\theta'/0.04)^A\\ &\theta>1\text{ 时}\qquad \lg\theta=A(\lg\theta'/\theta_1'+\lg^G\theta'/\theta_1')\end{aligned}\right\} \tag{7-51}$$

式中：

$$\begin{aligned}A&=1.4/\lg(\theta_1'/0.04)\\ G&=1+4.874\exp(-0.79d_*)\\ \theta_1'&=0.68+0.32\exp(-0.1d_*)\end{aligned}$$

c. 过渡区

$$\lg\theta=E\lg\left(\frac{\theta'\theta_c^{1/E}}{\theta_c'}\right) \tag{7-52}$$

式中：

$$E=0.51-0.51\left\{\frac{1-\exp[-1.09(d_*-5.5)]}{1+\exp[-1.09(d_*-5.5)]}\right\}$$

θ_c 及 θ_c' 为图 7-3 分界线上的综合及沙粒临界希尔兹数。

d. 沙粒阻力公式

$$\frac{U}{U_*'}=5.75\lg\left(\frac{11R_b'}{K\mathrm{s}}\right) \tag{7-53}$$

式中：

$$K_s=\begin{cases}0.5D_{65} & (D_{50}<0.1\sim0.11\text{mm})\\ D_{50} & (D_{50}\geqslant 0.11\text{mm})\end{cases}$$

王士强指出，当 $R_b/D_{50}>10\,000$ 时，可用式(7-50)和式(7-51)分别求出两对 θ 及 θ' 其中一对较大的 θ 及 θ' 为所求，这对数值若是由式(7-50)所得即为低能态区，若由式(7-51)所得即为高能态区，不必首先判断其所属能区；当 $R_b/D_{50}\leqslant 10\,000$ 时，由式(7-27)判断其所属区域，用相应公式求其阻力，若由式(7-27)和式(7-53)求出给定 R_b/D_{50} 条件下的临界 θ_c 和 θ_c'，代入式(7-52)即得过渡区 θ。

王士强公式是 $\theta'=f(\theta,d_*)$ 的复杂函数关系，其中 $d_*=(\gamma_s/\gamma-1)^{1/3}D_*^{2/3}$，亦即：

$$\theta' = f(\theta, d_*) = f(\theta, D_*) \tag{7-54}$$

式(7-54)比式(7-46)多了一个影响参数 D_*，确乎前进了一步。作者虽给出了过渡区计算公式，但未给出过渡区与低能态区的判断条件，不便使用，此外公式繁琐，应用也不方便。

3)沙粒阻力与综合阻力的关系

(1)沙粒阻力表达式

沙粒阻力就是沿程阻力，可用达西—韦斯巴赫公式(7-3)表示，即：

$$\frac{U}{U'_*} = \left(\frac{8}{f'}\right)^{1/2} = f\left(\frac{R}{D}\right) \tag{7-55}$$

式中，$U'_* = \sqrt{\tau'/\rho}$。τ'为沙粒剪力。

根据沿程阻力的概念，在阻力平方区，由尼古拉兹和蔡克士大经典试验可知，阻力系数 f' 只与壁面相对光滑度 R/D 有关，这里的 R 是全断面水力半径，而不是所谓与沙粒阻力有关的水力关径 R'。

式(7-55)用曼宁—史觉克公式表示，即为：

$$\frac{U}{U'_*} = \frac{C}{\sqrt{g}}\left(\frac{R}{D}\right)^{1/6} \tag{7-56}$$

式中，C 为常数，即式(7-9)在静平整度面时的 A，通常可取 20。

(2)沙粒阻力与综合阻力的关系

根据定义，沙粒剪力应为：

$$\tau' = \gamma R J' \tag{7-57}$$

式中，J'为沙粒所产生的单位河长的水头损失，即与沙粒阻力有关的能坡，此即能坡分割，是一种自然的、合理的分割方法。

Einstein 假定：

$$\tau' = \gamma R' J \tag{7-58}$$

式中，R'为与沙粒阻力有关的水力半径，即水力半径分割，是一种虚拟的分割方法。式(7-57)与式(7-58)应恒等，即：

$$\tau' \equiv \gamma R' J \equiv \gamma R J' \tag{7-59}$$

于是可得沙粒阻力与综合阻力的关系为：

$$\frac{J'}{J} = \frac{R'}{R} = \frac{\tau'}{\tau} = \left(\frac{U'_*}{U_*}\right)^2 = \frac{h_f}{h_w} \tag{7-60}$$

将式(7-56)进行转换，并以式(7-9)代入，得：

$$\begin{aligned}\frac{U}{U'_*} &= \frac{U}{\sqrt{gRJ'}} = \frac{U}{U_*}\left(\frac{J}{J'}\right)^{1/2} = \frac{A}{\sqrt{g}}\left(\frac{R}{D}\right)^{1/6}\left(\frac{J}{J'}\right)^{1/2} \\ &= \frac{U}{\sqrt{gR'J}} = \frac{U}{U_*}\left(\frac{R'}{R}\right)^{1/2} = \frac{A}{\sqrt{g}}\left(\frac{R}{D}\right)^{1/6}\left(\frac{R}{R'}\right)^{1/2} \\ &= \frac{C}{\sqrt{g}}\left(\frac{R}{D}\right)^{1/6}\end{aligned} \tag{7-61}$$

即：

$$C = A\left(\frac{J}{J'}\right)^{1/2} = A\left(\frac{R}{R'}\right)^{1/2} \tag{7-62}$$

式中，A 为综合系数。当床面平整时，沙波阻力为零，$\frac{R}{R'}=\frac{J}{J'}=1$，$A=C=$常数。

由式(7-62)可得：

$$\sqrt{\frac{J'}{J}}=\sqrt{\frac{R'}{R}}=\frac{A}{C} \tag{7-63}$$

式(7-63)表明沙粒阻力与综合阻力的比值是与综合系数 A 的平方成正比，比例系数为 C^{-2}，C 一般可取 20。A 确定后，就可求得 τ'、J'和 R'。由于沙粒阻力与推移质运动关系密切，确定 τ'具有重要意义，在这方面研究最早是梅叶—彼德(Meyer—Peter. E)(1948 年)[19]，他所提出的沙粒阻力系数和河床阻力系数就是式(7-63)中的 C 和 A，但是并没有给出 A 的确定方法。

A 可用式(7-36)确定。计算分三种情况：一是已知 U 及 R，由式(7-28)判别其所在流区，由式(7-36)分区公式可直接求得 A，而后再求出 J'和 R'，其精度最高，如图 7-10。图中所谓实测是指由实测资料反求所得，其中 $C=20$，相关系数 r 为 0.59、0.79 和 0.84；二是已知 R，需由式(7-38)求 U，再确定流区，求解 A，这种方法需试算，有可能出现“跳槽”现象，导致计算误差增大；三是已知 q，可预先判断所在流区，由式(7-33)与式(7-36)联解求得 A，再由式(7-63)求得$\sqrt{J'/J}$，见图 7-11。该图比图 7-10 要散乱得多，原因是后者为两次误差之积累。图 7-10 和图 7-11 中都出现 $J'/J>1$ 的情况，似乎不合理，这可能是挟沙水流的阻力比清水小的缘故，这些点据恰恰多是黄河资料。

值得注意，由式(7-39)可得：

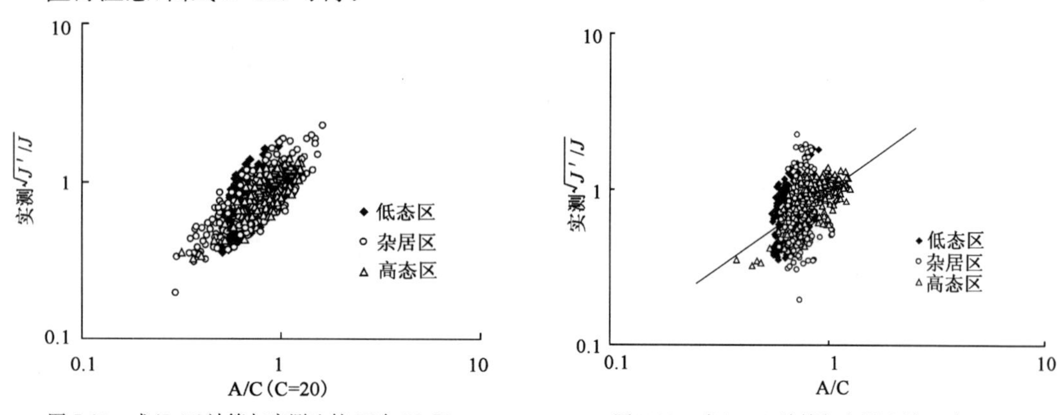

图 7-10　式(7-63)计算与实测比较(已知 U,R)　　图 7-11　式(7-63)计算与实测比较(已知 q)

$$\frac{U}{\sqrt{gR'J}}=\frac{C}{\sqrt{g}}\left(\frac{R'}{D}\right)^{1/6}=\frac{C}{\sqrt{g}}\left(\frac{R}{D}\right)^{1/6}\left(\frac{R'}{R}\right)^{1/6} \tag{7-64}$$

与式(7-61)相比较出现两种情况：一种是 $R'/R=1$，即无沙波时，式(7-39)恒成立；另一种是$\frac{R'}{R}\neq 1$时，有：

$$\left(\frac{J'}{J}\right)^{1/2}=\left(\frac{R'}{R}\right)^{1/3} \tag{7-65}$$

与式(7-60)相矛盾，即有沙波时，式(7-39)不能成立。因此相对光滑度凡以 R'/D 取代 R/D的公式，式(7-39)、式(7-40)、式(7-49)、式(7-53)等都与沿程阻力概念不相吻合。

如上所述，动床阻力包括沙粒阻力和沙波阻力。沙波阻力是一种形态阻力，受制于水流泥沙(含水温)条件,随沙波形态而变。沙波不同的发育阶段形态不同,阻力规律也不同。因此研究沙波阻力首先需要区分沙波发育的不同阶段,给出判断方法,而后分别研究各阶段的阻力规律,才可获得正确的结果。然而,在相同的平均水流泥沙条件下,即便同一河段,不同测次,由于水流的随机性、流速平面分布不均匀性、主流动力轴线的变动和副流的出现等水流自身的固有属性,以及断面形态和平面形态的不规则性及其变化对流速分布的影响;床沙级配平面和垂向分布不一致,推移质来沙情况不一致等偶然或必然因素的影响,导致沙波形态不恒定、不统一,可能同一河段,同一断面,同时存在不同沙波形态,甚至是不同发展阶段的沙波,使得在一个河段或若干个波长范围内平均水流泥沙条件不能恰好与某一沙波形态相对应,而只能有一个统计范围。因而也就不存在严格意义上的判别条件和精确的阻力关系式,只能从统计角度出发,用统计分析方法寻求最佳的阻力关系式。以上是指测验资料精确的情况,实际上在沙波床面无论是能坡、水深、流速、床沙级配都难精确测定。因此,上述研究有一定离散是必然的。

7.4.3 预报计算及公式的检验

这里依据图 7-4 相同的资料用上述有关公式进行预报计算,并与实例资料进行对比,以判别各自的计算精度。计算分两类:第一类已知 q,求 R 或 U;第二类已知 R 求 U。

1)已知 q 求 R 或 U

已知 q、J、D_{50}、σ_g、水温,求 U 及 R。

(1)Brownlie 公式

①计算步骤

当 $J>0.006$ 为唯一高态区,由式(7-32b)求得 R,$U=q/R$;当 $J<0.006$ 时,按以下步骤计算:

第一步:由式(7-32)分别求出低态和高态流区的 R,依次记为 R_1 和 R_2,并求得相应的 $U_1=q/R_1$ 和 $U_2=q/R_2$;

第二步:由式(7-24)求出相应的 F_{g1} 和 F_{g2};由式(7-25)求出 F_g' 及相应的 F_{g1}/F_g' 和 F_{g2}/F_g';

第三步:计算 $U_*=\sqrt{gR_2J}$,$\delta=11.6v/U_*$ 及 D_{50}/δ;

第四步:由式(7-26)计算出相应的 F_g/F_g',分别记为 $(F_{g1}/F_g')_c$ 和 $(F_{g2}/F_g')_c$;

第五步:判别所处区域:若 $(F_{g1}/F_g)\leqslant(F_{g1}/F_g')_c$ 为低态区,得 $U=U_1$,$R=R_1$ 为所求;若 $(F_{g2}/F_g')\geqslant(F_{g2}/F_g')_c$ 为高态区,得 $U=U_2$,$R=R_2$ 为所求;否则就是过渡区,取 $U=(U_1+U_2)/2$,$R=(R_1+R_2)/2$ 为所求。

②计算结果

计算结果见图 7-12,平均误差为 18.9%,其中黄河预报偏离较大。

(2)笔者公式

①计算步骤

第一步:由式(7-28)判别所在区域;

第二步:由式(7-33)或式(7-34)可直接求出 R 或 U。

②计算结果

计算结果见图 7-13,平均误差为 15.0%。

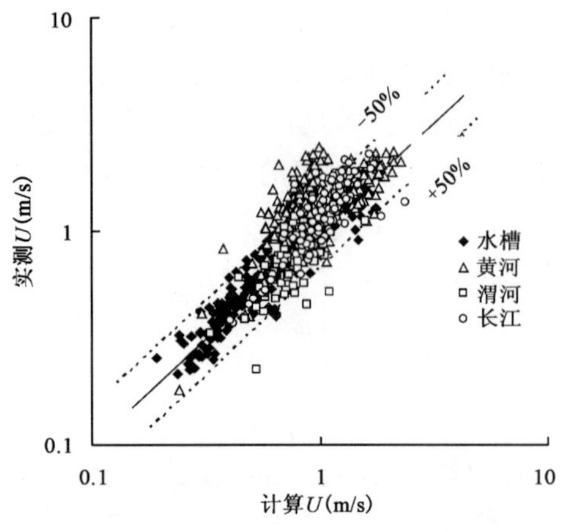

图 7-12 Brownlie 公式(7-32)预报计算与实测对比

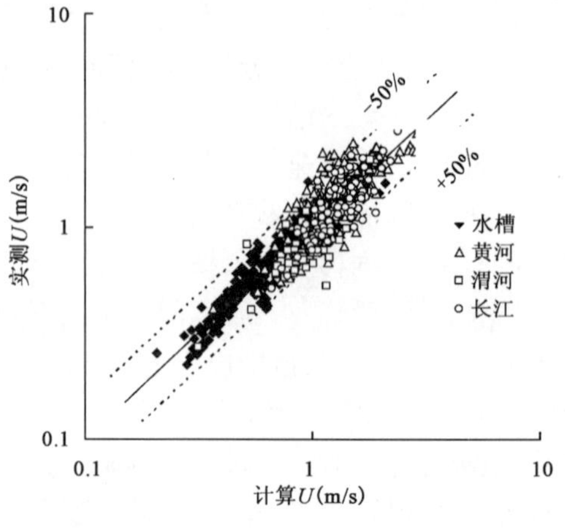

图 7-13 式(7-34)预报计算与实测对比

2)已知 R 求 U

已知 R、J、D_{50}、σ_g 及水温求 U。

(1)王士强公式

①当 $R_b/D_{50}>10\,000$ 时,由式(7-50)和式(7-51)分别求出 θ',其中 θ' 小者为所求,再由式(7-53)求出 U。

②当 $R_b/D_{50}\leqslant 10\,000$ 时,采用如下计算步骤:

第一步:由式(7-27)求出 U_k;

第二步:由式(7-51)求出 θ',R_b';再由式(7-53)求出 U,若 $U>U_k$,即为所求;否则 $U\leqslant U_k$ 则处于过渡区和低态区。由于作者未给出过渡区和低态区判别条件,只能按作者提出的"对天然河渠,过渡区也包括在低态区之内"[6],由式(7-50)求 θ';然后由式(7-53)求 U,此 U 即为所求。

③计算结果

计算结果见图 7-14,平均误差为 38.9%。

(2)综合系数法[式(7-38)]

①计算步骤

由式(7-38),先按低态区和高态区公式分别计算出 U_1 和 U_3,并求出相应的 $q_{*1}=U_1R/\sqrt{gD}$ 和 $q_{*3}=U_3R/\sqrt{gD^3}$,用式(7-28)判别,若 $q_{*1}\leqslant q_{*k1}$ 为低态区,$q_{*3}\geqslant q_{*k2}$ 为高态区,其相应的 U_1 和 U_3 为所求;否则均为杂居区,由杂居区公式计算出 U_2,为所求。

②计算结果

计算结果见图 7-15,平均误差为 33.3%。误差较大的原因是各区预报计算的 U 偏离真值,使得计算的 q_* 偏离,在判别时发生"跳槽"现象,判别失误。例如原本是高态区的点据若计算的 U_3 偏小,使得 q_{*3} 偏小,可能会落在杂居区,甚至是越过杂居区落在低态区,同样原本低态区的点据因 q_* 计算偏大也有可能落在杂居区或高态区。这样因预报误差导致点据"跳槽"而削弱了预报计算精度。只有像式(7-33)或式(7-34)那样可事先判别方可避免"跳槽"现象。如以式(7-33)代入式(7-38)可以预先判别,但由于有两次误差的积累,精度同样较差,见图 7-11。

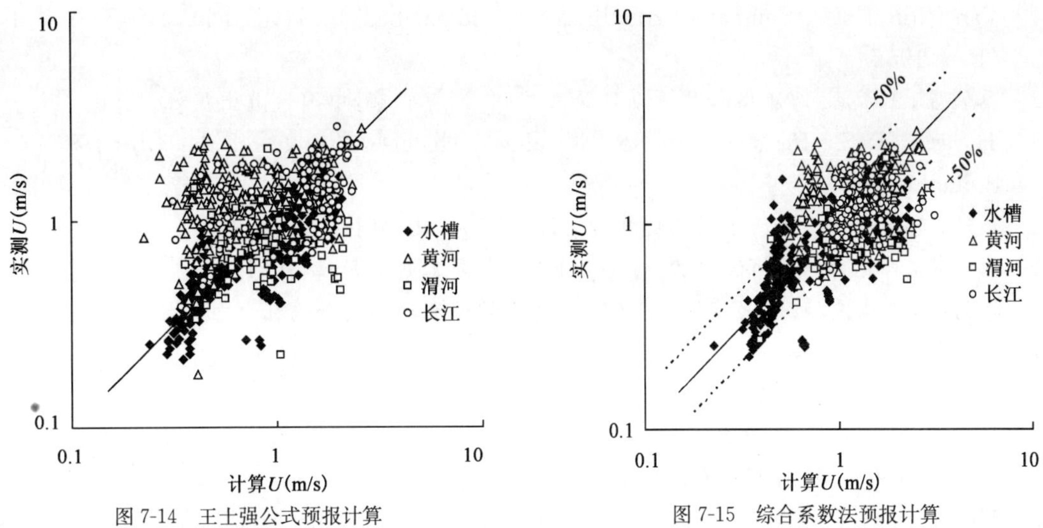

图 7-14 王士强公式预报计算　　图 7-15 综合系数法预报计算

比较上述各式的预报结果，以式(7-33)或式(7-34)计算最简便，不发生“跳槽”现象，预报精度也最高，平均误差 15%；Brownlie 公式次之，平均误差 18.9%，影响其精度的主要原因仍然是“跳槽”现象，但由于其基本公式相关系数较高，“跳槽”现象并不十分严重；王士强公式不仅精度较差，平均误差 38.9%，而且繁琐；式(7-38)若已知分区，预报精度也较高，其平均误差为 19.1%，预先不知分区，精度大受影响，其平均误差为 33.3%。可见预先知道阻力分区是提高预报精度第一重要条件，其次才是各区影响因素即关系式确定正确，阻力关系式正确并不意味预报精度就一定会高。

本章参考文献

[1] 张瑞瑾. 河流泥沙动力学[M]. 北京：中国水力水电出版社，1998.

[2] 钱宁，万兆惠. 泥沙运动力学[M]. 北京：科学出版社，1983.

[3] 潘庆燊，杨国录，府仁寿. 三峡工程泥沙问题研究[M]. 北京：中国水利水电出版社，1999.

[4] Simons，D. B. and Richardson，E. V.. Forms of bed roughness in alluvial channels [J]. J. Hydraul. Div.，ASCE，1961，Vol：87(3)，87-105.

[5] Brownlie，W. R.，Flow depth sand-bed channels[J]. J. Hyd. Div.，ASCE，1983，Vol. 109 (7)：959-990.

[6] 王士强. 冲积性河渠床面阻力试验研究[J]. 水利学报，1990，12：18-29.

[7] Guy，H. P.，Simons，D. B. and Richardson，E. V.. Summary of alluvial channel data from flume experiments，1956-61.

[8] Willis，J. C.. Similitude alluvial processes//第二次河流泥沙国际学术讨论会论文集[C]. 北京：水利电力出版社，1983.

[9] 洪柔嘉，Karim，M. F.，and Keunedy，J. F. 低温时沙质河床水流的影响//第二次河流泥沙国际学术论讨会论文集[C]. 北京：水利电力出版社，1983.

[10] 王兴奎，等. 河流动力学基础[M]. 北京：中国水利水电出版社，2002.

[11] Van Rijin, L. C.. Equivalent roughness of alluvial bed[J]. Hyd. Div. ASCE, Vol. 108 (10), 1982.

[12] 秦荣昱,王崇浩. 河流推移质运动理论及应用[M]. 北京:中国铁道出版社,1996.

[13] Hayashi, T. S.. Resistance to flow in alluvial channels // Proc. of the 4th. ISRS[C]. Beijing, 1989.

[14] 钱宁,麦乔威,等. 黄河下游的糙率[J]. 泥沙研究,1956(1).

[15] 张瑞瑾,谢鉴衡,等. 河流动力学[M]. 北京:中国工业出版社,1961.

[16] 李昌华,刘建民. 冲积河流阻力. 南京水利科学研究所研究报告汇编,1963.

[17] Einstein, H. A. and N. L. Barbarossa. River channel roughness[J]. Trans. ASCE, 1952, vol. 117:1121-1146.

[18] Engelund, F. Hydraulic resistance of alluvial streams[J]. Proc. ASCE. vol. 92, NO. Hy2, 1956 and Vol. 93, NO. Hy4. 1967.

[19] Meyer-peter, E. and Muller, R.. Formulas for bed load transport, Trans of int. Association for Hydraulic Res., Second Meeting, stockholm, pp. 39-65, 1948.

第8章　河床变形实体模拟若干问题

河床变形预报另一方法就是实体模拟。实体模拟又称物理模型或河工模型，以相似理论为依据，把天然河道缩小，放在实验室内复演。试验的成败，各种物理现象和变化规律与天然河道是否吻合，主要取决于其相似性。

8.1　主要相似条件

实体模拟在我国应用十分广泛，前人对模型相似理论曾做过精辟的研究，其中理论最完善的是谢鉴衡的研究[1]。他根据水流运动及泥沙运动基本方程导出动床模型下列主要相似条件，即：

(1)水流运动相似条件

惯性力重力比相似(弗氏数相似)比尺：

$$\lambda_U = \lambda_h^{1/2} \tag{8-1}$$

惯性力阻力比相似(阻力相似)比尺：

$$\lambda_U = \frac{1}{\lambda_n}\lambda_h^{2/3}/e^{1/2} \tag{8-2}$$

式中，$e=\lambda_l/\lambda_h$，称之为变率。

水流运动时间比尺：

$$\lambda_{t1} = \lambda_l/\lambda_U \tag{8-3}$$

(2)泥沙运动相似条件

起动流速相似比尺：

$$\lambda_{U_C} = \lambda_U \tag{8-4}$$

泥沙悬移相似比尺：

①沉降相似　$\lambda_\omega = \lambda_U/e$　(8-5)

②悬浮相似　$\lambda_\omega = \lambda_h^{1/2}/e^{1/2}$　(8-6)

(3)水流输沙相似条件

悬移质挟沙相似比尺：

$$\lambda_S = \lambda_{S*} \tag{8-7}$$

推移质输沙相似条件：

$$\lambda_{g_b} = \lambda_{g_{b*}} \tag{8-8}$$

(4)河床变形相似条件

河床变形相似条件可由河床变形时间比尺表示。

悬移质河床变形时间比尺：

$$\lambda_{t2} = \lambda_{\gamma'}\lambda_l\lambda_h/\lambda_{g_s} \tag{8-9}$$

推移质河床变形时间比尺：

$$\lambda_{t3} = \lambda_{\gamma'}\lambda_l\lambda_h/\lambda_{g_b} \tag{8-10}$$

式中，r' 为淤积物干重度。

模型设计是在几何比尺确定后，由上述 10 个方程来确定流速比尺 λ_U、泥沙粒径比尺 λ_D、时间比尺 λ_t、悬移质含沙量比尺 λ_s 及推移质输沙率比尺 λ_{g_b}。显然方程多于未知数，不得不有所取舍，如何抓住主要矛盾，照顾或放弃次要矛盾，做到基本相似，这不仅是模型设计的艺术，更是模拟成败的关键，这也就是实体模型的主要问题。

8.2 流速比尺的确定

流速比尺是决定流量比尺、起动流速比尺以及悬沙粒径比尺和时间比尺等第一重要比尺。决定流速比尺有两个方程，即式(8-1)和式(8-2)，该两式常常是互相矛盾的，要使其统一，必需使：

$$n_m = e^{1/2}n_p/\lambda_h^{1/2} \tag{8-11}$$

式中，n 为曼宁系数，脚标 P 为原型，m 为模型。

正态模型 $e=1$，$n_m<n_p$，要求模型减糙；变态模型 $e>1$，当 $e^{1/2}/\lambda_h^{1/2}>1$ 时，$n_m>n_p$，要求模型加糙。动床模型床沙粒径一旦确定，其糙率也就确定。当模型实现不了减糙或加糙时，只能放弃其中一个相似条件。推移质运动与沙粒阻力关系十分密切，因此推移质河床变形模型应主要满足阻力相似条件，允许弗氏数相似条件有所偏离；悬移质运动与水流动能关系密切，因此，悬移质河床变形模型应主要满足弗氏数相似条件，允许阻力相似条件有所偏离。

8.2.1 阻力相似

阻力相似就是要遵守式(8-2)，其中平整床面的模型糙率是床沙粒径的函数，可用张九龄公式，即：

$$n_m = \frac{1}{19}(D_{50})_m^{1/6} \tag{8-12}$$

轻质砂沙波一般非常发育，式(8-12)一般不适用。由第七章可知，天然沙动床阻力可由原型实测资料确定，或由式(7-34)给出，即：

$$\frac{U}{\sqrt{gD}} = \begin{cases} 1.88q_*^{0.338}J^{0.203}\sigma_g^{0.192} & (\text{低态区}) \\ 4.236q_*^{0.457}J^{0.429}D_*^{-0.078} & (\text{杂居区}) \\ 4.538q_*^{0.242}J^{0.089}\sigma_g^{-0.151} & (\text{高态区}) \end{cases}$$

式中，$q_* = \dfrac{UR}{\sqrt{gD^3}}$；$D_* = \sqrt{gD^3}/v$。

模型通常为轻质沙，沙波尺度与模型沙材料有关，需考虑沙重率影响。根据朱代臣(2008年)的合成沙($\gamma_s=1.38\text{t/m}^3$)水槽试验资料[2]，$D_{50}=0.074$、0.19、0.28 和 0.53mm 共 55 组试验，其中静平整床面 7 组，动平整床面 9 组，沙纹和沙垅床面 39 组。按照式(7-34)分高、低能态区分别加以整理，见图 8-1a），其中静、动平整床面点据基本成一体，静平整略偏上，即动平整阻力比静平整小；沙纹、沙垅点据另成一体，二者变化规律一致与天然沙相平行，但轻质沙的计算值均偏大，静平整偏大更显著；考虑到泥沙重率的影响，可以将式(7-34)修正为式(8-13)。其中图 8-1b）为低态区天然沙（河流及水槽）和轻质沙按式(8-13)计算与实测比较，可见吻合良好，也进一步确立式(7-34)的合理性。

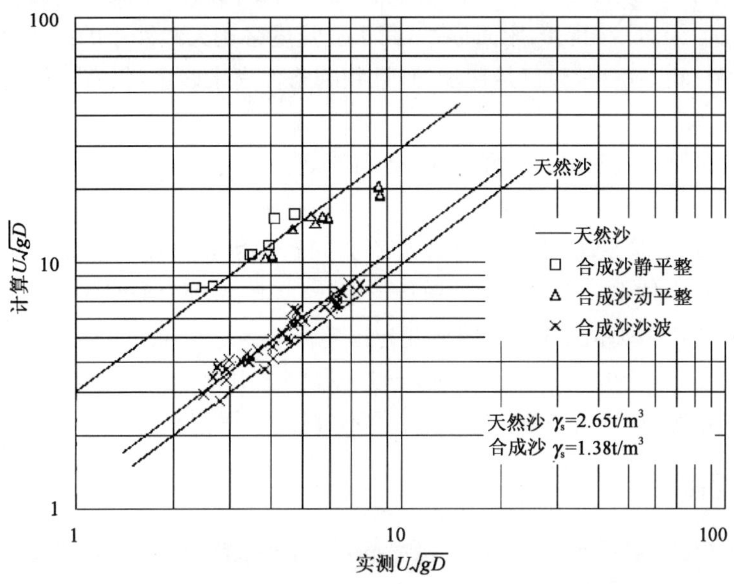

a)天然沙和轻质沙按式(7-34)计算与实测对比

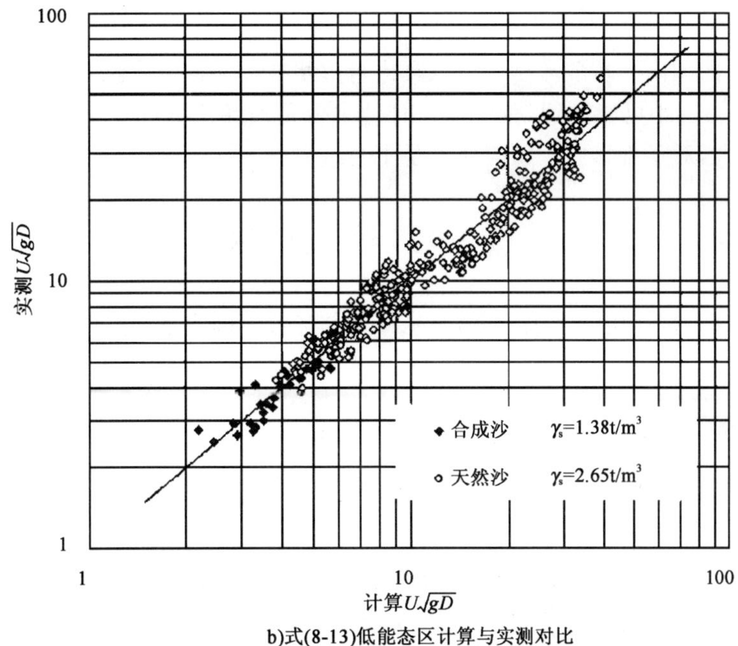

b)式(8-13)低能态区计算与实测对比

图 8-1　天然沙与合成沙动床阻力计算值与实测值的对比

$$\frac{U}{\sqrt{gD}}=\begin{cases}1.775\left(\dfrac{\gamma_s-\gamma}{\gamma}\right)^{0.115}q_*^{0.338}J^{0.203}\sigma_g^{0.192} & (低态区)\\ 3.248\left(\dfrac{\gamma_s-\gamma}{\gamma}\right)^{0.668}q_*^{0.242}J^{0.089}\sigma_g^{-0.151} & (高态区)\end{cases} \tag{8-13}$$

对于天然沙($\gamma_s=2.65\text{t/m}^3$),式(8-13)就是式(7-34)中第一式和第三式。式(8-13)表明在相同(q、D、J)条件下,轻质沙比天然沙阻力要大,即U小,h大,平整床面尤甚。这是因为轻质沙易于运动,形成与天然沙相同的床面形态,其水流强度必比天然沙小的缘故。由于轻质沙资料较少,只有一种材料,式(8-13)仅是初步的,且判断条件尚未确定,仍需进行更加广泛的试验研究。

由式(8-13)求得U_m。在$\lambda_{\sigma_g}=1$条件下,可得流速比尺为:

$$\lambda_U=f(\lambda_{\frac{\gamma_s-\gamma}{\gamma}},\lambda_D,\lambda_h,e) \tag{8-14}$$

式(8-14)应有三个能态,模型设计可取对研究问题起决定作用的能态。一般洪水起决定性作用就取高能态,中枯水起决定作用就取低能态。λ_D由起动相似决定,需试算。

式(8-14)与式(8-1)即弗氏数相似偏离度为:

$$\alpha(\%)=(1-\lambda_U/\lambda_h^{1/2})\times 100 \tag{8-15}$$

其他能态(流量级)应进行校核,偏离度α均不宜过大,根据李昌华的经验应小于50%[3]。

8.2.2 弗氏数相似

弗氏数相似就是要遵守式(8-1),此式极易满足,且各级流量一致,但一般不能满足阻力相似条件,即式(8-14),其与阻力相似的偏离为:

$$\beta(\%)=(1-\lambda_h^{1/2}/\lambda_U)\times 100 \tag{8-16}$$

β的限制条件目前尚无经验。

应该指出,目前国内大多数模型没有认真进行过水槽模型沙阻力预备试验,也没有用类似式(8-13)的阻力公式,不可能做到满足阻力相似,主要是按弗氏数相似条件设计,对于悬移质模型问题不会太大,对于推移质模型应该说是不合理的。

8.3 起动相似

起动相似不仅对推移质输沙十分重要,悬移质与床沙不断交换,起动相似对悬移质也十分重要,应予以满足。

8.3.1 推移质模型

推移质模型起动相似应以满足阻力相似为主要条件,即需联解式(8-4)和式(8-2)。

(1)粗沙河床

粗沙及砾卵石为散粒体,无黏性,其起动流速可用沙莫夫公式,即:

$$U_C=1.14\left(\frac{h}{D}\right)^{\frac{1}{6}}\sqrt{\frac{r_s-r}{r}gD} \tag{8-17}$$

若模型沙也为散粒体,式(8-17)也同样适用,于是可得:

$$\lambda_{U_c} = \lambda_{\frac{r_s - r}{r}}^{\frac{1}{2}} \lambda_D^{\frac{1}{3}} \lambda_h^{\frac{1}{6}} \tag{8-18}$$

在泥沙起动时，床面平整，其阻力相似可由式(8-12)确定，即：

$$\lambda_n = \lambda_D^{\frac{1}{6}} \tag{8-19}$$

代入式(8-2)可得：

$$\lambda_U = \lambda_h^{\frac{2}{3}} / \lambda_D^{\frac{1}{6}} e^{\frac{1}{2}} \tag{8-20}$$

由式(8-4)及式(8-18)和式(8-20)可得：

$$\lambda_D = \lambda_{\frac{r}{r_s - r}} \lambda_h / e \tag{8-21}$$

如果起动相似采用起动拖曳力和剪力相似条件，即：

$$\lambda_{\tau_c} = \lambda_\tau \tag{8-22}$$

也同样得到式(8-21)。此式既满足阻力相似，也反映模型变率的影响。

式(8-18)是在原型与模型床沙均为散粒体时才能成立，这种条件下所获得的式(8-21)在任何水流条件和任一粒径都满足起动相似，是一种全面相似。

(2)中、细沙河床

中、细沙具有一定黏性，式(8-17)不再适用，能够适用黏性泥沙的起动流速公式有张瑞瑾[4]、唐存本[5]、窦国仁[6]和沙玉清[7]等公式。现将该四式在模型水深范围内的计算结果列入表8-1。可见，在给定的范围内，四式中沙玉清公式计算值最大，窦国仁公式计算值最小，张瑞瑾公式适中，因此建议在无模型沙起动试验资料时可用张瑞瑾公式计算模型沙的起动流速。新近王延贵、胡春宏等(2007年)用广泛的轻质沙试验资料，对张瑞瑾公式进行了修正[8]，即：

$$U_c = \left(\frac{h}{D}\right)^{0.14} \left[17.6\left(\frac{\rho_s - \rho}{\rho} D + 2.75 \times 10^{-7} \gamma_s^{0.8} \frac{10 + h}{D^{0.331\gamma_s^{0.8}}}\right)\right]^{\frac{1}{2}} \tag{8-23}$$

式中，γ_s 单位以 t/m^3 计；长度单位以 m 计；U_c 单位以 m/s 计。当 $\gamma_s = 2.65$t/m^3 时，此即张瑞瑾原式。图8-2为式(8-23)计算与实测比较。可见吻合良好，用于轻质沙更具代表性。

泥沙起动流速计算值(cm/s)　　表8-1

D(mm)	h(cm)	张瑞瑾	唐存本	窦国仁	沙玉清
0.05	5	25.02	23.59	23.91	25.98
	10	27.63	26.48	26.59	29.84
	15	29.30	28.33	28.19	32.36
0.10	5	20.69	21.15	18.74	22.35
	10	22.84	23.74	20.82	25.67
	15	24.21	25.40	22.05	27.84
0.20	5	20.10	23.18	17.51	22.86
	10	22.16	26.02	19.44	26.25
	15	23.48	27.84	20.58	28.47

续上表

D(mm)	h(cm)	张瑞瑾	唐存本	窦国仁	沙玉清
0.30	5	21.27	2573	18.71	24.81
	10	23.45	28.88	20.77	28.50
	15	24.83	30.90	21.98	30.91
0.40	5	22.69	28.00	20.39	26.83
	10	25.01	31.43	22.63	30.82
	15	26.47	33.63	23.94	33.42
0.50	5	24.08	30.01	22.13	28.73
	10	26.54	33.68	24.57	33.00
	15	28.09	36.04	25.99	35.78

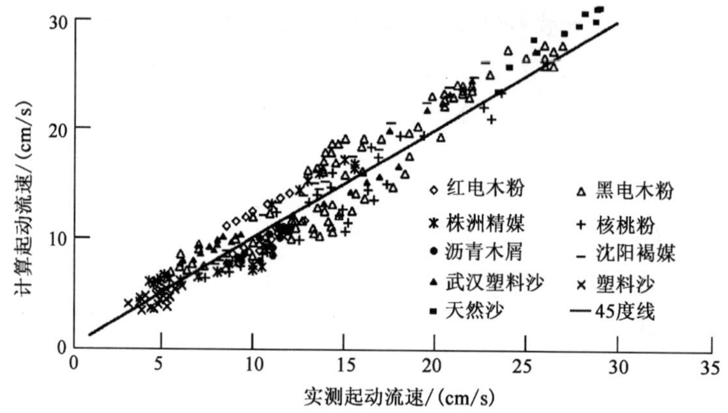

图 8-2　各种模型沙起动流速计算值与试验值的对比

上述公式都来自室内试验资料，并没有得到天然大水深的检验。有的公式对水深影响特别敏感，尤其是窦国仁公式。事实并非如此，万兆惠通过水压对细颗粒起动流速影响的试验表明，只有极细泥沙，如 $D=0.004$mm，水压力才对起动有明显影响[9]。李昌华和窦国仁在模型设计中，原型沙的起动流速均采用沙玉清公式[3]、[10]，即：

$$U_c = h^{0.2}[0.43D^{\frac{3}{4}} + 1.1(0.7-\varepsilon)^4/D]^{\frac{1}{2}} \tag{8-24}$$

式中，ε 为床沙孔隙率，一般为 0.40。D 以 mm 计，U_c 以 m/s 计。

由于床沙起动时床面平整，式(8-4)可由式(8-23)、式(8-24)及式(8-2)、式(8-12)联解，通过试算求得 λ_D。由于式(8-23)及式(8-24)中的 U_c 是水深的函数，使得 λ_D 只能做到满足某一流量级和某一粒径级的部分相似，不可能做到全面相似，而这种部分相似应选取既能满足生产问题需要的，又能顾全局的某一流量级，代表粒径一般可取中值粒径 D_{50}，对其他流量级及粒径级应进行校核，要求模型与原型处于相同的状态(动或静)。

8.3.2　悬移质模型

悬移质模型起动相似应以满足弗氏数相似为主要条件，即连接式(8-4)和式(8-1)。

悬移质模型河床一般为中、细沙，主要是细沙，其起动相似条件应是应用式(8-23)、式(8-24)及式(8-1)求得 λ_D，由于允许阻力相似条件有所偏离，问题要简单得多，但是由于 U_c 是水深的函数，同样也只能做到部分相似。

8.4　悬移相似

悬移相似有式(8-5)和式(8-6)两个方程，只有正态模型而且同时满足阻力相似和弗氏数相似两式才能统一。变态模型 $\lambda_U \neq \lambda_{U_*} \neq \lambda_h^{\frac{1}{2}}$，导致流速垂线分布不相似；同样，变态模型 $\lambda_\omega \neq \lambda_U \neq \lambda_{U*}$，导致含沙量垂线分布不相似。含沙量垂线分布不相似就意味泥沙垂向交换不相似，即河床冲淤变形不相似，式(8-5)和式(8-6)两式恰恰均是如此，无论选用哪一种比尺都不可回避河床变形不相似这一要害问题。

要做到河床纵向变形相似，就必须做到泥沙垂向交换相似。为了回避变态模型含沙量垂向分布不相似的问题，可对三维泥沙扩散方程沿水深积分，得到式(3-13)，即：

$$\frac{\partial}{\partial t}(hs)+\frac{\partial}{\partial x}(Uhs)+\frac{\partial}{\partial y}(Vhs)+\alpha\omega(s-ks_*)=\frac{\partial}{\partial x}\left[\varepsilon_{sx}\frac{\partial}{\partial x}(hs)\right]+\frac{\partial}{\partial y}\left[\varepsilon_{sy}\frac{\partial}{\partial y}(hs)\right]$$

再进行相似变换，并以 $\lambda_s\lambda_h/\lambda_t$ 遍除式中各项，得下列相似条件，即：

$$\lambda_U\lambda_t/\lambda_l=\lambda_V\lambda_t/\lambda_l=1 \tag{8-25}$$

$$\lambda_\alpha\lambda_\omega\lambda_t/\lambda_h=1 \tag{8-26}$$

$$\lambda_s/\lambda_{s_*}=1$$

$$\lambda_{\varepsilon_{sx}}\lambda_t/\lambda_l^2=\lambda_{\varepsilon_{sy}}\lambda_t/\lambda_l^2=1 \tag{8-27}$$

式(8-25)实际是输沙率位变与时变比相似条件，等同于水流时间比尺，即式(8-6)；式(8-27)是平面扩散与惯性输沙比相似条件，变态模型该条件不能满足，但因该项较小，常常予以忽略；式(8-7)为挟沙相似条件。以上各相似条件与谢鉴衡由三维扩散方程所获得的相似条件基本一致[1]，唯一不同的是式(8-26)取代了式(8-5)和式(8-6)两式，该式是在满足式(8-7)条件下，分子分母同消去 λ_s 后获得的，其物理意义是垂向泥沙通量与输沙率时变比相似，亦即泥沙垂向交换通量相似。在同时满足该条件及式(8-7)挟沙相似条件下，悬沙质冲淤便可达到相似。

以式(8-25)代入式(8-26)便得泥沙交换相似条件，即：

$$\lambda_\omega=\lambda_U/e\lambda_\alpha \tag{8-28}$$

在含沙量饱和条件下，$\alpha=\alpha_*$，α_* 由下式确定[11]：

$$\alpha_*=\frac{7}{8}\left[\exp\left(\frac{8}{3}\pi z_*\right)-1\right]\Big/\int_0^1\eta^{\frac{1}{7}}f(\eta)\mathrm{d}\eta \tag{8-29}$$

$$f(\eta)=\exp\left[\frac{16}{3}\pi z_*\arcsin(1-\eta)^{\frac{1}{2}}\right] \tag{8-30}$$

在河床纵向变形相似条件下，应有输沙率位变比相似，也就有 $\lambda_\alpha=\lambda_{\alpha_*}$。由式(8-29)不难看出，当 $\lambda_{Z_*}=1$ 时，必有 $\lambda_{\alpha_*}=1$。此即式(8-6)：

$$\lambda_\omega=\lambda_{U_*}=\lambda_h^{\frac{1}{2}}/e^{\frac{1}{2}}$$

而 $\lambda_\alpha=\lambda_{\alpha_*}=1$，式(8-27)即为式(8-5)：

$$\lambda_\omega = \lambda_U / e$$

两者相互矛盾，意味着 $\lambda_{z_*} \neq 1$，即变态模型垂线含沙量分布不相似，$\lambda_\alpha = \lambda_{\alpha_*} \neq 1$。以

$$\lambda_{z_*} = \lambda_\omega / \lambda_{U_*} = \lambda_\omega e^{1/2} / \lambda_h^{1/2}$$

代入式(8-28)得：

$$\lambda_\alpha = \lambda_{\alpha_*} = \lambda_U / \lambda_h^{1/2} \lambda_{Z_*} e^{1/2} \tag{8-31}$$

由式(8-31)和式(8-29)可求得 λ_α，该两式在 $\lambda_{z_*} \geqslant 1$ 时无解，只有 $\lambda_{z_*} < 1$ 时才有解，且 $\lambda_\alpha \leqslant \lambda_{Z_*} < 1$。在 $\lambda_\alpha = \lambda_{Z_*} < 1$ 条件下，由式(8-30)及式(8-31)可得：

$$\lambda_h^{1/2} / e^{1/2} > \lambda_\omega \geqslant \lambda_U^{1/2} \lambda_h^{1/4} / e^{3/4} \tag{8-32}$$

如取 $\lambda_U = \lambda_h^{1/2}$，则上式可写成：

$$\lambda_\omega = \lambda_h^{1/2} / e^m \tag{8-33}$$

式中，m 的变化区间为[0.5,0.75]。

由式(8-29)及式(8-30)可求得 m 与原型悬浮指标 z_{*p} 之间的关系，如图 8-3。图中适线方程为：

$$m = \begin{cases} 0.1021 Z_{*p}^2 - 0.2479 Z_{*p} + 0.7581 \quad (Z_{*p} < 1) \\ 0.6119 Z_{*p}^{-0.0772} \quad (Z_{*p} \geqslant 1) \end{cases} \tag{8-34}$$

由图可见，当 $Z_{*p} > 1$ 时 m 变化很小，由于原型三维性强，取 $m = 0.6 \sim 0.75$ 比较适宜。

沉速公式可由张瑞瑾公式确定，即：

$$\omega = \sqrt{\left(13.95 \frac{\nu}{d}\right)^2 + 1.09 \frac{\gamma_s - \gamma}{\gamma} g d} - 13.95 \frac{\nu}{d} \tag{8-35}$$

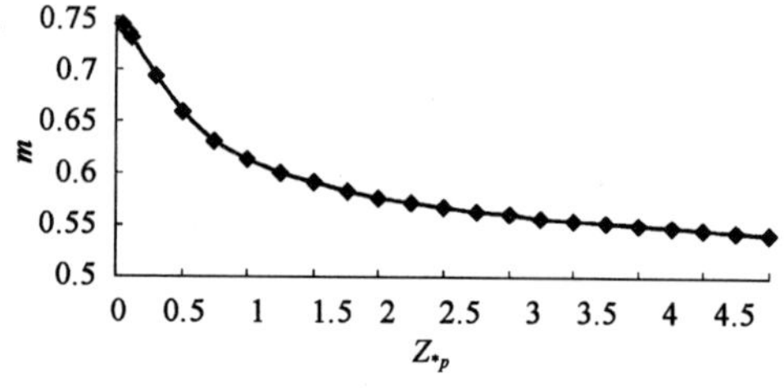

图 8-3　指数 m 与原型悬浮指标 Z_{*p} 的关系

式中，d 为悬沙粒径；ν 为水流运动黏滞性系数。

由式(8-35)可得悬沙交换相似的粒径比尺为：

$$\lambda_d = 0.0179 \frac{d_p \omega_p}{\nu \lambda_\omega} \left[\left(1 + 121.6 \frac{\gamma_{sm} - \gamma}{\gamma} g \nu \lambda_\omega^3 / \omega_p^3 \right)^{1/2} - 1 \right] \tag{8-36}$$

至此，我们得到了三种泥沙粒径比尺，即阻力相似粒径比尺、床沙起动相似粒径比尺 λ_D，和悬沙交换相似粒径比尺 λ_d。对于推移质模型，无疑前两种粒径比尺必须相等；对于悬移质模型，就床沙质而言，也必须使 $\lambda_d = \lambda_D$。这样就使泥沙粒径以及模型砂材料的选择大大受到限制。

8.5　水流输沙相似

8.5.1　悬移质挟沙相似

悬移质挟沙相似比尺为式(8-7)。其中 S_* 为水流挟沙能力，若采用式(3-76)，即：

$$S_* = K \frac{\gamma_s \gamma}{\gamma_s - \gamma} \frac{UJ}{\omega} = K \frac{\gamma_s \gamma}{\gamma_s - \gamma} \frac{f}{g} \frac{U^3}{R\omega} \tag{8-37}$$

写成比尺形式即为：

$$\lambda_{S_*}=\lambda_K\lambda_{\frac{\gamma_s\gamma}{\gamma_s-\gamma}}\lambda_f\lambda_U^3/\lambda_h\lambda_\omega \tag{8-38}$$

或：

$$\lambda_{S_*}=\lambda_K\lambda_{\frac{\gamma_s\gamma}{\gamma_s-\gamma}}\frac{\lambda_U}{\lambda_\omega}\lambda_J$$

在满足弗氏数相似条件下，$\lambda_U=\lambda_h^{1/2}$；$\lambda_f=\lambda_J=1/e$。以式(8-33)代入以上两式均可得：

$$\lambda_{S_*}=\lambda_k\lambda_{\frac{\gamma_s\gamma}{\gamma_s-\gamma}}e^{m-1} \tag{8-39}$$

由于原型与模型的紊动相差悬殊，由紊动而产生的水流挟沙能力自然不会一样，原型挟沙系数 K 理应大于模型，即 $\lambda_K>1$，不过 λ_K 在定量上究竟如何确定，目前还没有研究成果，全靠率定试验来确定，部分试验经验表明 λ_K 可取 2.5；式(8-39)还有另一个特点，就是 λ_{S_*} 还是变率 e 的函数。由于 $m-1<0$，e 越大，λ_{S_*} 越小。

8.5.2 推移质输沙相似

推移质输沙相似比尺为(8-8)，其中 g_{b*} 为推移质单宽饱和输沙率，若采用式(4-18)，即：

$$g_{b*}=k\gamma_sDU_*(\theta-\theta_c)(1-0.7\sqrt{\theta_c/\theta})$$

在满足起动相似，即式(8-20)条件下，可得到相似比尺为：

$$\lambda_{g_{b*}}=\lambda_{\frac{\gamma_s\gamma}{\gamma_s-\gamma}}(\lambda_h/e)^{3/2} \tag{8-40}$$

顺便指出，如果输沙能力公式改用式(4-25)，即：

$$g_{b*}=k\rho_sD(U-0.7U_c)\left(\frac{U}{U_c}\right)^3\left(\frac{D}{h}\right)^{1/6}$$

在满足起动相似，即式(8-21)的条件下，可获得与式(8-40)完全一样的结果。

8.6 时 间 比 尺

这里共涉及 λ_{t_1} 及 λ_{t_2} 和 λ_{t_3} 三个时间比尺，前者是水流时间比尺，后者是河床变形时间比尺，两者一般是不相等的，不仅如此，悬移质和推移质河床变形时间比尺 λ_{t_2} 和 λ_{t_3} 一般也不相等。如何统一与取舍是模型设计中又一难题。

8.6.1 水流时间比尺

由于泥沙模型所研究的问题主要是河床变形问题，尢疑河床变形时间比尺必须遵守，这样就出现了水流时间比尺的偏离，模型中水流运行时间发生变态，导致水流运动滞后，影响水力要素相似，从而也影响河床变形相似[1]，水流越不恒定这种影响也就越大。

径流河道，水流来自上游，来水过程一般较平稳，变化平缓，一般可以概化为不同梯级的准恒定流，恒定流水力要素不随时间变化，模型也就不存在水流运动滞后问题，放弃水流运动时间比尺，对河床变形不产生多少影响。

按准恒定流处理，在平水期自然问题不大，但是在洪峰期就有问题。问题之一就是削峰，使洪峰坦化。由于水流输沙率，无论是推移质还是悬移质，都与流速的高次方成正比，削峰无疑会使输沙率变小，河床变形不相似；问题之二就是把非恒定流变为恒定流，非恒定流涨水输沙率远大于落水输沙率，恒定流输沙率均化，导致河床变形过程不相似，洪峰愈陡峻愈不相似。水流时间变态，从根本上讲不可能解决洪水过程中河床变形相似问题。即使采用某种变态办法，其有效性也难把握。为此，需要进行预备试验，寻求与洪峰输沙及河床变形总效果相等价的恒定的"当量流量"，以取代洪峰过程。式(4-66)是清水冲刷条件下的推移质输沙"当量流量"经验关系式。在未进行预备试验条件下，悬移质可暂由式(2-15)作近似处理，即：

$$Q_* = \left(\frac{\sum Q_i^2 T_i}{\sum T_i}\right)^{1/2} \tag{8-41}$$

式中，i 为洪峰分级序号；T_i 为第 i 级流量 Q_i 的持续时间。

8.6.2 河床变形时间比尺

悬移质河床变形时间比尺 λ_{t_2} 与推移质河床变形时间比尺 λ_{t_3}，两者一般不相等，也必须有取舍。对于卵、砾石及粗沙河床，床沙基本不可悬，河床变形主体是推移质，河床变形时间比尺应取 λ_{t_3}，与 λ_{t_2} 基本无关。

对于中、细沙河床，床沙既可作悬移运动，又可做推移运动，两者不断发生交换和转化，当悬移质次饱和时部分推移质上浮充当悬移质，当悬移质过饱和时，部分悬沙又转化为推移质，两者难舍难分。然而，两者运动的力学机理不同，导致出现不同的河床变形时间比尺，因此，不得不区分不同性质的问题，以某一时间比尺为主，兼顾另一比尺。从宏观意义上看，中、细沙河床沙质推移质输沙率只是悬移质床沙质输沙率的 1/10 左右，河床变形悬移质往往起决定作用，自然应取 λ_{t_2}；对于坝下冲刷、弯道凸岸演变、汊道分沙、浅滩演变等问题，推移质运动常常又起主导作用，宜取 λ_{t_3}。但是无论取用那一个比尺，都必须兼顾另一比尺。

(1)悬移质模型

悬移质模型河床变形时间比尺应取 λ_{t_2}，模型悬移质加沙率为：

$$g_{sm} = g_{sp}/\lambda_{g_s} \tag{8-42}$$

应兼顾推移质，推移质河床变形时间比尺为 λ_{t_3}，使其统一到 λ_{t_2}，就必须调整推移质加沙率，使模型在 λ_{t_2} 时段内的输沙量与 λ_{t_3} 时段的输沙量相等，即：

$$g'_{bm} t_2 = g_{bm} t_3$$

式中，t_2 及 t_3 为模型悬移质和推移质放水时间；g'_{bm} 为因时间变态而调整的推移质加沙率。即：

$$g'_{bm} = g_{bm}\frac{t_3}{t_2} = g_{bm}\frac{\lambda_{t_2}}{\lambda_{t_3}} = \frac{\lambda_{t_2}}{\lambda_{t_3}}\frac{g_{bp}}{\lambda_{g_b}} \tag{8-43}$$

比较式(8-9)和式(8-10)，有：

$$\lambda_{t_2}/\lambda_{t_3} = \lambda_{g_b}/\lambda_{g_s}$$

于是：

$$g'_{bm} = g_{bp}/\lambda_{g_s} \tag{8-44}$$

g'_{bm} 即为悬沙模型中推移质加沙率。

(2)推移质模型

推移质模型河床变形时间比尺应受 λ_{t_3} 控制，推移质加沙率为：

$$g_{bm} = g_{bp}/\lambda_{g_b} \tag{8-45}$$

同样应兼顾悬移质，悬移质河床变形时间比尺为 λ_{t_2}，将其统一到 λ_{t_3}，需要调整悬移质加沙率，按上述同样演绎方法，可得在推移质模型中悬移质中的床沙质加沙率为：

$$g'_{Sm} = g_{Sp}/\lambda_{g_b} \tag{8-46}$$

8.6.3　比尺调整

上述有关比尺关系是由水流运动或泥沙运动的力学规律确定的，理应不可更改，但是个别比尺由于其母体具有一定的经验性，例如水流挟沙能力及推移质输沙率公式，由此所导出的 λ_{g_s} 和 λ_{g_b} 就不一定十分精确，需要通过实测资料予以检验和调整；由于 λ_{t_2} 和 λ_{t_3} 是 λ_{g_s} 和 λ_{g_b} 的函数，当 λ_{g_s} 及 λ_{g_b} 进行调整时，λ_{t_2} 及 λ_{t_3} 也必须随之调整。

其次由于 $\lambda_{t_2} \neq \lambda_{t_3}$，在同一模型上，同时模拟悬移质和推移质，其 $g'_{bm} \neq g_{bm}$，$g'_{Sm} \neq g_{Sm}$，不符合输沙相似要求，必须率先调整。

由式(8-40)及式(8-41)可得：

$$\lambda_{g_s} = \lambda_U \lambda_h \lambda_s = \lambda_k \lambda_{\frac{\gamma_s \gamma}{\gamma_s - \gamma}} e^{m-1} \lambda_U \lambda_h \tag{8-47}$$

$$\lambda_{g_s}/\lambda_{g_b} = \lambda_k e^{m+0.5} (\lambda_U^2/\lambda_h)^{1/2} > 1 \tag{8-48}$$

故：

$$g'_{bm} = g_{bp}/\lambda_{g_s} = g_{bm}\lambda_{g_b}/\lambda_{g_s} < g_{bm} \tag{8-49}$$

$$g'_{sm} = g_{sm}\lambda_{g_s}/\lambda_{g_b} > g_{sm} \tag{8-50}$$

调整方法：假定 $\lambda_k = 2.5$，取 $m = 0.65$，由有关公式求得 λ_{g_s}，λ_{t_2}；λ_{g_b}，λ_{t_3}；g_{sm}，g'_{bm}；g_{bm}，g'_{sm}。放水初试，测取试验时段内河床变形平面分布、河段冲淤总量及床沙粒径分布，与原型河床变形进行对比分析，找出差异的原因，尽可能区分出悬移质和推移质所造成的影响，以便修改推移质和悬移质加沙量。推移质模型只修改 g'_{sm} 时，λ_{t_3} 不变，但 g'_{sm} 不宜小于 g_{sm}；悬移质模型只修改 g'_{bm} 时，λ_{t_2} 不变，但 g'_{bm} 不宜大于 g_{bm}；需要调整 g_{bm} 或 g_{sm} 时，λ_{t_3} 或 λ_{t_2} 也应相应调整。

由于推移质和悬移质的冲淤不易区分，从冲淤平面分布、粒径变化和分布或许可以看出一点端倪。比尺调整试验，亦即通常所说的验证试验，需要耐心仔细，反复进行。

以上仅仅为径流泥沙模型设计中的一些主要问题，可见矛盾很多，使得模型的相似性大打折扣，试验成果的精度，甚至可靠性会受到不同程度的影响，因此，除了输入资料准确、操作认真、验证试验仔细外，还要对试验成果进行认真的合理性分析，用理论分析、演变规律分析和数值模拟等多种途径相结合，方可得到可信而又可靠的成果。

潮流泥沙模型问题更多，更为复杂，其相似性也更差。潮流为非恒定流，时间比尺 λ_{t_1} 不能变态，又要满足河床变形时间比尺；潮位既不恒定，又受径流影响；在径流与潮水交汇段来水方向不同、径流和潮水含盐度不同，掺混状态不同，泥沙絮凝特性也不同；海相动力的多元化和来沙的多变性、不确定性等等都给模拟带来极大的困难，无疑更难做到较严格的相似，试验成果的精度和可信度不可避免的要比径流泥沙模型更差，当然对于定性分析和工程方案对比仍然有其价值。

由于推移质和悬移质河床变形时间比尺等不能统一，全沙模型几乎不可能实现，不可避免的要分别进行，以某一种模型为主，兼顾另一种模型。其设计原则可归结见表 8-2。

推移质模型和悬移质模型应遵循的主要相似条件 表 8-2

相似条件	公式选用	
	推移质模型	悬移质模型
水流运动相似	式(8-2) 粗沙：式(8-21)	式(8-1)
泥沙起动相似	中、细沙：式(8-23)、式(8-24)与式(8-2)联解	式(8-23)、式(8-24)与式(8-1)联解
泥沙悬移相似		式(8-34)
挟沙相似	式(8-41)	式(8-39)
时间相似	式(8-10)	式(8-9)
加沙率	式(8-45)及式(8-46)	式(8-42)及式(8-44)

本章参考文献

[1] 谢鉴衡. 河流模拟[M]. 北京：水利电力出版社，1989.

[2] 朱代臣. 长江防洪实体模型阻力特性研究[D]. 武汉：长江科学院，2008.

[3] 李昌华，金德春. 河工模型试验[M]. 北京：人民交通出版社，1981.

[4] 张瑞瑾. 河流泥沙动力学[M]. 北京：水利电力出版社，1991.

[5] 唐存本. 泥沙起动规律[J]. 水利学报，1963(2).

[6] 窦国仁. 论泥沙起动流速[J]. 水利学报，1960(4).

[7] 沙玉清. 泥沙运动学引论[M]. 北京：中国工业出版社，1965.

[8] 王延贵，胡春宏，朱毕生. 模型沙起动流速公式的研究[J]. 水利学报，2007，38(5)：518-523.

[9] 万兆惠，等. 水压力对颗粒泥沙起动影响的试验研究[J]. 泥沙研究，1990(4)：62-69.

[10] 窦国仁，等. 330 工程坝区泥沙模型验证报告[R]. 南京水利科学研究院研究报告汇编，河港分册. 1966-1979.

[11] 乐培九. 悬移质扩散方程的应用[J]. 水道港口，2000(3).

索　引